磁悬浮振动测量原理及应用

江　东　著

科　学　出　版　社

北　京

内 容 简 介

磁悬浮绝对式振动测量方法是一种全新的振动测量方法，具有优异的特性和工作特点。本书详细分析了系统内含的各种信号成分并提取被测振动信号；对系统内在的混沌特性和阻尼特性进行了理论分析和技术研究；将振子无接触的技术应用于多维振动测量，并通过数学和仿真分析确定了磁悬浮振动测量的技术指标；最后将磁悬浮振动测量应用于公路、铁路、桥梁、电梯等领域，展现了磁悬浮绝对式振动测量方法的优异性能。

本书可供传感技术设计、开发与研究，以及振动测量领域的科研工作者和工程技术人员参考使用，也可作为高等院校电磁测量和传感技术等相关专业研究生、高年级本科生及教师的参考用书。

图书在版编目（CIP）数据

磁悬浮振动测量原理及应用/江东著. —北京：科学出版社，2020.11
ISBN 978-7-03-066560-7

Ⅰ. ①磁…　Ⅱ. ①江…　Ⅲ. ①磁悬浮轴承–振动测量–研究
Ⅳ. ①TH133.3

中国版本图书馆 CIP 数据核字（2020）第 206498 号

责任编辑：朱英彪　赵微微 / 责任校对：贾娜娜
责任印制：赵　博 / 封面设计：蓝正设计

科学出版社出版
北京东黄城根北街 16 号
邮政编码：100717
http://www.sciencep.com
涿州市般润文化传播有限公司印刷
科学出版社发行　各地新华书店经销
*
2020 年 11 月第　一　版　开本：720 × 1000　B5
2024 年　6　月第四次印刷　印张：14 1/2
字数：292 000

定价：118.00 元
（如有印装质量问题，我社负责调换）

前　言

科技飞速发展的当今，传感技术是不可缺少的重要部分。自动化、人工智能等技术离不开传感器。传感器可以实现物理量、化学量和生物量的测量。在工程实践中，加速度测量和振动测量是十分重要的。按照被测振动体与参考坐标系的关系进行分类，振动测量分为相对式振动测量和绝对式振动测量。相对式振动测量中存在着不动的参照点，测量设备置于不动的参照系中。通过机械、光学或电测方法实现振动测量。绝对式振动测量中没有不动的参照点，需要将测量设备与被测振动体固接在一起随被测振动体一起振动。测量设备中含有质量块，利用质量块的惯性作用进行测量。振动频率较高时，质量块相对不动，质量块与测量设备壳体之间将产生相对位移变化，通过测量该相对位移量实现绝对式振动测量。传统的绝对式振动测量中的质量块与测量设备壳体之间是通过弹性部件进行固接的。由于测量系统中存在着弹性部件，不易实现低频振动测量及微振动的测量。因此，需要研究新的测量方法，将新技术、新方法应用于振动测量中，以研究新的测量方法的特点、性能、指标等。

磁悬浮技术早期主要应用于磁悬浮轴承和磁悬浮列车领域。目前，磁悬浮技术在军事、工农业生产和日常生活中均有应用和需求。磁悬浮具有可以消除摩擦、消除机械间隙误差、悬浮体的运动不受限制等优点。将磁悬浮技术引进振动测量领域是一种全新的测量方法。利用磁悬浮技术使绝对式振动测量中的质量块处于悬浮状态，克服了传统测量方法中因使用弹性部件而存在的弊端，消除了摩擦和机械间隙误差，便于实现多维振动测量。传感技术的进步将使科学技术迅猛发展，新材料、新技术的发展也必然促使传感技术得到新的进展和突破。

本书是在传统振动测量原理的基础上，利用磁悬浮技术理论，通过磁悬浮控制系统将振动测量系统的振子悬浮起来实现测量。由于振子处于悬浮状态，其实现方式和工作特点与传统测量方法不同，系统的阻尼为电子阻尼。通过振动测量模型建立系统动力学方程，结合振动测量原理验证采用磁悬浮技术实现振动测量的可行性。在此基础上，建立振动系统仿真模型。通过系统仿真进一步验证磁悬浮振动测量的可行性。

本书相关的研究工作得到了国家自然科学基金(项目编号：51377037)的资助。本书是在博士生导师杨嘉祥教授的指导下完成的。特此向指导、支持和关心研究工作的所有人员表示衷心的感谢。书中有部分内容参考了有关单位或个人的研究成果，在此一并感谢。

本书旨在探讨、研究将先进的磁悬浮技术应用于振动测量领域，提供一种新的振动测量技术方法，希望对检测技术研究的学者有一定的借鉴作用。由于作者所提出的振动测量方法为全新的方法，国内外尚无理论和技术方面的直接参考，属于创新性研究，加上作者水平有限，书中难免存在不妥之处，欢迎广大读者批评指正。

作　者

2020年2月于哈尔滨

目　　录

第1章　绪　　论

磁悬浮技术是近代迅猛发展的新技术之一，在许多不同的领域获得了很好的应用。将磁悬浮技术引入振动测量领域实现一种全新的振动测量方法，是测量理论和测量实际应用的创新，它属于交叉科学研究中一项新的成果。对振动测量方法的运行机理进行深入的探讨和研究，从而获知该测量方法与其他方法的不同点和优越性，挖掘其理论和技术优势，进一步开发和拓展其应用领域，具有重要的意义。

1.1　振动测量的目的和意义

振动是自然界广泛存在的一种物理现象，在生产和日常生活中，既有有利的一面，也有有害的一面。例如，房屋、桥梁、航空航天器上的振动，船舶的振动和摆动，精密仪器工作时的振动，机床加工过程中的振动及交通工具载体上的振动等是有害的，会影响设备正常的工作状态，甚至会造成破坏或产生故障，振动产生的噪声还会对环境造成影响等；利用振动实现传输、研磨和选矿等却是有利的。不论是利用振动的正效应，还是抑制振动的负效应，都要对不同条件下的振动性质进行评价和测量。因此，研究振动测量的方法层出不穷。新材料、新技术的出现及交叉科学的不断深入研究等都对振动的测量方式和方法带来了全新的理念和要求。

人类对于地震、海底振动，甚至月球上的振动测量均进行了不懈的探讨和研究，在振动测量领域取得了辉煌的成就。图 1.1(a)是我国汉代科学家张衡设计的用于测量发生地震方向的振动测量设备(复原模型)；图 1.1(b)是海底振动测量设备；图 1.1(c)为人类登陆月球后测量月球振动的照片。

在现代振动测量中，基于惯性原理的绝对式振动测量传感器内部的质量块是通过弹簧类部件与仪器箱体相连接，工作时仪器与被测物体紧密地固定在一起。当被测物体振动时测量仪器随之振动，仪器内部弹性连接的惯性质量块与仪器壳体之间产生相对位移，通过测量仪器壳体与惯性质量块之间的相对位移、速度或加速度即可实现振动的测量。磁悬浮振动测量方法利用惯性式测量原理，在结构上的最大特点是以磁性体取代绝对式振动测量中的质量块，结构中没有弹性支撑元件，一般也无需油、水一类的阻尼介质。

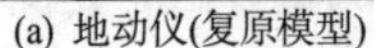
(a) 地动仪(复原模型)

(b) 海底振动测量

(c) 月球振动测量

图 1.1　振动测量设备

磁悬浮技术是当今科学技术迅猛发展的一条重要分支。目前磁悬浮技术正在向许多领域拓展及应用，取得了极大的进展，显示了独有的巨大威力。理论和实验研究证明，将磁悬浮技术应用于振动测量，可以解决传统方法不能或很难实现的一些振动测量，具有极好的应用前景。同时也为传统的绝对式振动测量传感器的性能改进和结构创新提供了一条新的思路，为磁悬浮技术的进一步应用拓展了新的空间。

1.2　传统振动测量方法发展概况

振动测量可分为相对式振动测量和绝对式振动测量。相对式振动测量中振动测量设备固定不动，即测量时存在不动的参考点，只有被测振动体产生振动，而振动测量设备不动。例如流水线部件的振动，可以将振动测量设备固定安装于工件的附近，利用机械、光学、涡流、超声波等设备对流水线上的物体振动进行测量，其输出量可以是振动的位移或速度等信号。一般相对式振动测量设备的结构较为简单，容易实现。相对式振动测量传感器有磁电式传感器、电涡流式传感器、压电式传感器、电感式传感器、电容式传感器等。

很多传统的相对式振动传感器为接触工作方式，其工作原理是将被测振动引入测量设备。在现代振动测量应用中，基本原理仍为传统方式，但测量的结构和所用材料等都进行了一定的创新，实现相对式振动测量[1]。

现代相对式振动测量中往往结合了当代最新技术。例如在斜拉索索力检测中用激光测振仪实现对斜拉索索力变化的检测，其原理是利用激光多普勒效应实现振动的检测，设计的测量系统的测量精度较高[2]。若使用三台振动测量设备，也可以实现相对式三维振动测量[3]。

与相对式振动测量相比较，绝对式振动测量难度更大。绝对式振动测量也称惯性式振动测量，其工作原理是利用物体的惯性实现振动测量。许多科学家、学者对传统的绝对式振动测量方法进行改进和应用扩展，在绝对式振动测量原理的基础上，将新材料、新技术引入振动测量中，取得了丰硕的成果，特别是交叉学科的融合等，大大拓展了振动测量的原理和应用领域。传统绝对式振动测量有电涡流式、压电式、电容式、磁电式、磁致伸缩式等方法。

1) 电涡流式

采用电涡流传感器工作原理可以实现绝对式振动测量，见图 1.2。

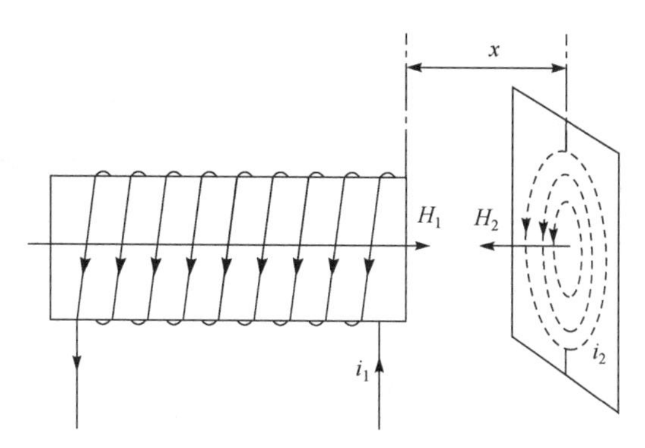

图 1.2 电涡流传感器工作原理

图 1.2 中，线圈电流 i_1 产生磁场强度 H_1，根据电磁感应原理在导体材料上产生涡旋电流 i_2，并产生磁场强度 H_2，H_2 方向与 H_1 方向相反，线圈上产生相反的感应电流。不同的位移量 x 产生的感应电流大小也不相同。可对电涡流传感器探头按照不同的方法进行安装，以减小因测量原理所产生的测量误差[4]。在设计电涡流传感器时，需要利用不同的位置关系使其具有统一的线性输出[5]。电涡流传感器具有非接触、无摩擦等特点，可直接输出振动的位移信号、非接触测量、寿命长、响应频率高，但线性范围小且不耐高压、温度稳定性差。

2) 压电式

压电式振动测量是利用材料的压电效应实现振动测量。压电敏感元件及压电传感器实物图见图 1.3。

由图 1.3 可见，压电传感器结构由惯性质量块、压电敏感元件、弹簧、壳体和基座构成。利用物体的惯性原理，在被测体有加速度时传感器内部的惯性质量块在压电敏感元件上产生压力，压电敏感元件具有压电效应，输出电信号实现加速度测量。压电式振动测量系统中一般含有电荷放大器电路，压电式振动测量系统可以测量振动的加速度，有广泛的应用领域。如应用于压路机的振动测量等，能够准确地将压实操作过程中土壤特性的规律变化反映出来[6]。压电传感器输出的电荷或电压与加速度成正比，可以检测较宽幅度的振动信号检测以及较高频率的振动信号。该传感器结构简单、测量灵敏度高、测量设备信噪比高。但压电传感器不易测量位移变化信号、弹簧刚度大时固有频率高、易受环境温度影响、一般采用的电荷放大器不易实现较低频率振动信号的测量。由于输出的是加速度信号，压电传感器不易于实现速度信号和位移信号的准确测量，且横向效应影响比较大，对于绝缘要求比较高等。

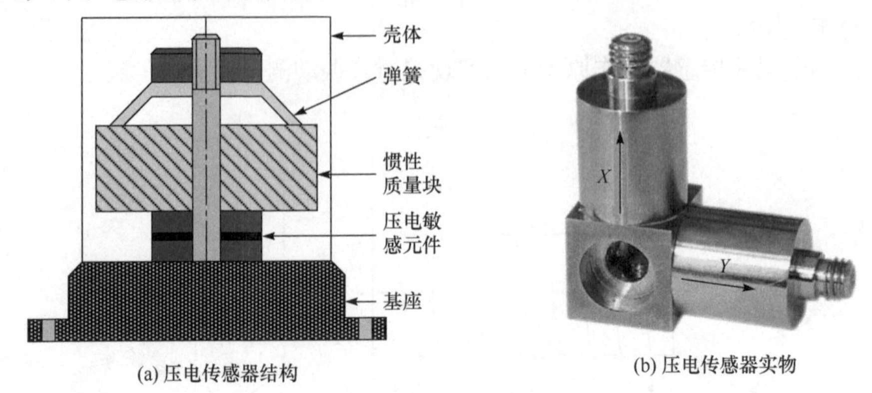

(a) 压电传感器结构　　(b) 压电传感器实物

图 1.3　压电传感器结构及实物图

3) 电容式

利用电容原理通过一定的结构设计可实现二维加速度测量[7]，其工作原理见图 1.4。

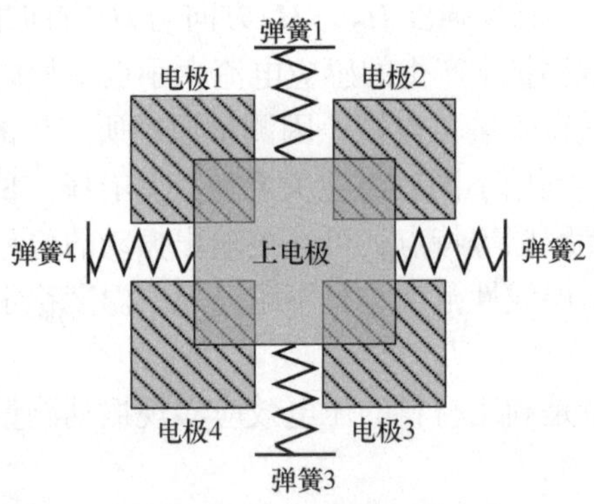

图 1.4　电容式二维加速度传感器原理

电容式二维加速度传感器由一个上电极和四个方向的下电极构成。上电极同时起到质量块的作用，由四个弹簧固定。当有加速度存在时，由于质量块存在惯性，在弹簧拉动下将产生相对运动，从而改变了上下电极之间的面积，亦改变了电容数值。该加速度测量方法可以实现二维加速度测量，但不能实现三维加速度测量。由于弹簧的作用，质量块的运动受到一定程度的影响。此外，也有使两极板的相对位置发生变化的电容式振动测量，将加速度振动信号变成电容的变化，以实现振动测量。被测振动信号由两个电容的差值决定，差值设计方法大幅度降低了测量过程中的噪声[8]，也可把电容传感器引入微机电系统(micro-electro-mechanical system, MEMS)加工工艺中[9]，如检测加工中印刷线路板(printed circuit board, PCB)和 MEMS 的振动以及静电力引起的振动。在利用电容实现振动测量中，一般传感电容的变化量比较小，往往是微法或几十微法数量级，测量方法主要有电荷转移法和交流法。这些方法是通过激励信号对电容进行充放电，通过电子电路得到的电流或电压与被测电容成比例，该测量方法的脉动噪声大，需要采用滤波器或相位补偿电路，因此电路结构相对复杂，成本高。电容绝对式振动测量的优点是可以直接输出与被测振动位移成比例的电压信号、输入不需要很大的能量、频率响应范围宽、能量损耗比较小、有较大的相对参量变化、结构简单。缺点是电容的绝对变化量比较小、输出信号与位移信号呈非线性关系、脉动噪声大，需要采用滤波器或相位补偿电路。也有采用电感式测量原理实现振动的测量，虽然电感式传感器具有灵敏度高、线性范围大、非接触、输出功率大等优点。但传统电感式传感器一般其被测金属的高频损耗较大，频率响应范围窄，不适于快速动态测量。

4) 磁电式

目前，国内使用较多的是磁电式振动测量。多方向宽频磁电式振动器可以实现 x-z 平面内多方向宽频的振动能量检测[10,11]，实验模型见图 1.5。其原理是在两块永磁体中间设置磁电转换器，层合方式采用上下两层磁致伸缩层加上中间压电层组成，当外界产生 x-z 平面的振动时，和永磁体产生相对运动，磁电转换器内磁场强度发生变化，磁致伸缩层发生形变，进而压电层产生输出电压。这种设计也存在一定的缺陷，响应频带宽度只能达到 4.4～5.6Hz。

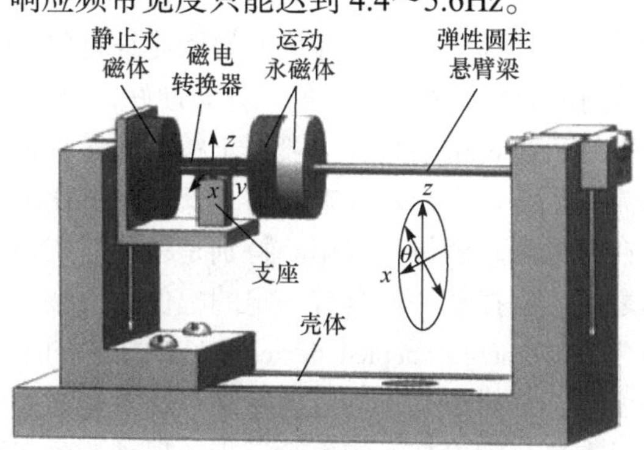

图 1.5 多方向宽频磁电式振动器

5) 磁致伸缩式

磁致伸缩位移传感器内含一根波导管，由磁致伸缩材料作为敏感元器件。其原理是通过两个不同磁场相交产生一个应变脉冲信号实现位移测量，电子室内产生的电流脉冲在波导管内进行传播，波导管外产生一个圆周磁场，当遇到活动磁环时将产生磁场相交，在波导管内产生应变的以声音速度传播的机械波脉冲信号，该信号被电子室检测。通过机械波脉冲传递的时间计算得到位移量。磁致伸缩位移传感器外形见图 1.6。

图 1.6　磁致伸缩位移传感器外形

利用磁致伸缩原理可构成绝对振动测量。例如，利用光的波导技术，通过光学编码实现对磁致伸缩长度变化的精确测量[12]。磁致伸缩的优点是可实现非接触测量、频率响应范围宽、可实现较低振动频率的测量、精度高、测量量程宽等。缺点是需要大电流周期信号电路设计、需要微小信号的噪声处理电路等。

最新测量方法的出现使振动测量方法获得了长足的进步，如光纤、光栅实现绝对式振动测量。以光折变晶体硅酸铋为记录介质，基于反射式全息光栅零差干涉原理构成振动测量系统。测量灵敏度高于透射式全息光栅振动测量系统[13]。可利用光纤、光栅构成的传感器实现电动机叶片振动测量，以及通过光纤振动传感器测量钢桥的振动[14]。光纤振动传感器可以抗电磁干扰，灵敏度高，测量精度高，频率响应范围宽，可实现微小振动信号的精密测量，可适用于任何形状的振动测量场合，可应用于高温和高压等恶劣环境，使用光纤材料易于实现遥测。激光的发射能力强，能量高度集中，光源质量好，方向性好，激光发射后发散角非常小，单色性好，相干性好，测量精度高，一般用于精密测量领域。不足之处是需要特殊的光纤材料，需要干涉仪等设备成本较高，安装调试比较困难，体积较大且价格昂贵，不适于在普通振动测量中应用。特别是在绝对式振动测量中仪器设备要安装于振动物体之上，且振动一般具有一定的幅值，安装具有一定的困难。

基于电荷耦合器件(charge coupled device, CCD)技术的绝对振动测量可实现非接触测量，线性度好，分辨率高，测量精度高；缺点是需要数字处理电路，测量速度受到影响，成本高。随着技术的不断进步，振动测量向智能化的方向发展。采用新的测量算法对传感器进行改进，对振动传感器进行补偿等。

纵观上述国内外研究现状和趋势，可以看到，绝对式振动测量技术及设备，如电涡流传感器、压电传感器、电容传感器、光纤振动传感器、磁致伸缩传感器和 CCD 传感器等以其特有的性能在不同的工程技术领域中得到了广泛应用。但是，这些传感器由于结构和材料的局限，在运行性能上受到了一定的限制，不能满足一些工程的需要。传感技术和材料科学等相关领域的专家和学者正在孜孜不倦地从方法、材料、结构、测试电路和数据处理，甚至从原理上去攻克存在的问题和技术难点，使振动测量技术进一步完善。由于传统测量方法的局限性，设备的材料和结构，如惯性质量块、连接用的弹性元件以及所用的阻尼介质等均没有得到大的改善，测量设备的运行性能如惯性质量块运动中的机械摩擦、运动方向的受限以及阻尼介质影响等都未得到大的突破。本书针对现存的问题，提出一种全新的振动测量方法——磁悬浮振动测量，并从理论和实验中证实了该测量方法的先进性。

1.3　磁悬浮技术发展概况

由于振动测量方法的不断进步，振动测量的应用领域得到了极大的拓展，在风力发电、航空航天、船舶、磁悬浮列车、核电等领域均有重要的应用。随着技术的迅猛发展，振动测量在其他领域也得到大量的应用，如对角振动测量、柴油机等轴系弯曲振动测量、电梯振动测量、工程桥梁多方向振动测量、活塞往复式压缩机振动测量、钻探仪器振动测量、施工升降机振动测量等，具有不可或缺的作用，甚至会影响工程进程、运行和维护。

1842 年，英国物理学家 Earnshaw 就提出了磁悬浮的概念，目的是要将磁性物体悬浮起来。两个磁铁之间可以存在磁吸力或磁斥力，但单纯由磁铁组成的结构是不稳定的结构，无法直接实现磁性体的悬浮，要实现电磁悬浮需要进行控制。

对磁悬浮技术的研究兴起于 20 世纪 20 年代，随着现代控制理论、电磁学和电子技术的发展，到 20 世纪 60 年代磁悬浮技术进入大规模的研究和应用阶段。目前磁悬浮技术应用最多的领域是磁悬浮列车和磁悬浮轴承，见图 1.7。磁悬浮技术在该领域的理论和实验研究均较为成熟，并达到了实际应用的目的。

图 1.7(a)是上海磁悬浮列车；图 1.7(b)是北京清能创新科技有限公司研制的磁悬浮轴承。列车悬浮于空中，因不存在机械接触实现了机车的高速运行，还可节省能源和消除机车运行产生的噪声；由于不存在机械接触，磁悬浮轴承具有无摩擦、无磨损、无需润滑的特点，转子可以高速旋转。磁悬浮技术首先在轴承领域获得了应用，现在该方面研究已经较为深入。磁悬浮技术在列车领域的应用也已非常成熟。根据牵引特性的深入分析和计算，我国中低速磁悬浮列车采用直线感应电机进行牵引，为磁悬浮列车的设计奠定了基础[15]。同样，磁悬浮技术在城市轨道交通方面也取得了重要的进展。工业生产中需要大量的能耗，如何节能、储能成为当今现代化的一个重大课题。磁悬浮技术在节能和储能方面具有优越的特性，例如通过电磁悬浮、超导悬浮和混合悬浮轴承设计的高速飞轮可实现高效率

的能源储备[16]。

(a) 磁悬浮列车

(b) 磁悬浮轴承

图 1.7　磁悬浮技术应用

磁悬浮技术也有一些其他应用，如磁悬浮地图仪、磁悬浮灯泡等，见图 1.8。

(a) 磁悬浮地图仪

(b) 磁悬浮灯泡

图 1.8　磁悬浮地图仪和磁悬浮灯泡

磁悬浮技术已渗透到了日常生活中，如磁悬浮电梯[17]、磁悬浮的无线充电设备[18]、磁悬浮式音响[19]、磁悬浮无线供电智能灯、磁悬浮盆栽、磁悬浮相框等。随着科学技术的不断发展，磁悬浮技术将在更多的领域获得应用。

1.4　磁悬浮振动测量的种类

采用磁悬浮技术实现振动的测量有不同的类型， 包括磁悬浮吸引式振动测量、磁悬浮排斥式振动测量、磁悬浮柱形排斥式振动测量、双磁悬浮振子柱形排斥式振动测量等。

磁悬浮吸引式振动测量是用悬浮体充当测量系统的惯性块作为振子，悬浮体采用圆形球体、圆柱体等，悬浮体上方为电磁铁，悬浮体上表面嵌有永磁铁，其磁极性与上方电磁铁的磁极性相反，振子产生磁吸力用以克服振子的重力，以实现平衡。测量仪器与被测振动体固定在一起，当振动体有振动时，振子与仪器壳体之间产生相对位移变化，通过超前控制器输出电流实现振子的稳定悬浮。通过位移传感器测量出振子的相对位移实现绝对式振动测量。磁悬浮吸引式振动测量系统既有电磁铁作用也有永磁铁作用，属于混合型磁悬浮系统。无振动时振子在平衡点附近悬浮几乎不消耗电能，节省了能源。

磁悬浮排斥式振动测量中振子下方有永磁铁和电磁铁。振子与下方永磁铁在垂直方向的磁极性相反，振子具有向上的排斥力，抵消振子的重力，由于该系统为不稳定系统，振子因偏移中心轴而失衡，因此，振子需要进行四个方向的水平控制。振子的位移变化通过霍尔传感器等测量。通过超前控制器输出电流给电磁铁，振子在中心点稳定悬浮。该测量方法可以实现垂直和水平方向的加速度测量。该测量系统也属于混合型磁悬浮系统。

磁悬浮柱形排斥式振动测量是利用永磁铁的排斥特性，将一块永磁铁固定在测量仪器的下方，另一块永磁铁作为悬浮振子置于固定磁铁的上方。当振子偏移中心轴时将会失衡，无法实现稳定悬浮。因此，采用柱形玻璃器皿将固定和悬浮的两个永磁铁置于其中限制其水平方向的运动，以实现其稳定平衡。测量时，将振动测量仪器与被测振动体固定在一起，测量仪器随被测振动体振动。通过位移传感器测量出振子的位移变化，实现绝对式振动测量。由于该方法采用玻璃器皿防止水平方向的运动实现悬浮，所以工作时应使设备垂直放置，以减小振子与玻璃管壁间的摩擦，避免测量灵敏度下降。采用该方法时，振子只有一个自由度，因此只可以实现垂直方向的振动测量。

双磁悬浮振子柱形排斥式振动测量与磁悬浮柱形排斥式振动测量方法基本相同，不同的是增加了一个悬浮振子，设计的两个磁悬浮振子和固定永磁铁相互间的磁极性均相反。最上方的振子作为测量振子，通过位移传感器测量振子位移变化，实现绝对式振动测量。理论和实验证明，双磁悬浮振子的测量灵敏度高于单磁悬浮振子的测量灵敏度。由于磁悬浮柱形排斥式振动测量无需控制电路，容易实现。位移传感器采用光电传感器或霍尔传感器均可。

1.5　磁悬浮振动测量的特点

磁悬浮振动测量方法不同于传统振动测量方法，具有独特的性质。磁悬浮振动测量的特点如下。

1) 适合应用于绝对式振动测量

相对式振动测量中，系统存在着固定不动的参照系，设备安装在固定不动的参照系上(如固定支架等)，被测振动体相对于参照系振动，通过机械、电磁、光的位移传感器直接测量振动的位移、速度或加速度数值，实现相对式振动测量。相对式振动测量一般比较容易实现。绝对式振动测量中，系统没有固定不动的参照系，振动测量设备与被测振动体一起运动。绝对式振动测量一般采用的是惯性原理，当被测振动体达到一定振动频率时，系统内含的质量块因惯性相对不动，相当于一个绝对参照点，测量设备与质量块之间产生相对位移变化。当振动产生时，通过位移、速度或加速度传感器测量仪器壳体与相对不动的质量块之间的相对位移变化，以实现绝对振动测量的目的，如地震的测量、航天器的振动测量、机载式振动测量等。磁悬浮绝对式振动测量系统中的振子悬浮于空中作为惯性质量块，即通过磁悬浮振子构成绝对式振动测量。反重力由磁悬浮振子与电磁铁之间的磁力提供，反重力可能为磁吸力或磁斥力。研究证明磁悬浮振子的动力方程式与质量弹簧系统中质量块的动力学方程相同，理论上证明了用磁悬浮振子构成振动测量系统实现绝对式振动测量的可行性。

2) 具有振子无接触工作方式

目前绝对式振动测量方法采用的是弹簧部件将质量块与仪器壳体相连接的方法，属于质量块接触式振动测量方法。磁悬浮测量方法将磁悬浮振子作为惯性质量块悬浮于空中，不与任何物体接触，属于质量块非接触式振动测量方法，实现了没有固定参照点的质量块无接触式的绝对式振动测量。

3) 特别适合应用于多维振动测量

传统的绝对式振动测量方法因通过弹簧部件将质量块与仪器壳体相连接，质量块的运动受到限制，一般只适用于一维振动测量。若要实现三维振动测量需要构造三维运动自由度来固定惯性质量块的运动，并通过三自由度合成的方法确定振动的方向。传统多维振动测量方法一般安装比较复杂，传感装置之间存在着难以消除的级间耦合、摩擦等。磁悬浮绝对式振动测量方法由于将磁悬浮振子作为惯性质量块悬浮于空中，不与任何物体相接触，质量块的运动不受限制，可以在任一方向上产生振动，特别适合于多维振动测量，且安装、调试比较方便。

4) 磁悬浮绝对式振动测量系统测量灵敏度高

由于磁悬浮绝对式振动测量系统的振子通过控制系统的控制悬浮于空中，其测量灵敏度高，能够实现微小振动的测量。

5) 磁悬浮绝对式振动测量系统阻尼为电子阻尼

磁悬浮绝对式振动测量系统的阻尼是由测量系统中控制电路的微分电路实现的，因此可以通过调节电路参数改变阻尼系数，易于调整。对于数字控制的磁悬浮绝对式振动测量系统可以设计不同的阻尼值，既能提高系统的测量灵敏度，又能提高测量系统的抗冲击能力。

6) 磁悬浮绝对式振动测量系统可实现较低频率的振动测量

由于振动测量系统的振子处于悬浮状态，可实现对于频率变化缓慢的被测振动量的绝对式测量。由理论、仿真和实验研究可知，磁悬浮绝对式振动测量方法可实现较低频率的振动测量。

7) 磁悬浮绝对式振动测量方法符合环保、节能理念

磁悬浮绝对式振动测量方法工作时磁悬浮振子悬浮于空中，无噪声，很好地消除了环境噪声污染。若在磁悬浮系统中加入永磁铁即构成永磁、电磁混合型磁悬浮工作方式，该方法中平衡点处的主要磁力由永磁铁提供，仅控制电磁力由电磁线圈提供，可降低能耗，在平衡点附近实现近于零功耗工作方式。

1.6 本书主要内容

本书在分析现有绝对式振动测量方法的基础上，结合磁悬浮技术理论、控制方法和特点等，利用磁悬浮技术实现绝对式振动测量，建立了绝对式磁悬浮振动测量模型，通过实验测试获得磁悬浮振动测量模型参数和控制系统参数，在此基础上建立了振子的动力学方程，并设计了磁悬浮振动测量仿真模型。

本书的主要内容安排如下：

第 1 章主要对当前振动测量方法及研究背景进行介绍，包括振动测量的目的和意义、传统振动测量方法发展概况、磁悬浮技术发展概况、磁悬浮振动测量的种类、磁悬浮振动测量的特点等。

第 2 章对振动测量原理及方法进行介绍，包括机械相对式振动测量、光电相对式振动测量和霍尔相对式振动测量，以及机械绝对式振动测量、光电绝对式振动测量、霍尔绝对式振动测量；对质量-弹簧-阻尼系统绝对振动测量模型及工作原理进行分析，建立质量-弹簧-阻尼系统绝对振动测量动力学方程，并介绍质量-弹簧-阻尼系统的幅频特性和相频特性。

第 3 章主要对建立的磁悬浮绝对式振动测量系统进行参数设定和实验测量，特别是对磁悬浮振子的受力进行分析和测量，进而为建立振子的动力学方程做准备，基于振子的数学方程式采用 Simulink 建立振子的仿真模型；对绝对式振动测量质量块的光电位移测量方法及其测量灵敏度进行分析，对磁悬浮绝对式振动测量系统进行比较；最后对磁悬浮柱形排斥式和双磁悬浮振子振动测量系统中振子的受力进行分析，建立振子的动力学方程及仿真模型。

第 4 章对磁悬浮绝对式振动测量系统的非线性特性进行分析，并详细研究磁

悬浮绝对式振动测量系统具有的混沌特性。通过对磁悬浮绝对式振动测量系统的分岔图分析得出磁悬浮绝对式振动测量系统的混沌特性。对磁悬浮绝对式振动测量系统由不稳定到稳定的吸引子变化规律进行分析。

第 5 章主要分析磁悬浮绝对式振动测量系统的阻尼特性，并对影响磁悬浮绝对式振动测量系统的阻尼因素进行详细的阐述，以及从吸引子角度对阻尼的规律进行分析，为实现不同强度的振动测量从理论上提供依据。

第 6 章对磁悬浮绝对式振动测量系统用于二维和三维振动测量进行分析和实验测量，通过磁悬浮绝对式振动测量系统实现振源的定位检测，并建立磁悬浮绝对式振动测量的三维仿真模型。

第 7 章主要阐述磁悬浮绝对式振动测量系统的信号处理，对输出信号中含有的控制信号特征进行分析，实现磁悬浮绝对式振动测量系统控制信号的分离；对磁悬浮绝对式振动测量系统的测量数据进行非线性补偿，并对磁悬浮绝对式振动测量系统的误差和灵敏度进行分析；提出可变精度数据处理的方法。

第 8 章对磁悬浮绝对式振动测量系统的动态特性进行分析，阐述提高测量灵敏度的方法，以及改善磁悬浮绝对式振动测量系统频率特性的方法。

第 9 章对磁悬浮绝对式振动测量系统的实际应用进行研究，分别进行公路平整度测量、地铁机车振动测量、人行过街天桥振动测量、电梯加速度测量、重型基建设备对建筑物产生的振动测量和多阈值地震报警设计，通过频谱分析、相轨迹分析和小波分析，进一步验证磁悬浮绝对式振动测量的可行性。

1.7 本章小结

本章介绍振动测量的目的和意义以及传统振动测量方法的概况，结合磁悬浮技术发展的历程说明将其引入振动测量技术的过程；阐述磁悬浮振动测量方法的种类和主要特点，并对本书的主要内容进行介绍。

参考文献

[1] 蔡彦, 单长吉, 杜国芳, 等. 液压系统振动位移传感器的设计[J]. 物理通报, 2018, (11): 64.

[2] 黄智德, 谢谟文, 杜岩, 等. 激光测振仪在斜拉索索力检测中的应用研究[J]. 公路, 2018, 63(5): 109-113.

[3] 宋耀东, 杨兴, 刘志方, 等. 基于激光多普勒技术的三维扫描测振研究[J]. 机械工程师, 2018, (4): 150-152, 159.

[4] 宋海成. 电涡流传感器的常见故障处理及安装方法[J]. 仪器仪表用户, 2018, 25(10): 31-35.

[5] Cung T L, Joubert P Y, Vourch E, et al. Interactions of an eddy current sensor and a multilayered structure[J]. Electronics Letters, 2010, 46(23): 1550-1551.

[6] 曹丽曼. 压电式加速度传感器振动测量应用研究[J]. 自动化与仪器仪表, 2015, (7): 164-166.

[7] 张佳旗, 周敬然, 孙长轮, 等. 电容式二维加速度传感器的研究[J]. 长春理工大学学报(自然科学版), 2009, 32(1): 99-101.

[8] 丛培田, 姜文涛, 韩辉. 基于 CAV424 的电容式振动传感器转换电路[J]. 仪表技术与传感器, 2009, (12): 80-81.

[9] Alsaleem F M, Younis M I, Ibrahim M I. A study for the effect of the PCB motion on the dynamics of MEMS devices under mechanical shock[J]. Journal of Microelectromechanical Systems, 2009, 18(3): 597-609.

[10] 岳喜海, 杨进, 文玉梅, 等. 多方向宽频磁电式振动能量采集器[J]. 仪器仪表学报, 2013, 34(9): 1961-1967.

[11] 余强模, 杨进, 文玉梅, 等. 基于磁电换能器的三维宽频振动能量采集器[J]. 仪器仪表学报, 2014, 35(8): 1707-1713.

[12] Seco F, Martin J M, Jimenez A R. Improving the accuracy of magnetostrictive linear position sensors[J]. IEEE Transactions on Instrumentation and Measurement, 2009, 58(3): 722-729.

[13] 张斌, 韩旭光, 冯其波, 等. 基于 BSO 晶体反射式全息光栅的振动测量系统[J]. 光学精密工程, 2014, 22(7): 1781-1786.

[14] Da Costa Antunes P F, Lima H F T, Alberto N J, et al. Optical fiber accelerometer system for structural dynamic monitoring[J]. IEEE Sensors Journal, 2009, 9(11): 1347-1354.

[15] 朱丽媛, 梁继云. 中低速磁悬浮列车牵引计算及特性分析[J]. 内燃机与配件, 2018, (21): 51-52.

[16] 王新文, 邱清泉, 宋乃浩, 等. 飞轮储能用磁悬浮轴承研究进展[J]. 低温与超导, 2018, 46(11): 41-46, 51.

[17] 焦一帆. 磁悬浮技术在电梯中的应用前景[J]. 中国新技术新产品, 2017, (2): 18-19.

[18] 默片. 科技让生活更安全-磁悬浮旋转门[J]. 中国建筑金属结构, 2018, (1): 40-41.

[19] 李鹏发, 高凡, 杨博文, 等. 磁悬浮音响的设计和制作[J]. 科学技术创新, 2017, (31): 16-18.

第 2 章　振动测量原理及方法

按照测量中参考坐标系是否固定分类，振动测量分为相对式振动测量和绝对式振动测量。相对式振动测量中存在不动的参考点，振动测量设备固定不动，只有被测振动体产生振动，因此，只要能够测量被测振动体与不动参考点之间的位移变化即可实现相对式振动测量。一般相对式振动测量实现起来比较容易。如果测量振动时没有固定的不动参考点，将振动测量设备与被测振动体固定在一起，测量设备随被测体一起振动，这种情况为绝对式振动测量。绝对式振动测量原理是利用测量仪器内部的惯性质量块实现绝对式振动测量，当振动测量仪器随被测振动体运动时，由弹性支撑的惯性质量块因自身存在的惯性而与壳体产生相对运动，通过测量该相对运动实现振动测量。当物体振动时，振动物体的位移、速度和加速度的大小与方向都随时间变化，因此，绝对式振动测量进一步分为绝对式振动位移测量、绝对式振动速度测量和绝对式振动加速度测量。

2.1　振动测量分类

按照振动测量的工作原理,振动测量分为相对式振动测量和绝对式振动测量。

2.1.1　相对式振动测量

相对式振动测量有机械相对式振动测量、光电相对式振动测量、霍尔相对式振动测量等。例如，使用光电传感器、激光传感器、霍尔传感器等可实现各种相对式振动测量。

1. 机械相对式振动测量

机械相对式振动测量是将相对式振动测量设备固定于一个不动的参考系中，将被测振动体的振动通过导轴传递至机械式振动测量仪器中，通过机电转换，将被测的机械振动位移量或速度量转换成电信号输出实现相对式振动测量[1]。机械相对式振动测量模型见图 2.1。

机械相对式振动测量模型包含中心轴、绝缘筒、永磁铁、线圈、导线、壳体等。当被测振动体振动时，如左右振动，被测振动体的机械位移通过中心轴传输至相对式振动测量设备中，使中心轴产生相应的左右移动，中心轴通过弹簧支撑

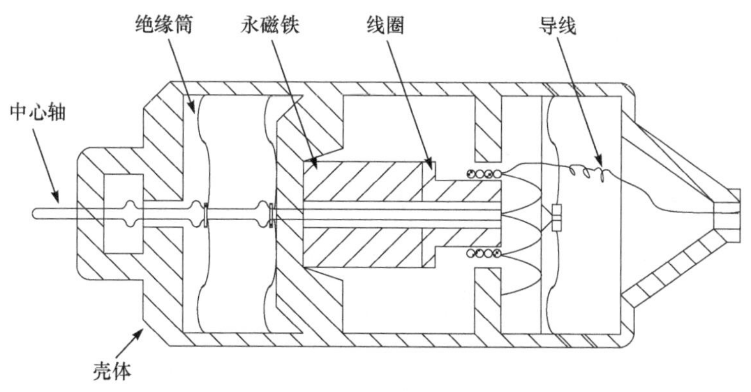

图 2.1　机械相对式振动测量模型

在壳体上，中心轴上安装有感应线圈，线圈随中心轴一起左右运动，永磁铁固定在壳体上，当线圈左右运动时线圈与永磁铁之间产生相对运动，切割磁力线从而产生感应电动势及回路中的感应电流,其输出电压与被测振动体振动速度成正比，实现相对式振动测量。如果相对式振动测量设备中安装有位移传感器，则可输出与被测振动体振动位移成正比的物理量。

机械相对式振动测量设备结构比较复杂，属于接触式振动测量，安装较为不便，受机械量的影响比较大，测量灵敏度较低。其中，机械相对式振动速度传感器只能测量被测振动体的速度变化，难以实现缓慢变化的振动位移信号的测量。

2. 光电相对式振动测量

光电相对式振动测量是用红外光电位移传感器代替机械相对式振动测量中的感应线圈，测量被测振动体的位移变化以实现相对式振动测量[2]。光电相对式振动测量模型见图 2.2。

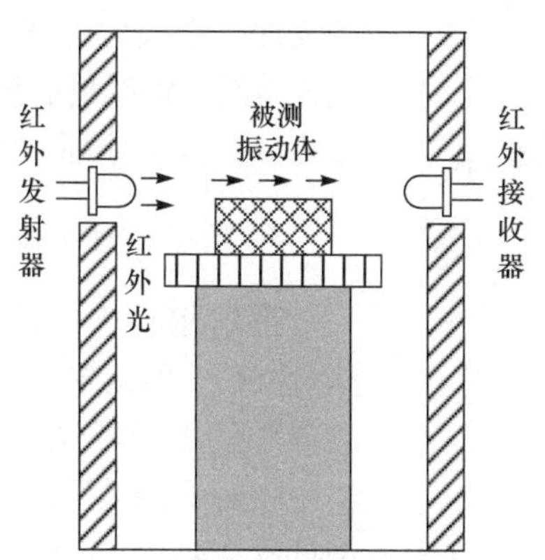

图 2.2　光电相对式振动测量模型

光电相对式振动测量仪器构成较为简单。测量时先将光电相对式振动测量仪器与不动参考点进行固定，将光路对准被测振动体，被测振动体处于红外发射器和红外接收器之间，未振动时遮挡一半光路。当被测振动体振动时，振动体的上下或左右等振动将改变遮挡光线的面积，从而改变光电接收器的输出电压，通过光电接收放大器对此电压信号进行放大，红外光电位移传感器输出电压信号与被测振动位移信号近似成正比例变化，从而反映被测振动体的振动位移。通过微分电路可获得被测振动体的速度信号和加速度信号。

红外光电位移传感器位移测量电路如图 2.3 所示。

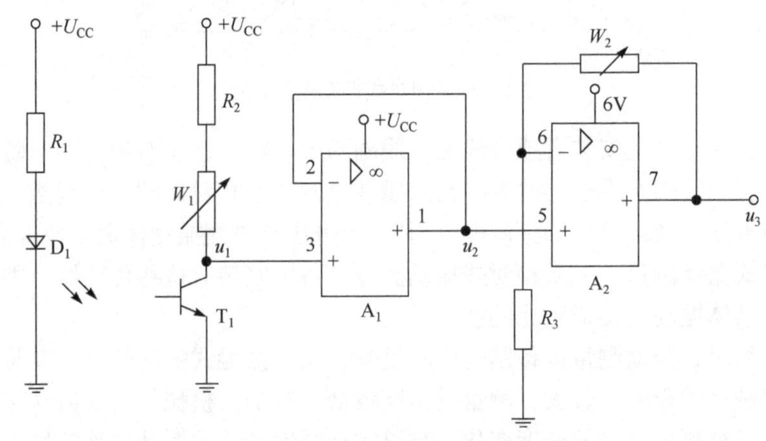

图 2.3　红外光电位移传感器位移测量电路

图 2.3 中，D_1 为红外发射管，T_1 为红外接收管，接收被测振动体遮挡的红外光信号，A_1 构成跟随器用于提高测试系统的输入阻抗，A_2 构成同相放大电路，用于放大被测信号。光电振动测试系统应置于避光的工作空间内。若工作在环境红外光场合，则需加差动放大电路，可通过运算放大器构成减法电路，将测量的振动信号与环境红外光信号相减，以消除环境红外光的影响。

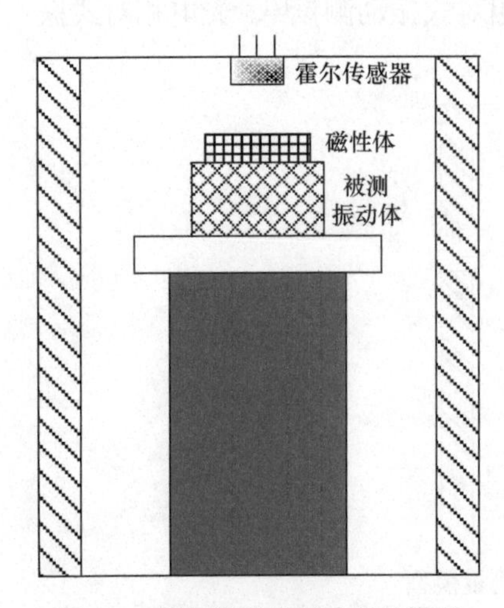

图 2.4　霍尔相对式振动测量模型

3. 霍尔相对式振动测量

霍尔相对式振动测量与光电相对式振动测量相似，用霍尔传感器代替机械相对式振动测量中的感应线圈测量振动体的位移变化来实现相对式振动测量。霍尔相对式振动测量模型见图 2.4。

霍尔相对式振动测量模型中需要将磁性体贴附于被测振动体表面，霍尔传感器可以测量磁场强度，被测振动体振动会改变被测振动体与霍尔传感器之间的距离，从而使霍尔传感器的磁场强度发生变化，造成输出电压变化实现位移的测量，由此可实现相对式振动测量。由于霍尔相对式振动测量系统构成简单，该方法成本低、易于实现。若需要被测振动体的振动速度或振动加速度信号，可通过微分电路实现。

霍尔传感器位移测量电路如图 2.5 所示。

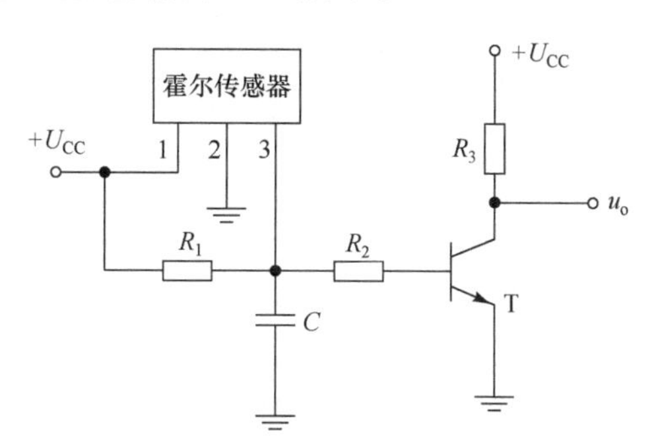

图 2.5　霍尔传感器位移测量电路

图 2.5 中，选用的是 G132 型霍尔传感器，电源电压取 12V，R_1 取 820Ω，R_2 取 430Ω，C 取 20pF，T 为电流放大晶体管。当被测振动体与霍尔传感器距离较远时，磁场比较小，脚 3 输出端的电压较低，三极管输出电压高；当被测振动体与霍尔传感器距离较近时，磁场比较大，脚 3 输出端的电压较高，三极管输出电压低。霍尔传感器可以实现位移的测量，得到被测振动体的相对式振动测量。

其他的位移传感器均可用于相对式振动测量，只要能够测量出被测振动体的位移即可。

2.1.2　绝对式振动测量

传统的绝对式振动测量有机械绝对式振动测量、光电绝对式振动测量、霍尔绝对式振动测量等，本书提出的磁悬浮绝对式振动测量不同于传统的绝对式振动测量。

1. 机械绝对式振动测量

与相对式振动测量原理不同，绝对式振动测量中无不动的参考点。绝对式振动测量设备需与被测振动体固定在一起，随被测振动体一起振动，设备中内含惯性质量块，利用质量块的惯性实现绝对式振动测量。机械绝对式振动测量模型见图 2.6。

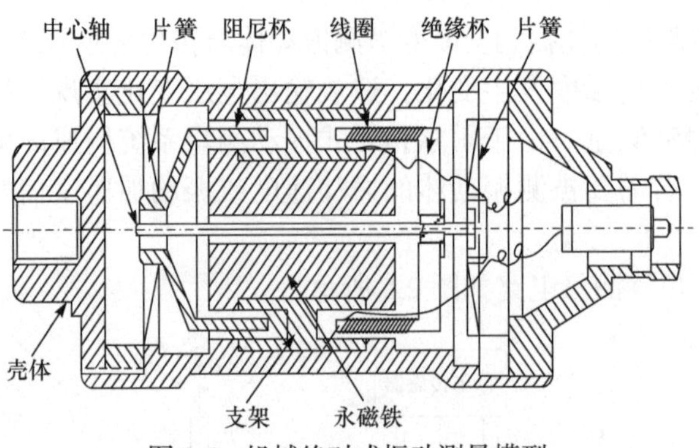

图 2.6　机械绝对式振动测量模型

机械绝对式振动测量设备内部中心轴由左右片簧支撑，可以与绝缘杯一起左右运动，绝缘杯上缠绕线圈，其余部分均与仪器壳体相固接。测量振动时，将仪器壳体与被测振动体固接在一起，仪器随着被测振动体一起振动。永磁铁作为绝对振动测量的质量块，因其具有惯性，当有振动产生时质量块与测量线圈之间将产生相对运动，线圈切割磁力线产生感应电压和感应电流。被测振动体的振动速度越大，感应电流越大，线圈的输出电压或电流与被测振动体的振动速度成正比，由此实现绝对式振动测量。由于线圈的感应电压与切割磁力线的速度成正比，输出电压和位移随时间的变化量成正比，因此，该方法测得的是绝对振动速度。

机械绝对式振动速度测量方法比机械相对式振动速度测量方法复杂，由于惯性质量块通过弹性部件与仪器壳体相连，存在机械摩擦和机械间隙误差，测量灵敏度较低。仪器只能测量被测振动体的速度变化，难以实现缓慢变化的振动位移信号的测量。

绝对式振动传感器还有压电传感器、光纤传感器、电容式传感器和磁电式传感器等，测量原理均是测量惯性质量块与仪器壳体之间的相对位移变化。根据不同的测量原理，测量的输出量有绝对振动速度和绝对振动加速度。通过积分电路可将绝对振动速度信号转换为绝对振动位移信号，通过二次积分电路可将绝对振动加速度信号转换为绝对振动位移信号。

2. 光电绝对式振动测量

光电绝对式振动测量是采用光电位移传感器替代机械绝对式振动传感器的感应线圈，利用光电方法测量惯性质量块与仪器壳体的相对位移，输出与被测振动位移成正比的输出电压，即可实现绝对式振动位移量的测量。由此可以不用通过积分电路将被测绝对式振动速度信号转换为振动的位移信号，或通过两次积分电路将振动加速度信号转换为振动的位移信号。光电绝对式振动测量模型见图 2.7。

光电绝对式振动测量模型中含有质量块和弹簧部件以及测量位移变化量的光电位移传感器，将图 2.6 中线圈换成光电式位移传感装置，将惯性质量块置于红外发射管和红外接收管之间。其工作原理与机械绝对式振动测量方法相同，即将振动测量仪器与被测振动体固接在一起，当振动频率达到一定数值时，质量块因惯性基本保持不动。惯性质量块与仪器壳体之间将产生相对位移，通过光电式位移传感器测量该相对位移的变化，其幅值与被测振动体振动幅值成正比，相位相反，由此可实现绝对式振动测量。由于光电位移传感器可直接输出与位移信号成正比的电压信号，该传感器为绝对式振动位移传感器。

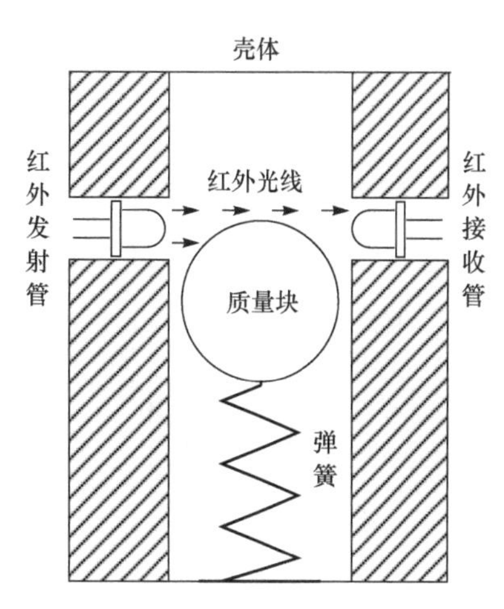

图 2.7　光电绝对式振动测量模型

3. 霍尔绝对式振动测量

霍尔绝对式振动测量是在绝对式振动测量中采用霍尔传感器实现位移量的测量，其模型见图 2.8。

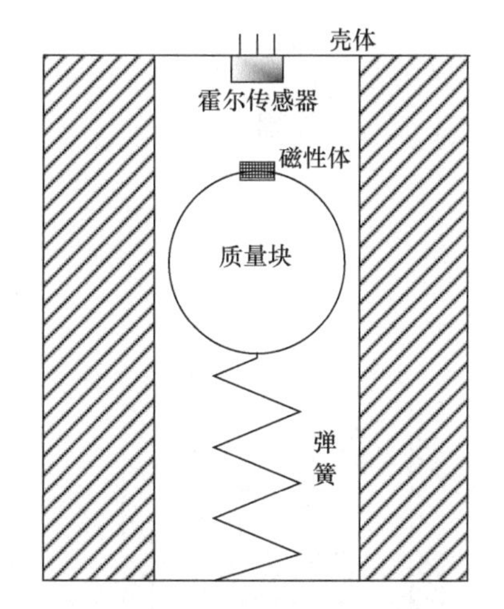

图 2.8　霍尔绝对式振动测量模型

与光电绝对式振动传感器相同，在测量振动时霍尔传感器将测量设备与被测振动体固定在一起，仪器随被测振动体一起振动。当振动产生时，球形质量块因自身存在的惯性相对于绝对参照系不动，惯性质量球与仪器壳体之间将产生相对运动。在球形质量块上方镶嵌磁性体，霍尔传感器安装于仪器壳体的上方，固定在仪器壳体上。球形质量块运动时，质量块与霍尔传感器之间的距离发生变化，两者之间的距离称为相对位移，距离变化引起霍尔传感器的磁场变化，使输出电压发生变化。输出电压与相对位移成正比，相位相反，由此可实现绝对式振动测量。由于霍尔传感器可直接输出与位移信号成正比的电压信号，该传感器为绝对式振动位移传感器。霍尔绝对式振动测量系统构成简单，该方法成本低、易于实现。若需要被测振动体的振动速度或振动加速度信号，可通过微分电路实现。

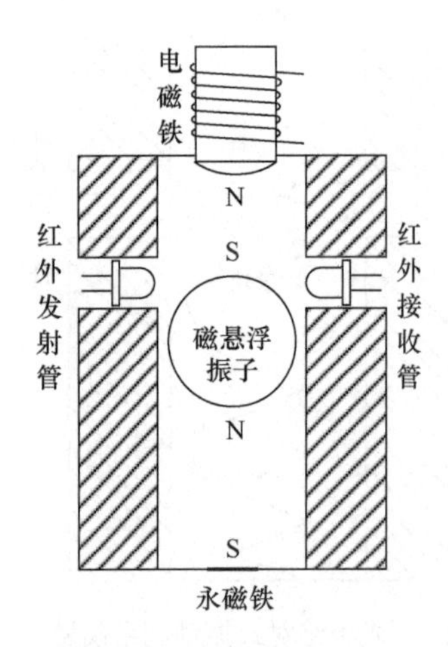

图 2.9　磁悬浮绝对式振动测量模型

4. 磁悬浮绝对式振动测量

磁悬浮绝对式振动测量是将光电绝对式振动测量或霍尔绝对式振动测量中的球形质量块利用磁悬浮技术悬浮于空中，因此去掉了光电绝对式振动测量和霍尔绝对式振动测量中的弹簧部件，实现绝对式振动测量。其测量模型见图 2.9。

采用磁悬浮球作为绝对式振动测量的质量块取代传统绝对式振动测量系统中的惯性质量块是一种新的振动测量方法。磁悬浮质量块不需弹性接触部件，无机械摩擦，不存在机械间隙误差，运动不受限制，且无需阻尼介质等。为了实现质量块的悬浮，需要建立磁悬浮模型及其相关的控制电路。需要从绝对式振动测量原理出发，从理论上验证它的可行性，并在此基础上通过仿真技术对系统不同参数的运行状态进行研究。

2.2　质量-弹簧-阻尼系统绝对振动测量

2.2.1　质量-弹簧-阻尼系统绝对振动测量模型

传统的绝对式振动测量一般采用质量-弹簧-阻尼系统，可用其测量原理论证磁悬浮振动测量的可行性。图 2.10 为质量-弹簧-阻尼系统绝对振动测量模型。

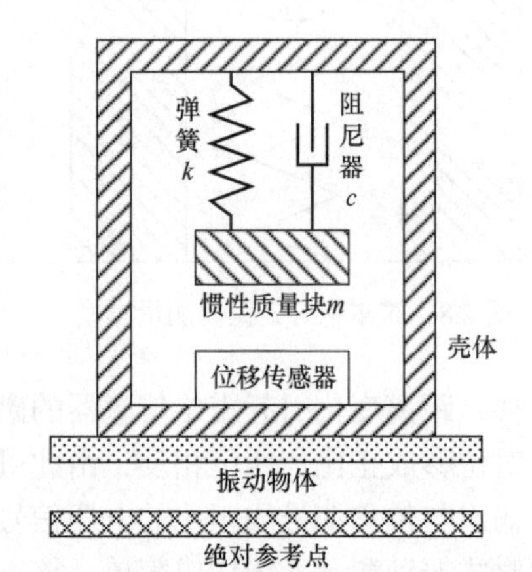

图 2.10　质量-弹簧-阻尼系统绝对振动测量模型

质量-弹簧-阻尼系统绝对振动测量模型由惯性质量块、弹簧、阻尼器、位移传感器和壳体构成。图 2.10 中，m 为惯性质量块的质量，k 为弹簧的刚度系数，c 为阻尼器的阻尼系数。振动测量时，被测振动体与仪器壳体紧密刚性固定在一起，仪器随着被测振动体一起振动，仪器壳体将产生与被测振动体频率、相位和振幅相应的振动。在被测振动体振动频率较高时，由于惯性质量块存在惯性，相对于绝对参考点不动，质量块与仪器壳体之间将会产生相对运动，通过测量该相对运动的位移、速度或加速度，即可达到测量振动体绝对振动的目的。传感器可以是位移传感器、速度传感器和加速度传感器，可以分别实现绝对式振动位移测量、绝对式振动速度测量和绝对式振动加速度测量。

2.2.2 质量-弹簧-阻尼系统绝对振动测量工作原理

图 2.11 为质量-弹簧-阻尼系统绝对振动测量原理图。

图 2.11(a)为 $t = t_0$ 时刻模型达到稳定状态时的静态工作状态。设 y_{10} 为振动体至绝对参照系的位移，y_{20} 为惯性质量块至振动体的位移，此时惯性质量块至绝对参照系的位移是 l_{20}，为前两者之和，各长度均为固定不变的量。图 2.11(b)为 $t = t_0 + \Delta t$ 时刻模型所处的动态工作状态。Δy_1 为振动体至绝对参照系的绝对位移变化量，即被测振动体的振动量，Δy_2 为惯性质量块至振动体的位移变化量，即惯性质量块与模型壳体之间的相对位移变化量，l_2 为此时惯性质量块相对于绝对参照系的绝对位移。利用传感器测量出惯性质量块相对运动的位移、速度或加速度即可实现对被测振动体的绝对振动测量。例如，磁电式振动测量系统是将永磁铁固定在仪器壳体上，通过导杆将一个线圈与惯性质量块连接在一起，线圈随振动体一起振动，与永磁铁之间产生相对运动，即产生相对于壳体的运动，永磁铁的磁力线切割线圈，并在线圈的导线上产生感应电压，该感应电压与惯性质量块和仪器壳体之间的相对运动速度成正比，即与被测振动体的运动速度成正比，从而实现测量被测振动体振动速度的目的；压电式振动测试系统通过弹性元件将惯性质量块与仪器壳体相连接，压电传感器与惯性质量块接触，当外界振动时引起惯性质量块相对运动，通过压电传感器测量其所受压力，达到测量加速度的目的。

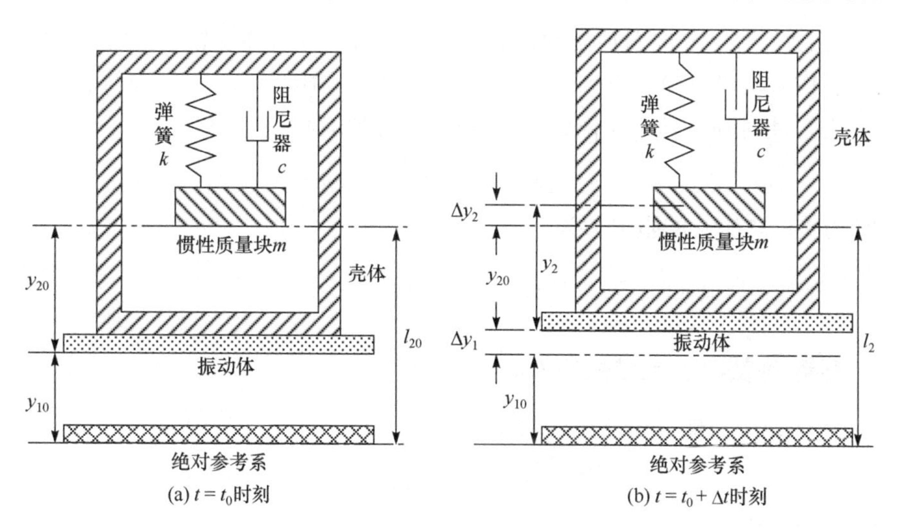

图 2.11 质量-弹簧-阻尼系统绝对振动测量原理图

2.3　质量-弹簧-阻尼系统绝对振动测量数学关系

对物体的绝对振动测量实质上是通过传感器测量惯性质量块与模型壳体之间的相对位移、相对速度或相对加速度来实现的。

2.3.1　质量块的受力分析

质量-弹簧-阻尼系统绝对振动测量动力学方程是指惯性质量块的运动方程，通过牛顿第二定律推导得到。为了建立质量块的运动方程，需要获得质量块所受弹力的表达式。质量-弹簧-阻尼系统质量块受力分析见图 2.12。

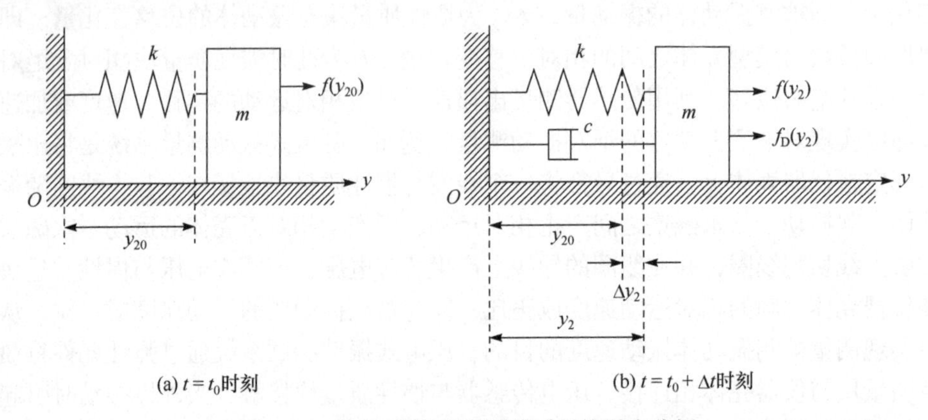

图 2.12　质量-弹簧-阻尼系统质量块受力分析

图 2.12(a)为 $t=t_0$ 时刻质量块所处的静态位置，此时弹簧处于自然伸展状态，横向上，质量块没有弹力作用，$f(y_{20})=0$。图 2.12(b)为 $t=t_0+\Delta t$ 时刻质量块所处的状态，此时弹簧处于拉伸状态，根据弹簧的胡克定律，有

$$f(y_2)=k\Delta y_2=k(y_2-y_{20}) \tag{2-1}$$

在 t 时刻质量块所受的阻尼力为

$$f_{\mathrm{D}}(t)=-c\frac{\mathrm{d}\,y_2(t)}{\mathrm{d}t} \tag{2-2}$$

2.3.2　质量-弹簧-阻尼系统的动力学方程

图 2.11(b)中，惯性质量块的绝对位移为

$$l_2=y_{10}+\Delta y_1+y_{20}-\Delta y_2 \tag{2-3}$$

根据牛顿第二定律，有

$$f(y_2)+f_{\mathrm{D}}(y_2)=m\frac{\mathrm{d}^2 l_2(t)}{\mathrm{d}t^2} \tag{2-4}$$

将式(2-1)～式(2-3)代入式(2-4)有

$$m\frac{\mathrm{d}^2\Delta y_2(t)}{\mathrm{d}t^2}-c\frac{\mathrm{d}\Delta y_2(t)}{\mathrm{d}t}+k\Delta y_2(t)=m\frac{\mathrm{d}^2\Delta y_1(t)}{\mathrm{d}t^2} \tag{2-5}$$

式中，$\Delta y_2(t)$ 为质量块相对于振动体的相对位移变化量；$\Delta y_1(t)$ 为被测振动体的位移变化，方程为常系数线性非齐次微分方程。

式(2-5)右边的 $\Delta y_1(t)$ 为强迫项，当被测振动体为正弦信号时，微分方程的解 $\Delta y_2(t)$ 为同频率的正弦信号，该信号的频率与强迫项相同，振幅与强迫项振幅成正比，当被测振动体的频率较高时，其相位与强迫项相反，由此可得到被测振动体的振动信息。

通过力学分析，可得磁悬浮系统的固有角频率为

$$\omega_{\mathrm{n}}=\sqrt{\frac{k}{m}} \tag{2-6}$$

阻尼率为

$$\xi=\frac{c}{2\sqrt{mk}} \tag{2-7}$$

用固有角频率和阻尼率表示的标准方程为

$$\frac{\mathrm{d}^2\Delta y_2(t)}{\mathrm{d}t^2}+2\xi\omega_{\mathrm{n}}\frac{\mathrm{d}\Delta y_2(t)}{\mathrm{d}t}+\omega_{\mathrm{n}}^2\Delta y_2(t)=-\frac{\mathrm{d}^2\Delta y_1(t)}{\mathrm{d}t^2} \tag{2-8}$$

由式(2-8)可见，该系统方程为常系数线性非齐次微分方程，根据振动工程理论，相对位移变化量 $\Delta y_2(t)$ 和被测振动体的绝对位移变化量 $\Delta y_1(t)$ 幅值近似成正比，相位近似相反，振动体的振动测量就是通过测量质量块的相对位移变化得以实现。

2.4　质量-弹簧-阻尼系统的频率特性

2.4.1　质量-弹簧-阻尼系统的幅频特性

对式(2-8)进行傅里叶变换，并利用傅里叶变换的微分和积分性质，整理得到：

$$\Delta Y_2(\omega)(\mathrm{i}\omega)+2\xi\omega_{\mathrm{n}}\Delta Y_2(\omega)+\omega_{\mathrm{n}}^2\frac{\Delta Y_2(\omega)}{\mathrm{i}\omega}=-\Delta Y_1(\omega)(\mathrm{i}\omega) \tag{2-9}$$

由式(2-9)可得质量-弹簧-阻尼系统的网络函数为

$$H(\mathrm{i}\omega)=\frac{\Delta Y_2(\omega)}{\Delta Y_1(\omega)}=\frac{(\omega/\omega_{\mathrm{n}})^2}{1-\left(\dfrac{\omega}{\omega_{\mathrm{n}}}\right)^2+2\mathrm{i}\xi\left(\dfrac{\omega}{\omega_{\mathrm{n}}}\right)} \tag{2-10}$$

由此得到质量-弹簧-阻尼系统的幅频特性为

$$|H(\mathrm{i}\omega)|=\frac{(\omega/\omega_{\mathrm{n}})^2}{\sqrt{\left[1-\left(\dfrac{\omega}{\omega_{\mathrm{n}}}\right)^2\right]^2+\left[2\xi\left(\dfrac{\omega}{\omega_{\mathrm{n}}}\right)\right]^2}} \tag{2-11}$$

质量-弹簧-阻尼系统的幅频特性见图 2.13。

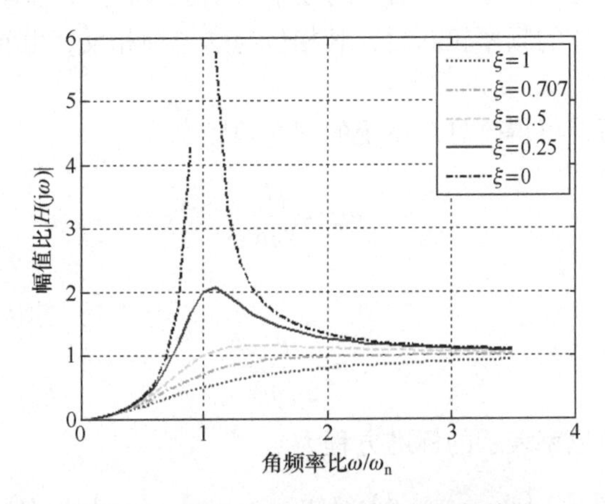

图 2.13　质量-弹簧-阻尼系统的幅频特性

由图 2.13 可见，要实现不失真的信号传递应使幅频特性为常值，传感器应使用在大于固有角频率的频段上，即 $\omega/\omega_{\mathrm{n}}>1$。对不同的阻尼率 ξ，幅频特性趋于常数的速度不同，当 $\xi=0.707$ 时，幅频特性接近于常值最快，若要求幅频特性进入常值的相对误差为 5%，则 $\omega>1.7\omega_{\mathrm{n}}$。实际测量中，振动可测量范围应该避开固有角频率，在高于或低于固有角频率的区段进行测量。如果外加振动信号频率的幅值远高于固有角频率，也可以实现振动的测量。

2.4.2　质量-弹簧-阻尼系统的相频特性

质量-弹簧-阻尼系统的相频特性为

$$\varphi(\omega)=-\arctan\frac{2\xi\left(\dfrac{\omega}{\omega_{\mathrm{n}}}\right)^2}{1-\left(\dfrac{\omega}{\omega_{\mathrm{n}}}\right)^2} \tag{2-12}$$

质量-弹簧-阻尼系统的相频特性见图 2.14。

由图 2.14 可见，要实现不失真的信号传递应使各频率成分相位差近似于 −180°，只有对被测信号所有频率成分均实现倒相，才能实现总的信号倒相，实现不失真的测量，应使用在大于固有角频率的频段上。对不同的阻尼率ξ，相频特性各频率成分趋于倒相的速度不同，当$\xi=0.25$时，相频特性接近各频率成分趋于倒相最快，一般阻尼率ξ应在 0～0.707。综上，为了既保证幅频特性不失真，又保证相频特性不失真，ξ应选择在 0.707 附近。

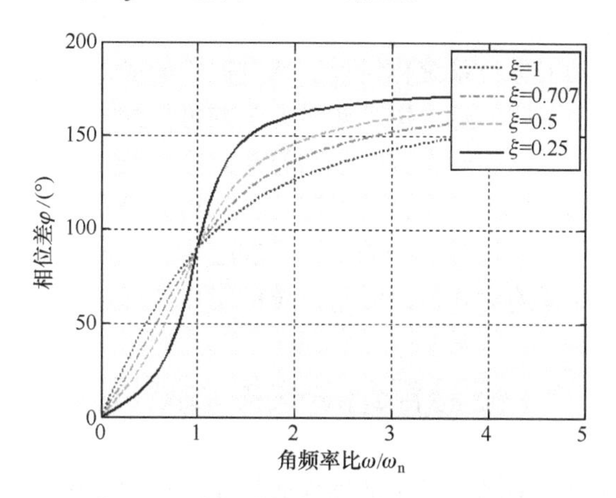

图 2.14　质量-弹簧-阻尼系统的相频特性

2.5　本 章 小 结

本章从振动测量原理出发，阐述了振动测量原理及分类；分析了机械相对式振动测量、光电相对式振动测量和霍尔相对式振动测量以及机械绝对式振动测量、光电绝对式振动测量和霍尔绝对式振动测量的工作原理、构成和特点；对质量-弹簧-阻尼系统的质量块进行了受力分析，由牛顿第二定律建立质量块的运动方程；对质量-弹簧-阻尼系统的幅频特性和相频特性进行了分析。

参 考 文 献

[1] 吴正毅. 测试技术与测试信号处理[M]. 北京: 清华大学出版社, 1991.

[2] 江东, 于德水, 王德玉. 基于 LabVIEW 光电振动测试系统设计[J]. 宁波职业技术学院学报, 2014, 18(6): 72-75.

第 3 章　磁悬浮绝对式振动测量系统分析和设计

根据绝对式振动测量原理，首先应设计磁悬浮振动测量模型并对其工作原理进行分析，在此基础上进行系统化设计。通过振子的受力分析可以获得振子的动力学方程，从理论上证明磁悬浮振动测量方法的可行性。另外，磁悬浮系统是不稳定系统，需要进行控制才能实现振子的悬浮。振动测量系统的输出信号是振子的相对位移，可采用红外光电位移传感器测得，再由控制系统对其进行相应的控制。由振子的动力学方程通过 MATLAB 中的仿真工具箱 Simulink 建立振子的仿真模型，可对磁悬浮绝对式振动测量系统的工作状况进行分析。

3.1　磁悬浮绝对式振动测量模型

由于传统的绝对式振动测量中的惯性质量块与仪器壳体之间采用弹性部件实现连接，所以传统振动测量方法的振子属于接触式的工作方式。而磁悬浮绝对式振动测量系统中采用磁性体作为惯性质量块，替代传统的弹簧-质量-阻尼系统中的惯性质量块构成振动测量系统，振子属于非接触工作方式。由于恒定的电磁吸力无法实现振子的平衡，所以通过控制电磁铁的电流来实现振子的悬浮。控制系统的工作是测量振子的相对位移并对其进行控制，因此需要用位移传感器来实现振子的相对位移测量。

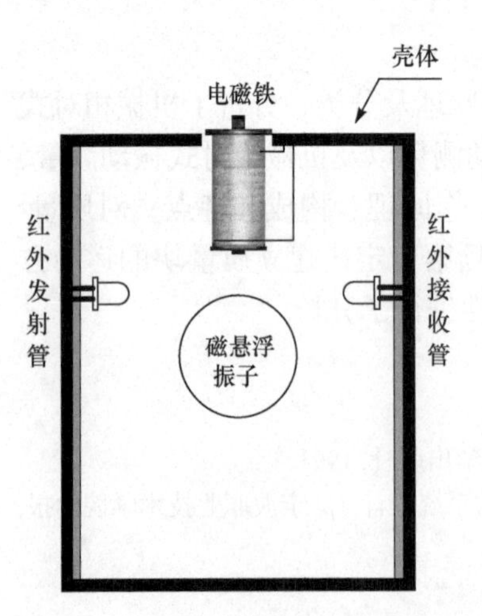

图 3.1　磁悬浮绝对式振动测量模型

3.1.1　磁悬浮绝对式振动测量模型结构

磁悬浮绝对式振动测量模型见图 3.1。

磁悬浮绝对式振动测量模型由磁悬浮振子、电磁铁、红外发射管、红外接收管、壳体等组成。磁悬浮振子采用球形结构，振子受到自身重力以及来自电磁铁和嵌于空心磁悬浮球上方的永磁铁之间的磁力的作用，在控制器的控制下悬浮在螺线管的下方。磁悬浮振子相对位移传感器采用红外发射管和红外接收管来实现。当振动测量时，仪器壳体、电磁铁等随被测振动体一起振动，而磁悬浮振子相对绝对参照系近似不动，位移传感器的输出电压信号即被测振动信号。由于磁悬浮绝对式振动测量系统含有永磁铁和电磁铁，故该振动测量系统为混合磁悬浮系统。

图 3.2 为磁悬浮振子、电磁铁和光电位移传感器实物图。

(a) 磁悬浮振子

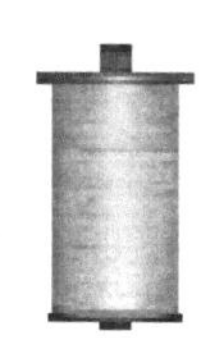

(b) 电磁铁

(c) 光电位移传感器

图 3.2　磁悬浮振子、电磁铁和光电位移传感器

磁悬浮振子是一空心的塑料球，其上表面和下表面嵌有圆形永磁铁，上表面永磁铁 N 极向上与电磁铁产生吸力，下表面永磁铁极性任意。磁悬浮振子下方放置一个与其极性相反的永磁铁，主要用于稳定磁悬浮球的平衡。磁悬浮振子的半径 $R = 0.1\text{m}$ ，质量 $m = 0.198\text{kg}$ ，表面所嵌永磁体半径 $r_1 = 0.011\text{m}$ 、厚度 $h = 0.005\text{m}$ 。

电磁铁线圈的内圆形铁心半径 $r_2 = 0.01\text{m}$ ，长度 $r_3 = 0.1\text{m}$ ，由线径 $r_4 = 0.001\text{m}$ 的铜导线在铁心上缠绕 $N = 1341$ 匝构成，电磁铁的有效面积 $s = 0.00126\text{m}^2$ ，电磁铁等效电感 $L = 0.428\text{H}$ ，等效电阻 $R = 5.2\Omega$ 。

位移传感器由红外发光管 OP133W 、红外光电管 OP0505A 构成，功放电路由功放三极管 3DD15D 、电阻、电容等构成。

系统的供电电源采用双极性直流稳压电源，输出电压 $E = \pm 15\text{V}$ ，最大输出电流 $I = 2\text{A}$ 。磁悬浮振子上切面距电磁铁底部的距离为 0.023m。

磁悬浮绝对式振动测量模型实物图见图 3.3。

图 3.3　磁悬浮绝对式振动测量模型实物图

3.1.2　磁悬浮绝对式振动测量工作原理

为了说明磁悬浮绝对式振动测量模型原理，图 3.4 给出了不同时刻模型的工作状态。

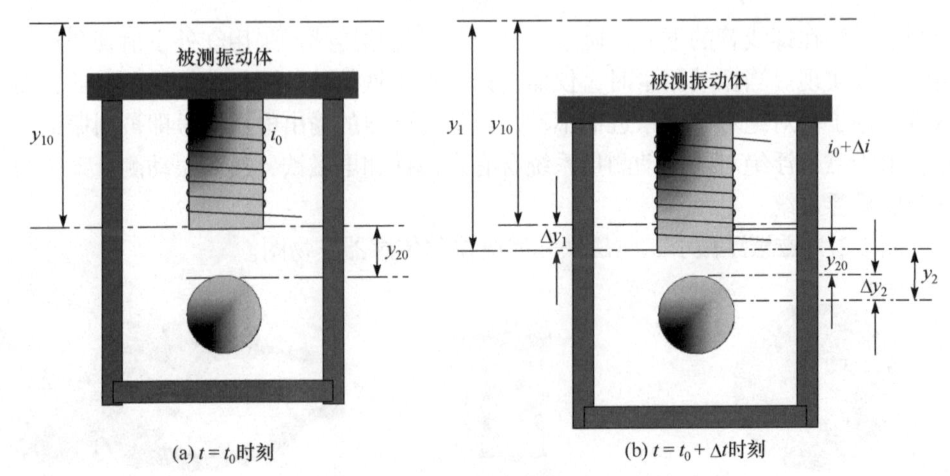

图 3.4　磁悬浮绝对式振动测量原理图

图 3.4(a)为 t_0 时刻磁悬浮模型的工作状态，y_{10} 为电磁铁下方距绝对参照系的初始位置，y_{20} 为磁悬浮振子距电磁铁的初始位置。图 3.4(b)为 $t_0 + \Delta t$ 时刻磁悬浮模型的工作状态。用 $y_1 = y_{10} + \Delta y_1$ 表示 $t_0 + \Delta t$ 时刻电磁铁的位移，$y_2 = y_{20} + \Delta y_2$ 表示 $t_0 + \Delta t$ 时刻磁悬浮振子相对于电磁铁的位移，光电位移传感器相对于电磁铁的距离固定不变。

将磁悬浮振子置于平衡点附近，当磁悬浮振子所受重力大于电磁铁提供的磁力时，磁悬浮球向下运动，磁悬浮振子遮挡光电位移传感器面积减小，红外接收管接收更多的来自红外发射管的红外光，控制器输出电压信号增加，通过驱动电路使电磁铁线圈的电流增加；反之，当磁悬浮振子所受重力小于电磁铁提供的磁力时，磁悬浮振子向上运动，磁悬浮振子遮挡光电位移传感器面积增大，红外接收管接收较少的来自红外发射管的红外光，控制电路通过驱动电路使电磁铁线圈电流减小，且控制电路内含微分电路，具有超前控制的作用，最终使磁悬浮振子在平衡点附近悬浮[1]。

3.2　磁悬浮绝对式振动测量系统设计

3.2.1　磁悬浮绝对式振动测量系统构成

首先对磁悬浮绝对式振动测量系统进行整体设计，分成模型、控制电路、采样电路和计算机交互操作部分等。磁悬浮绝对式振动测量系统框图见图 3.5。

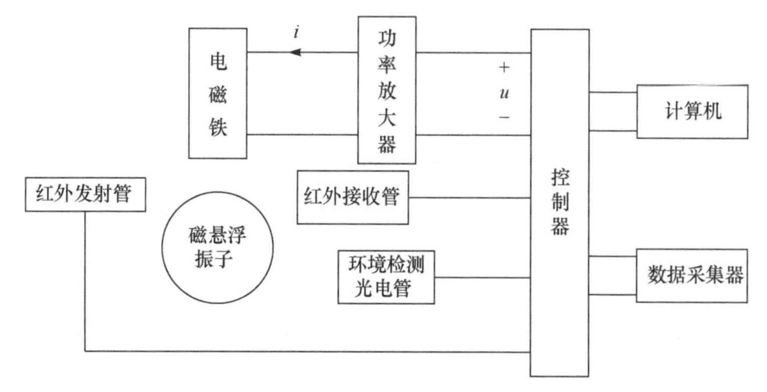

图 3.5　磁悬浮绝对式振动测量系统框图

磁悬浮绝对式振动测量系统包括电磁铁、磁悬浮振子、红外发射管、红外接收管、环境检测光电管、功率放大器、控制器、数据采集器和计算机。

控制器内含有比例和超前控制电路，经过功率放大器传送至电磁铁线圈用以控制磁悬浮振子的平衡。数据采集器用于采集被测振动信号，环境检测光电管用于测量环境红外光，其作用为消除环境变化对测量结果的影响。

3.2.2　磁悬浮绝对式振动测量实验数据输出及标定

磁悬浮绝对式振动测量实验平台由振动台、磁悬浮绝对式振动测量模型、控制器、数据采集器和微型计算机组成。振动台产生的振动信号通过磁悬浮绝对式振动测量模型中的位移传感器转换为电压信号输送至数据采集器，再由数据采集器将采集信号送至微型计算机，进行振动信号的显示和数据处理，见图 3.6。

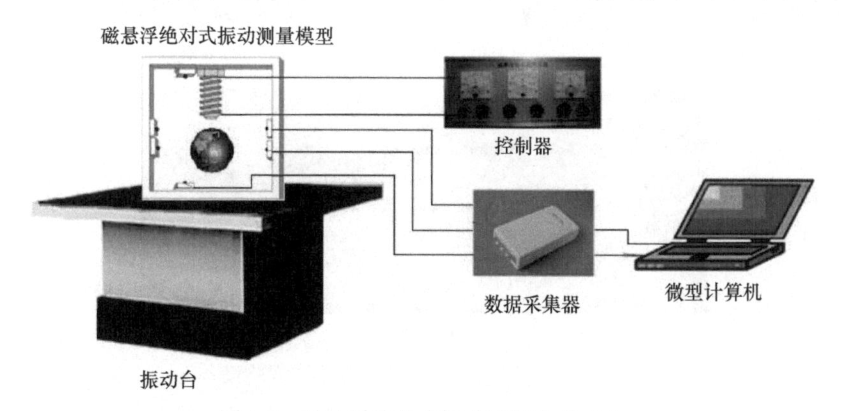

图 3.6　磁悬浮绝对式振动测量实验平台

磁悬浮绝对式振动测量模型：为系统的核心部件，用以检测来自激振器或振动台的振动信号，其结构和运行特性已在 3.1 节中详细论述。

振动台：型号为 DYZLB-80XYZ，具有扫频功能，可进行多自由度振动测试，振动频率为 1～600Hz，可产生正弦波及任意波形的振动信号，振动幅值为 0～5mm。

控制器：自行设计的具有超前控制性能的电路系统。

数据采集器：型号为 DSO-2902，美国 Link Instruments 公司生产，采样速率为 1Hz/s～250MHz/s，连续可调，最高输入阻抗为 1MΩ，具有并行接口和 USB 2.0 串行接口，配有高速傅里叶变换等频谱分析程序和软件，见图 3.7(a)。

振动测量实验也可以采用激振器和功率放大器来实现。

激振器：型号为 HEV-20 高能电动式激振器，是一种电动式变换器，用于将电能转化为机械能，对试件提供激振力，其最大激振力为 20N，力常数为 8N/A，最大振幅为 ±5mm，使用频率为 0～5kHz，连续可调，见图 3.7(b)。

功率放大器：型号为 HEAS-20，由正弦波信号源、放大电路和频率计三部分构成，既可分别作为信号源、功率放大器和频率计单独使用，也可组合使用。与 HEV-20 型高能电动式激振器配合使用，可驱动振动台产生标准振动信号。输出幅值为 ±5V，输出负载能力为 ⩽10mA，频率范围为 1Hz～10kHz，见图 3.7(c)。

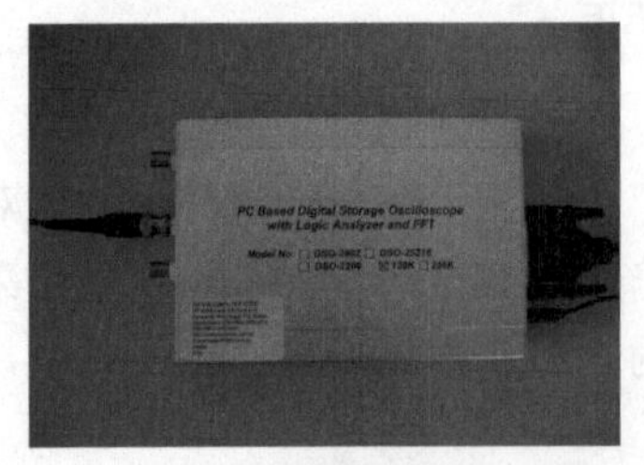

(a) 数据采集器

(b) 激振器

(c) 功率放大器

图 3.7　磁悬浮绝对式振动测量系统实验设备

激振器通过功率放大器带动振动台振动，输出标准的振动信号。选择和调节不同输出的振动信号以进行各种振动实验研究，考察不同测量参数对系统测量准确度的影响等以实现高精度振动测量。

3.3　磁悬浮振子的受力分析

磁悬浮绝对式振动测量系统的振子上端镶嵌永磁铁，其磁性与电磁铁下端的磁性相反，产生的磁吸力用于克服振子的重力以实现磁悬浮振子的悬浮。该磁吸力充当传统惯性质量块所受到弹簧力的作用，其数值与电磁铁的电流以及振子与电磁铁之间的距离有关。

3.3.1　振子的弱永磁铁朝向电磁铁时受力分析

磁悬浮振子上下两端均粘贴磁铁，上端永磁铁与电磁铁相互作用，产生向上的磁吸力用于克服振子的重力；下端永磁铁与仪器壳体底部永磁铁的极性相反，产生的磁吸力用于保证振子保持中心位置实现稳定的悬浮。当将磁悬浮振子嵌入的弱永磁铁朝上时，磁悬浮振子位于平衡点附近，平衡位移是指平衡点与电磁铁之间的距离，实测电磁铁电流与平衡位移关系见图 3.8。

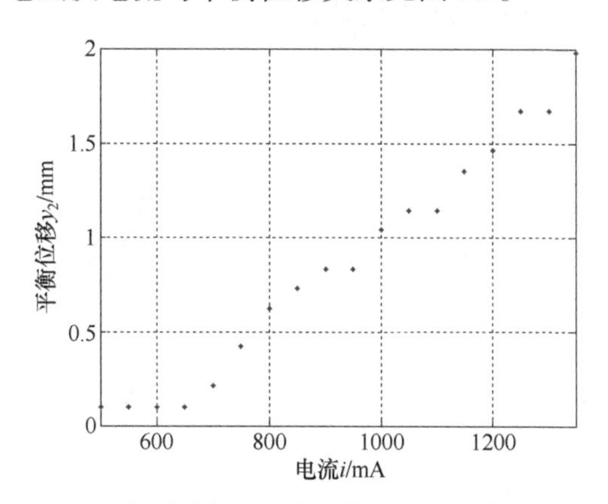

图 3.8　弱永磁铁朝上时电磁铁电流与平衡位移关系

由图 3.8 可见，只有在大电流的情况下，电流与平衡位移才基本呈线性关系，而且此种情况下，平衡点电磁铁所需要的电流也比较大，平衡位移的数值较小，磁悬浮振子的动态范围较差。在对应振子下方的壳体上设计一个磁极与振子磁性相反的永磁铁，在振子上产生磁吸力使振子保持在中心轴附近悬浮并快速达到平衡位置[2]。

3.3.2　振子的强永磁铁朝向电磁铁时受力分析

将磁悬浮振子嵌入的强永磁铁朝上时，磁悬浮振子位于平衡点附近，实测电磁铁电流与平衡位移关系见图 3.9。

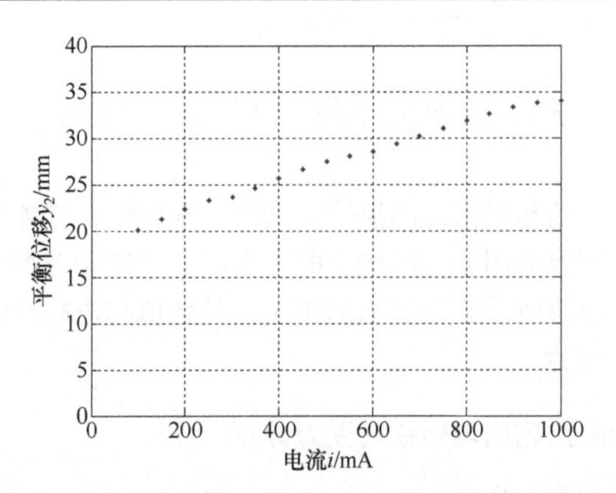

图 3.9　强永磁铁朝上时电磁铁电流与平衡位移关系

由图 3.9 可见，磁悬浮振子嵌入的强永磁铁朝上时，平衡点附近电磁铁控制电流与平衡位移关系基本呈线性关系。对于相同的电流，强永磁铁朝上时所产生的磁吸力较大，这样电磁铁可以用较小的电流产生较大的吸力，可使平衡点处所需的控制电流较小，降低系统工作能耗，延长系统使用寿命。与弱永磁铁朝上比较，平衡位移的数值较大，磁悬浮振子的动态范围较好。

3.3.3　固定电流振子受力与平衡位移的关系

磁悬浮绝对式振动测量系统的振子受电磁铁磁吸力的作用，磁吸力与电磁铁电流强度以及振子与电磁铁之间的距离有关。直接测量该磁吸力较困难，可以采用间接测量方法获得磁吸力的函数关系。

在平衡点附近，磁悬浮振子所受磁吸力与电流和位移呈非线性关系，将磁悬浮振子所受磁吸力用 $f(i,y_2)$ 表示，其中 i 为电磁铁线圈电流，y_2 为磁悬浮振子相对于电磁铁的相对位移，磁悬浮振子所受磁吸力一般有两种模型可供选择，第一种模型[3]：

$$f(i,y_2)=c\left(\frac{i}{y_2}\right)^2 \tag{3-1}$$

式中，c 表示常数系数。此模型是在假设气隙中磁场分布均匀且线圈电感与磁悬浮振子位置呈线性变化的情况下建立的。

第二种模型，振子所受磁吸力为[4]

$$f=-\frac{\mathrm{d}W_{\text{field}}}{\mathrm{d}y_2} \tag{3-2}$$

式中，W_{field} 为电磁铁线圈与磁悬浮振子之间气隙中存储的磁场能量。

根据奇异摄动方法，计算在磁路中某给定点处的磁吸力，磁吸力的表达

式为[5]

$$f(i,y_2)=Ci^2\left[(y_2+l)\arcsin\left(\frac{r_2}{y_2+l}\right)-\arcsin\left(\frac{r_2}{y_2+l}\right)+y\left(\arcsin\left(\frac{r_1}{y_2}\right)-\arcsin\left(\frac{r_2}{y_2}\right)\right)\right]^2 \tag{3-3}$$

式中，r_1、r_2 为电磁铁线圈内、外圈半径；l 为其长度；$C=\dfrac{(\mu_0\mu_r n^2)S}{8\mu_0}$，$S$ 为磁极面积，μ_0、μ_r 分别为真空磁导率和相对磁导率。

式(3-3)可用多项式函数进行替代，即

$$f(i,y_2)=\frac{i^2}{h(y_2)}=\frac{i^2}{a_0+a_1y_2+a_2y_2^2+\cdots+a_ny_2^n} \tag{3-4}$$

式(3-4)中多项式的阶数和系数由实验数据确定，根据实际曲线拟合需要，采用如下公式：

$$h(y_2)=a_3y_2^3+a_2y_2^2+a_1y_2+a_0 \tag{3-5}$$

为了得到多项式系数，实际测量不同位移对应的磁吸力及电磁铁所需的控制电流，具体测量数据见表 3.1。

表 3.1 实测平衡位移与电流关系

平衡位移 y_2/m	电流 i/A	平衡位移 y_2/m	电流 i/A
0.020	0.108	0.028	0.556
0.022	0.189	0.030	0.685
0.024	0.305	0.032	0.815
0.026	0.429	0.034	0.947

根据实验数据，利用最小二乘法得到拟合曲线的多项式系数，由此即可推导出磁悬浮磁吸力的表达式。将表 3.1 实际测量数据输入至 MATLAB 软件，运行得到实测点与拟合曲线的图形[6]。由于磁悬浮振动测量系统测量的均是相对位移，全书若无特别说明，位移均表示相对位移，其含义是振子与电磁铁之间的距离。

运行程序获得多项式系数为

$$a_3=6665,\ a_2=1648,\ a_1=-71.96,\ a_0=0.7326$$

由此得到磁吸力 $f(i,y_2)$ 的表达式：

$$f(i,y_2)=\frac{i^2}{6665y_2^3+1648y_2^2-71.96y_2+0.7326} \tag{3-6}$$

当平衡点处电流为 $i_0 = 0.36\text{A}$ 时，磁吸力与振子位移拟合曲线见图 3.10。

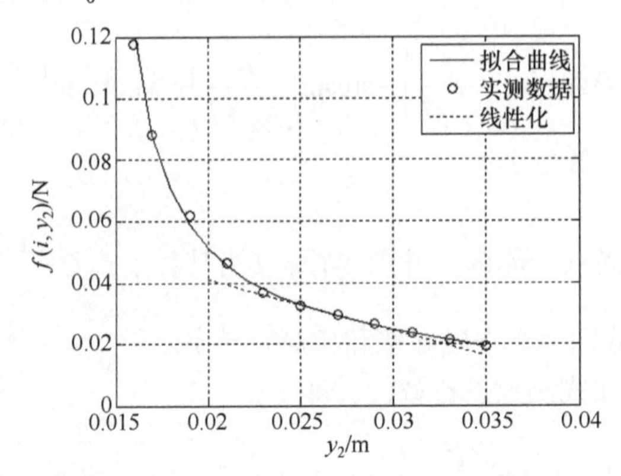

图 3.10　磁吸力与振子位移拟合及泰勒级数展开

3.3.4　振子受力的线性化处理

在平衡点附近进行线性化处理，设在平衡点处的磁吸力为 $f(i_0, y_{20})$，将磁吸力 $f(i, y_2)$ 在平衡点 (i_0, y_{20}) 处进行泰勒级数展开，因平衡时电流变化和位移变化量均很小，忽略高次项，有

$$\begin{aligned} f(i, y_2) &= f(i_0, y_{20}) + \left.\frac{\partial f}{\partial i}\right|_{(i_0,\, y_{20})} \Delta i(t) + \left.\frac{\partial f}{\partial y_2}\right|_{(i_0,\, y_{20})} \Delta y_2(t) \\ &= f(i_0, y_{20}) + k_i \Delta i(t) + k_{y_2} \Delta y_2(t) \end{aligned} \tag{3-7}$$

式中，k_i、k_{y_2} 分别为电流变化和位移变化系数。

由式(3-6)，可得到

$$k_i = \left.\frac{\partial f}{\partial i}\right|_{(i_0=0.36,\, y_{20}=0.0274)} = 5.32 \tag{3-8}$$

$$k_{y_2} = \left.\frac{\partial f}{\partial y_2}\right|_{(i_0=0.36,\, y_{20}=0.0274)} = -224 \tag{3-9}$$

3.3.5　振子磁吸力与电流和位移的关系

按照上述分析，磁悬浮振子所受磁吸力与电流、位移曲线见图 3.11。

根据图 3.11 可对磁悬浮绝对式振动测量系统的动态特性进行研究，设计传感器的最佳安装位置，降低系统的功耗等。

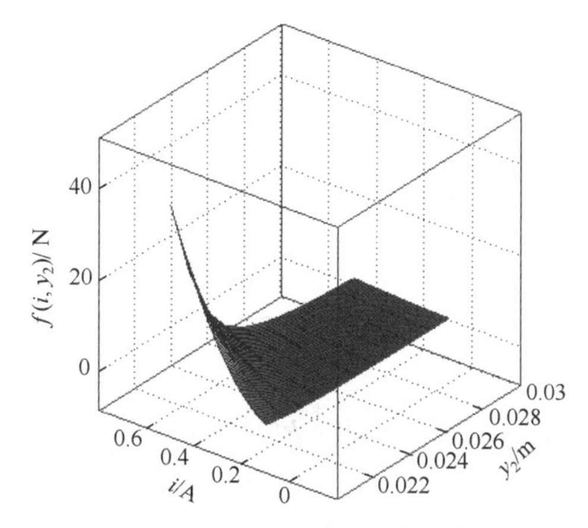

图 3.11　磁吸力与电流、位移关系

3.4　振子位移传感器

磁悬浮绝对式振动测量系统是通过测量振子的相对位移，采用红外光电测量方法来实现非接触式的位移测量。由于振子的位移测量关系到被测振动体的振动测量结果，光电位移传感器的测量精度是非常重要的。

3.4.1　红外接收光面积与位移的关系

振子位移传感器采用透射遮挡式的工作原理，光电位移传感器安装于仪器壳体的两侧，磁悬浮振子位于中间位置，磁悬浮振子相对于仪器壳体运动，通过遮挡红外光的多少实现振子位移变化的检测。设计磁悬浮振子的上切面与光电位移传感器的中心位置处于同一平面内。磁悬浮振子应当选择能够遮挡红外光线的材料。

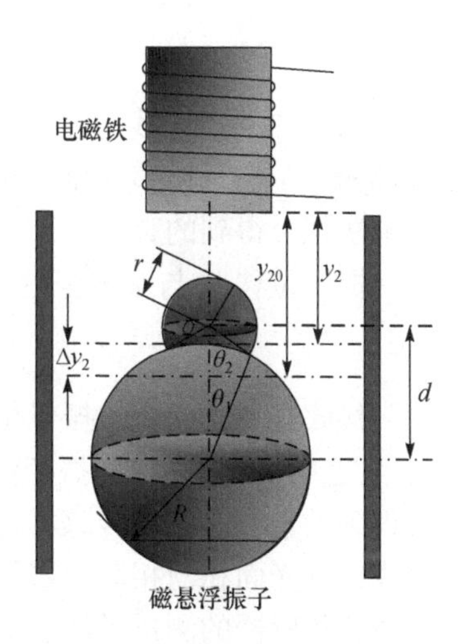

图 3.12　红外光电位移传感器工作示意图

图 3.12 为红外光电位移传感器的工作示意图。设接收的红外光截面积圆形半径 $r = 2.5\,\text{mm}$ ，磁悬浮振子顶部的半径为 $R = 0.1\,\text{m}$ 。令无振动情况下，振子与红外光路相切点为原点 O，振子相对于电磁铁的位移(简称相对位移)为 y_2 ，振子相对位移变化量为 Δy_2 ，为磁悬浮振子与振子和红外光圆相切点之间的距离，接收红外光面积为 s ，磁悬浮振子顶部与红外光路圆形截面的两个切点至圆心的圆心

角为 2θ，光路圆形截面的圆心与振子的圆心距为 d，$d = r + R - \Delta y_2$，则 θ 和 s 与 r、R 及 Δy_2 的关系式为

$$\theta_1 = \arccos\left(\frac{R^2 + d^2 - r^2}{2Rd}\right) \tag{3-10}$$

$$\theta_2 = \arccos\left(\frac{r^2 + d^2 - R^2}{2rd}\right) \tag{3-11}$$

$$s = r^2\pi - R^2\theta_1 - r^2\theta_2 + \frac{1}{2}R^2\sin(2\theta_1) + \frac{1}{2}r^2\sin(2\theta_2) \tag{3-12}$$

接收红外光面积 s 与磁悬浮振子的相对位移变化量 Δy_2 关系见图 3.13。

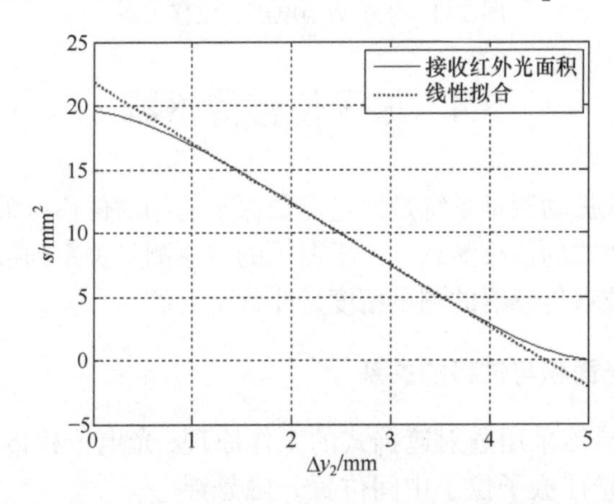

图 3.13　接收红外光面积与振子相对位移变化量关系及最小二乘拟合直线

图 3.13 中，实线为振子的相对位移变化量与接收红外光面积的关系，可见中间部分振子相对位移变化量和接收红外光面积近似呈线性关系；虚线为通过最小二乘法拟合得到的直线。

振子位移 y_2 与振子至电磁铁底部距离 y_{20} 的关系为

$$y_2 = y_{20} - \Delta y_2 \tag{3-13}$$

接收红外光面积与振子位移的关系如图 3.14 所示。

图 3.14 中，实线为振子位移和接收红外光面积的关系，虚线为最小二乘法拟合得到的直线。位移传感器的输出电压与接收红外光面积成正比，在工作区间，接收红外光面积与相对位移呈线性关系，输出电压变化量与相对位移变化量之比为位移传感器的测量灵敏度 S_x，实测得到该测量灵敏度为

$$S_x = \frac{\Delta U}{\Delta y_2} = 2.88\mathrm{V/mm} \tag{3-14}$$

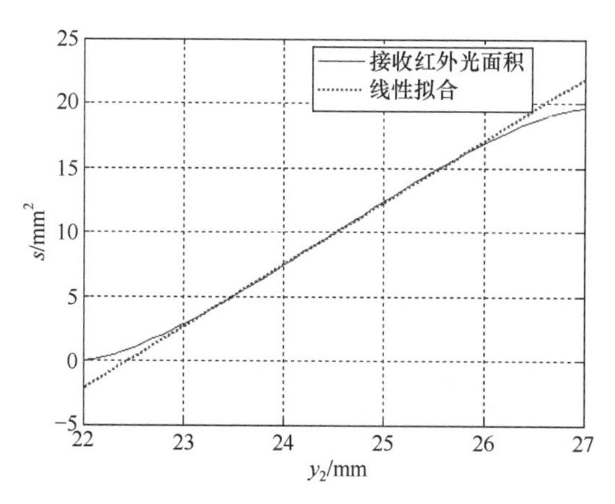

图 3.14 接收红外光面积与振子位移关系及最小二乘拟合直线

由此可得到位移传感器的输出电压 u_o 与振子相对位移变化量 Δy_2 关系，如图 3.15 所示。

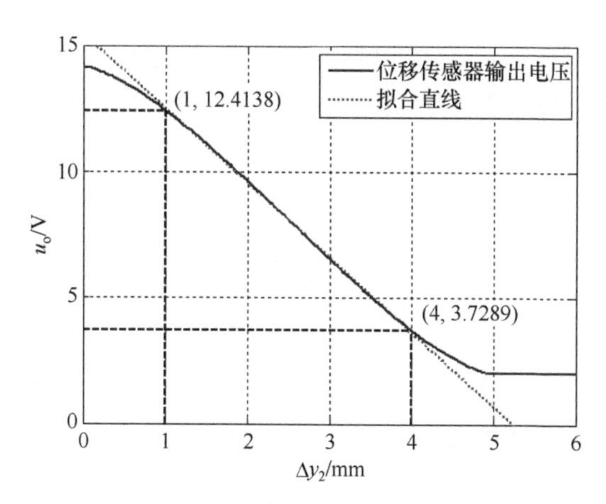

图 3.15 输出电压与振子相对位移变化量关系及最小二乘拟合直线

理论计算灵敏度为 2.895V/mm，根据式(3-13)所示振子位移 y_2 与振子相对位移变化量 Δy_2 关系，可知位移传感器的输出电压与振子位移关系，如图 3.16 所示。图中实线为传感器输出电压与振子位移曲线关系，虚线为曲线的最小二乘拟合直线。

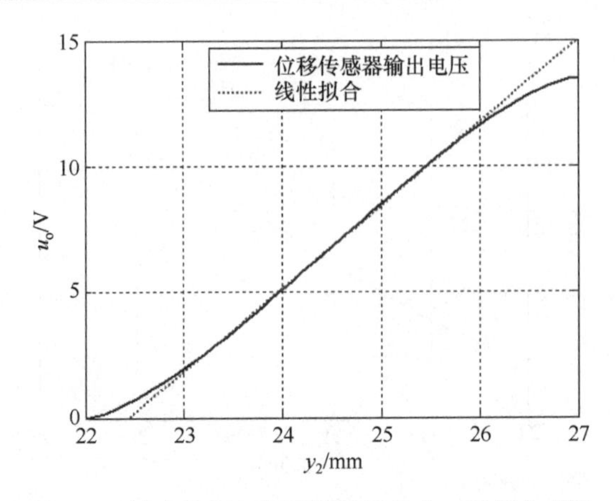

图 3.16　输出电压与振子位移及最小二乘拟合直线

3.4.2　红外光电位移传感器工作区间及误差分析

由图 3.16 可见，振子位移在 23～26mm 近似为线性关系，为最佳线性工作区。稳定工作区位移在 22～27mm，即接收红外光圆形直径区间，超出此范围振子将失衡。红外光电位移传感器的输出电压与接收红外光面积成正比，振子位移与传感器输出电压关系如图 3.17 所示。

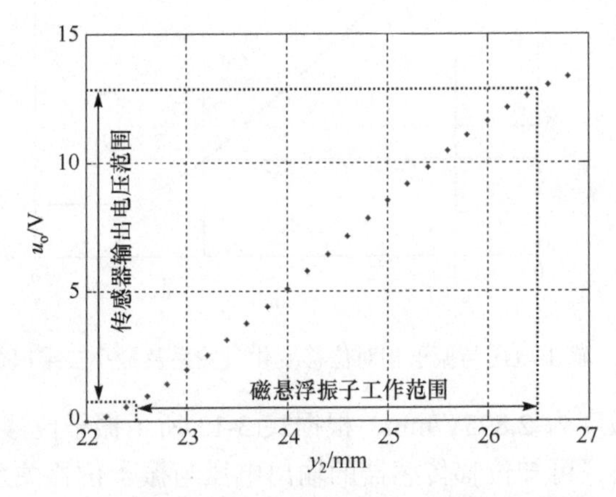

图 3.17　振子位移与红外光电位移传感器输出电压关系

红外光电位移传感器的输出电压与振子位移的关系如表 3.2 所示。

表 3.2　振子位移与输出电压的关系

位移 y_2/mm	输出电压 u_o/V	位移 y_2/mm	输出电压 u_o/V
22.00	0.000	22.40	0.515
22.20	0.185	22.60	0.933

续表

位移 y_2/mm	输出电压 u_o/V	位移 y_2/mm	输出电压 u_o/V
22.80	1.416	25.00	8.509
23.00	1.951	25.20	9.173
23.20	2.526	25.40	9.820
23.40	3.135	25.60	10.445
23.60	3.769	25.80	11.042
23.80	4.425	26.00	11.605
24.00	5.095	26.20	12.127
24.20	5.775	26.40	12.597
24.40	6.461	26.60	13.002
24.60	7.149	26.80	13.322
24.80	7.832	27.00	13.500

由振子位移与输出电压的曲线和最小二乘法拟合直线可以看出，两者在工作区间非常接近。为了考察其线性度的近似精度，计算得到输出电压与拟合直线的引用误差δ，如图 3.18 所示。

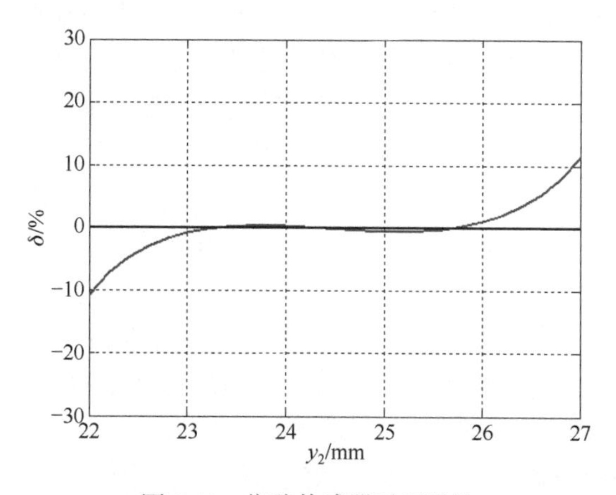

图 3.18　位移传感器引用误差

通过计算可知，在 y_2为22.5～26.5mm 时，振子位移的引用误差小于5%，中间部分的线性度良好，满足振动测量精度要求。实际振动测量过程中，光电位移传感器的波动范围较小，其引用误差更小。如果设计位移传感器的工作点在中心点范围内，当振动测量范围在 −1～1mm 以内时，传感器输出电压与位移之间的引用误差近似为零。

3.5　超前控制电路设计

为了使振子能够稳定悬浮，需要对其进行比例微分(PD)控制。根据牛顿第二定律，磁悬浮振子的动力学方程表示为

$$f(i, y_2) - mg = m\frac{\mathrm{d}^2 y_2(t)}{\mathrm{d}t^2} \tag{3-15}$$

将式(3-7)代入式(3-15)并进行拉普拉斯变换，得到位移与电流的传递函数为

$$H(s) = \frac{\Delta y_2(s)}{\Delta i(s)} = \frac{k_i}{ms^2 - k_{y_2}} \tag{3-16}$$

式中，电流系数 $k_i = \frac{\partial f}{\partial i}$ 和位移系数 $k_{y_2} = \frac{\partial f}{\partial y_2}$ 分别为 4.91 和 −190.32，得到式(3-16)的传递函数为

$$H(s) = \frac{24.79}{(s-31)(s+31)} \tag{3-17}$$

式(3-17)中有 31 和 −31 两个极点，即 s 平面中含有正的极点，磁悬浮绝对式振动测量系统为不稳定系统，欲使该测量系统能够稳定工作需要加入超前校正环节，设计的超前控制电路见图 3.19。

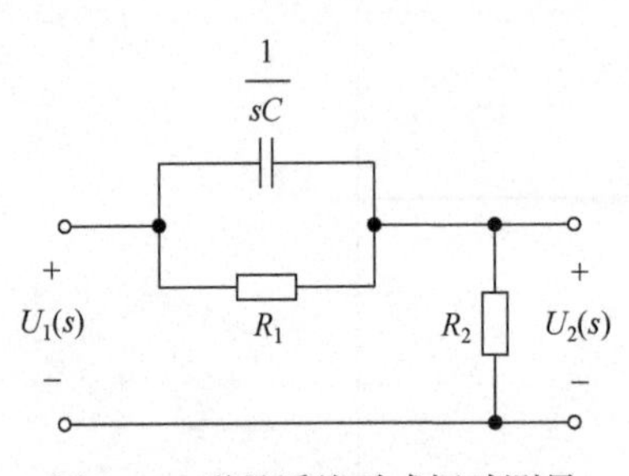

图 3.19　磁悬浮绝对式振动测量超前控制电路图

超前控制电路中的输出量中含有与输入电压的变化率成正比的电流输出，该电流经过驱动电路后加至电磁铁线圈上，用以提供磁悬浮振子磁吸力中的阻尼力，以替代弹簧-质量-阻尼系统的阻尼，即磁悬浮系统是用电子阻尼替代传统测量中通过阻尼介质实现的阻尼力，由此构成磁悬浮绝对式振动测量系统。电子阻尼易于调节，但对振子的工作区间有所要求。

图 3.19 中电容用运算阻抗表示，电阻 R_1 和电容并联，再与 R_2 串联，输出电压在 R_2 两端，推导得到电压传递函数为

$$\frac{U_2(s)}{U_1(s)} = \frac{s + \frac{1}{R_1 C}}{s + \frac{1}{R_1 C} + \frac{1}{R_2 C}} \tag{3-18}$$

设计磁悬浮绝对式振动测量系统的PD控制电路见图 3.20。

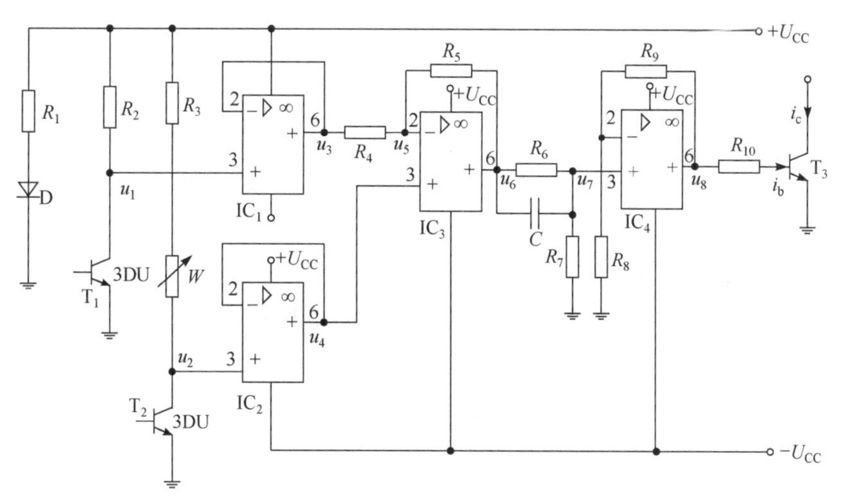

图 3.20　磁悬浮绝对式振动测量系统的 PD 控制电路

图 3.20 中，运算放大器 IC_1、IC_2 和 IC_3 构成差动放大，由光电管检测到的位移信号接至运算放大器 IC_1 的输入端，另一光电管检测到的参考信号接至运算放大器 IC_2 的输入端，输出为差动信号，u_6 与 u_7 之间的电阻 R_6、电容 C 和接地电阻 R_7 构成比例-微分运算，实现系统超前PD控制，运算放大器 IC_4 和三极管 T_3 等实现信号的驱动及电流放大，三极管 T_3 的集电极电流输出至电磁铁，实现对振子磁吸力的控制。由图 3.20 可推导出输出电流变化 $\Delta i(t)$ 的表达式：

$$\Delta i(t) = 371.7\Delta y_2(t) + 4.5\frac{\mathrm{d}\Delta y_2(t)}{\mathrm{d}t} \tag{3-19}$$

图 3.21 为磁悬浮绝对式振动测量控制系统面板，主要有磁悬浮振子的位移电

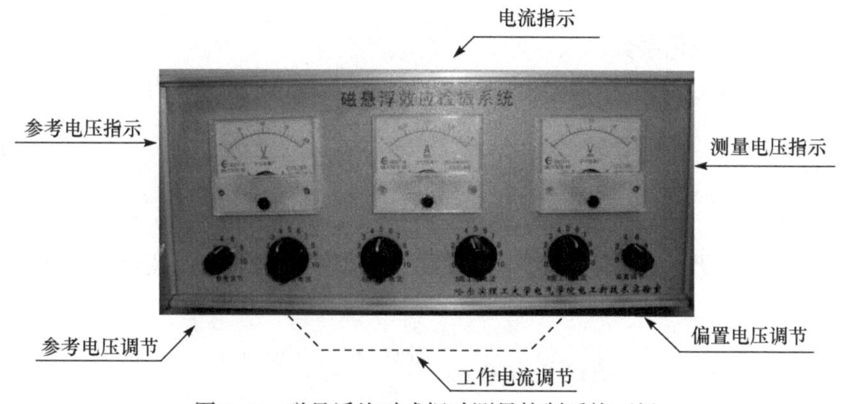

图 3.21　磁悬浮绝对式振动测量控制系统面板

压显示和环境红外光输出电压显示，工作电流显示和相应的控制旋钮等。

图 3.21 中，左下方的电位器用于参考电压调节，主要校正环境红外光；右下方的电位器用于偏置电压调节，主要调节红外光电位移传感器的灵敏度；中间四个电位器用于工作电流调节，用于调节控制电路作用于电磁铁上的静态电流；电流表显示的是电磁铁的工作电流；左边的电压表显示的是参考电压信号，即环境红外光指示；右边的电压表显示的是测量电压信号，即位移传感器的输出信号，其与磁悬浮球所在位置呈近似线性的正比例关系。

3.6　振子的动力学方程

磁悬浮振子相对于绝对参照物的绝对位移为

$$l_2 = y_{10} + \Delta y_1 - y_{20} - \Delta y_2 \tag{3-20}$$

根据牛顿第二定律，磁悬浮球的动力学方程为

$$mg - f(i, y_2) = m\frac{\mathrm{d}^2 l_2}{\mathrm{d}t^2} \tag{3-21}$$

式中，m 为磁悬浮球质量；$f(i, y_2)$ 为电磁铁在磁悬浮球上产生的磁吸力；y_2 为磁悬浮振子的绝对位移；$\frac{\mathrm{d}^2 l_2}{\mathrm{d}t^2}$ 为磁悬浮振子的绝对加速度。

平衡点处，向上的磁吸力与磁悬浮振子的质量相等，将振子相对于绝对参照物的绝对位移表达式(3-20)和式(3-7)磁吸力表达式代入式(3-21)，整理得到平衡点附近动力学方程为

$$k_i \Delta i(t) + k_{y_2} \Delta y_2(t) = m\frac{\mathrm{d}^2 l_2}{\mathrm{d}t^2} \tag{3-22}$$

式中，k_i 为电流变化系数。

电磁铁可等效为电阻与电感的串联，由基尔霍夫电压定律得到：

$$u(t) = Ri(t) + \frac{\mathrm{d}\psi(t)}{\mathrm{d}t} = Ri(t) + L_0\frac{\mathrm{d}i(t)}{\mathrm{d}t} \tag{3-23}$$

在平衡点 (i_0, y_{20}) 附近有 $i = i_0 + \Delta i$ ，$y = y_{20} + \Delta y$ ，$u = u_0 + \Delta u$ ，将式(3-23)进行泰勒级数展开，因平衡时的电流变化、位移变化量和电压变化均很小，忽略高次项，有

$$\Delta u(t) = R\Delta i(t) + L_0\frac{\mathrm{d}\Delta i(t)}{\mathrm{d}t} + k_i\frac{\mathrm{d}\Delta y_2(t)}{\mathrm{d}t} \tag{3-24}$$

式中，L_0为平衡点处电磁铁电感。

将电流变化量$\Delta i(t)$及m、k_i、k_{y_2}分别代入式(3-22)，整理得到磁悬浮测振传感器振子动力学方程为

$$0.198\frac{\mathrm{d}^2\Delta y_2(t)}{\mathrm{d}t^2}+32.65\frac{\mathrm{d}\Delta y_2(t)}{\mathrm{d}t}+2752.1\Delta y_2(t)=0.1985\frac{\mathrm{d}^2\Delta y_1(t)}{\mathrm{d}t^2} \tag{3-25}$$

由式(3-25)得出磁悬浮绝对式振动测量系统等效于由质量-弹簧-阻尼系统构成的振动测量系统[7]。这就从理论上证明了磁悬浮系统应用于振动测量是可行的。只是磁悬浮绝对式振动测量的力不是由弹簧构成的弹性力，而是通过永磁铁和电磁铁构成的线圈产生一个磁吸力，以克服振子自身的重力，并在控制系统的作用下形成平衡，以实现被测物体的振动测量；磁悬浮系统的阻尼力不是通过物理介质阻尼的方法实现，而是通过控制系统的微分电路产生一个与振子相对位移变化率成正比的阻尼力，其效果与质量-弹簧-阻尼系统的阻尼力相同，由于是电子阻尼，阻尼力的改变只要通过调节电路参数即可实现，与传统方法比较更容易实现。设计的磁悬浮绝对式振动测量系统的固有角频率为$\omega_\mathrm{n}=118.7\mathrm{rad/s}$，测量系统的固有频率为$f_\mathrm{n}=18.89\,\mathrm{Hz}$，运动系统的阻尼率为$\xi=0.7$。

3.7　其他控制方法

3.7.1　PID 控制

前述 PD 控制可实现磁悬浮振子在平衡点附近悬浮，属于比例和微分超前控制。虽然能够实现系统平衡，完成振动测量，但由于缺乏积分环节，将不能减弱或消除平衡位置的精确控制。为了实现更精密的振动测量，可采用比例微分积分(PID)控制[8]，其控制框图见图 3.22。

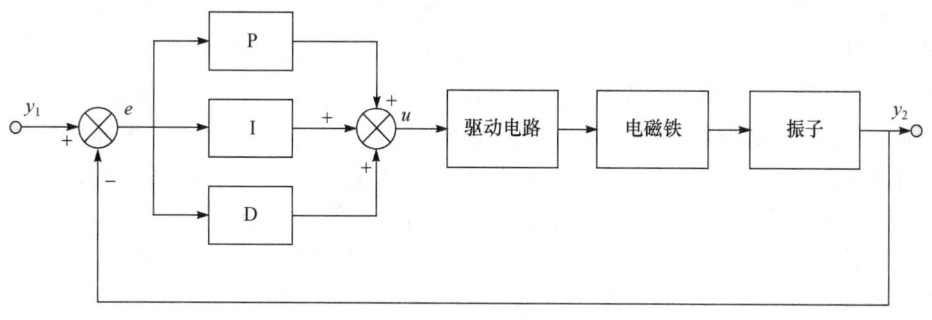

图 3.22　PID 控制框图

图 3.22 中，设y_1为给定值，y_2为磁悬浮振子相对于电磁铁的位移，即振子位

移。PID 控制器将给定值与振子位移相减，得到偏差值 e。偏差值的比例、微分和积分通过线性组合构成控制量 u，该控制量用于控制磁悬浮振子的实际位移。PID 控制器不仅能够实现系统平衡且可使磁悬浮振子的位移量 y_2 向减小误差的方向变化，实现磁悬浮振子的精确控制。由于绝对式振动测量是振子的相对位移，亦即测量的是差值，如果积分作用过大，在测量缓慢变化的振动时反而不利，因为积分作用将使被测的缓慢变化振动信号被消除掉。

3.7.2　数字 PID 控制

无论是 PD 控制还是 PID 控制均具有超前控制功能，当磁悬浮振子有离开平衡点的趋势时及时进行调整和控制。该超前的微分量的输出与磁悬浮振子的位移速度成正比，充当了传统振动测量系统的阻尼作用。模拟 PD 控制或 PID 控制系统均由硬件实现，系统的阻尼不易于调整，如果采用数字量实现控制即可根据不同场合的实际阻尼情况对系统的阻尼参数进行实时调整，由此，构成可变阻尼的控制，阻尼参数的可随时调整恰为磁悬浮绝对式振动测量方法与传统振动测量方法的不同点。数字 PID 控制框图见图 3.23。

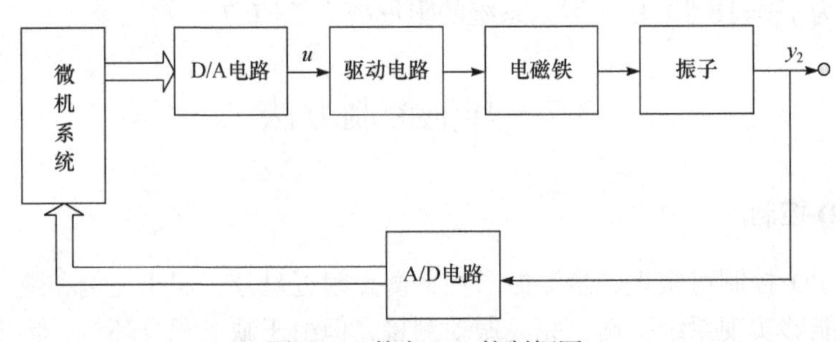

图 3.23　数字 PID 控制框图

数字 PID 控制对被控制量进行离散化数据处理，系统包含 A/D 电路和 D/A 电路环节。通过 A/D 电路将磁悬浮振子的位移信号转换成数字量输送至微机系统，通过 PID 编程再将计算机输出的数字量由 D/A 电路转换为模拟量输送至电磁线圈，实现对磁悬浮振子的控制。由于数值系统的参数改变只需要改变程序中的参数而不是通过硬件改变，实现起来比较容易，特别是在不同的振动测量应用场合，对于振幅较大或振幅较小以及不同频率的振动测量，系统所需要的抗冲击能力是不同的。例如对于冲击较大的场合需要设置合理的控制参数，加大控制系统的阻尼以提高系统的抗冲击能力；对于较小振动幅度和较低频率的振动测量，要提高振动测量系统的灵敏度，此时需要较小的系统阻尼。采用数字控制系统改变参数比采用模拟控制系统改变参数将更加容易，更加灵活。

3.7.3　变参数 PID 控制

选择偏差 e 和偏差的变化率 e_c 作为变参数 PID 控制器的输入量，控制器的三个控制参数 k_p、k_i、k_d 作为控制器的输出量。

根据 PID 控制器参数的改变对系统性能带来的影响，可以得到以下参数调整的一般原则：

(1) 当 $|e|$ 和 $|e_c|$ 均较大时，取较大的 k_p，加快系统的响应速度；取较小的 k_d，防止阻尼过大，影响系统的响应速度；取 $k_i=0$，避免起动过程中，因为误差信号长时间保持较大而产生积分饱和。

(2) 当 $|e|$ 和 $|e_c|$ 处于中等大小时，k_p 取中等大小，k_i 取中等大小，避免过大的超调，k_d 取中等大小，但不能取太大以免影响系统的响应速度。

(3) 当 $|e|$ 较小，且 $|e_c|$ 较大时，k_p 取中等大小，k_i 取较大值，以提高系统的稳态性能，k_d 取较大值。

(4) 当 $|e|$ 较小，且 $|e_c|$ 较小时，k_p 取中等大小，k_i 取较大值，k_d 取比第三种情况下更大的值，避免系统出现长时间的振荡。变参数 PID 控制框图见图 3.24。

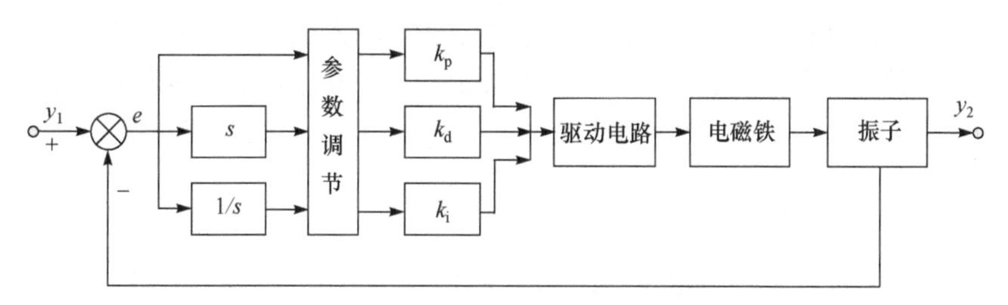

图 3.24　变参数 PID 控制框图

在 MATLAB 软件的 Simulink 环境下，利用 S-Function 工具库中的微分、积分、叉乘等函数编程实现参数变化模块，通过仿真结果可以看出，由 PD 控制系统产生稳态误差。引入积分环节后，变成传统 PID 控制，系统的稳态性能得以提高，但控制系统的动态性能不是很理想。将变参数 PID 控制应用到混合磁悬浮球的控制系统中，超调量比传统 PID 控制小，上升时间短，且调节时间减少。

3.7.4　模糊控制

采用传统 PID 控制器不能实现混合磁悬浮振子在较大范围的动态平衡，而模糊控制不要求受控对象的精确数学模型，对被调节对象的参数具有较强的鲁棒性，系统的响应速度快、超调量小，因此将模糊控制和 PID 控制结合起来。

在 FIS 编辑器中设定输入变量为误差 E 和误差变化率 EC，输出变量为 U。E、EC、U 的模糊集均为{NB、NM、NS、ZE、PS、PM、PB}[9]。磁悬浮绝对式振动测量系统的模糊控制规则如表 3.3 所示。

表 3.3　模糊控制规则表

E \ EC	PB	PM	PS	ZE	NS	NM	NB
PB	PB	PB	PB	PM	PM	ZE	ZE
PM	PM	PM	PM	PS	ZE	NS	NS
PS	PM	PM	PS	ZE	NS	NM	NM
ZE	PS	PS	ZE	NS	NM	NM	NM
NS	PS	PS	ZE	NS	NM	NM	NM
NM	ZE	ZE	NM	NM	NB	NB	NB
NB	ZE	ZE	NM	NM	NB	NB	NB

这里采用平均最大隶属度法实现模糊控制的判决，从而得到参数 k_p 的模糊调整控制表，通过在线控制表查询，进行控制。由 E 、EC 及 k_p 、 k_i 、 k_d 的模糊子集的隶属度，再根据各模糊子集的隶属度赋值表和各参数的模糊调整规则模型，运用模糊合成推理得到 PID 参数模糊调整矩阵，将其存入程序存储器中通过程序加以查询。在线运行过程中，通过微机测控系统不断检测系统的输出响应值，并实时计算出偏差和偏差变化率，再将它们模糊化得到 E 和 EC，通过查询模糊调整矩阵即可得到 k_p 、 k_i 、 k_d 三个参数的调整量 Δk_p 、 Δk_i 、 Δk_d ，完成对控制器参数的调整。

3.7.5　神经网络控制

反向传播(back propagation, BP)神经网络是一种按误差逆传播算法训练的多层前馈网络，是目前应用最广泛的神经网络模型之一。设计由 BP 神经网络结构构成 PID 控制，通过神经网络自学习功能，辨识因系统结构和参数发生变化造成的磁悬浮振子的变化，实时调整 PID 控制参数以实现系统最优控制，实现磁悬浮振子在无外界振动情况下的稳定悬浮，在有外界振动情况下能够使磁悬浮振子迅速返回至平衡点，控制系统的刚度得到了提高[10]。神经网络控制框图见图 3.25。

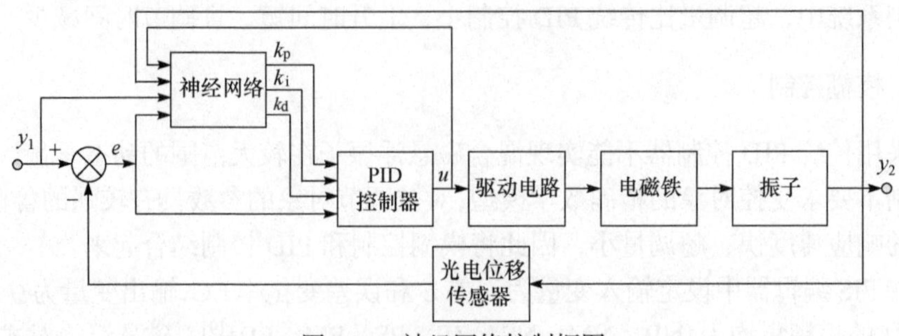

图 3.25　神经网络控制框图

根据 PID 控制算法，选取神经网络的输入层数和神经网络的输出，根据计算确定神经网络的隐含层数。BP 神经网络结构见图 3.26。

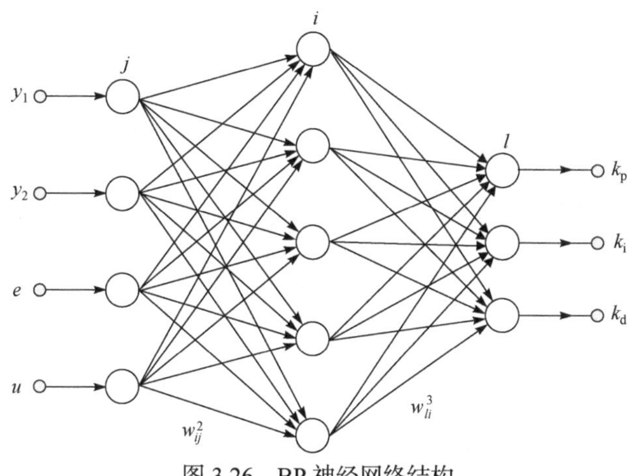

图 3.26　BP 神经网络结构

随着科技的不断进步，还有许多磁悬浮控制的方法可实现磁悬浮振子的平衡控制。由于磁悬浮绝对式振动测量系统主要用于动态测量，所以其控制精度要求不是很高，而控制系统的刚度、测量频率的范围和测量灵敏度是系统设计中应当关注的重点[11]。

3.8　磁悬浮绝对式振动测量系统仿真

3.8.1　磁悬浮绝对式振动测量系统仿真模型

根据磁悬浮振子的受力表达式及设计的 PD 控制电路，通过 Simulink 仿真得到磁悬浮绝对式振动测量系统的仿真模型，见图 3.27。

图 3.27 中，u_1 为测量磁悬浮振子位移传感器输出电压，u_2 为与环境红外光呈比例关系的输出电压，u_3 为位移传感器输出电压与环境检测光电管输出电压差，u_4 为经过 PD 控制后的电压，u_5 为放大后的电压，i 为驱动后的电流。磁悬浮振子重力 mg 与磁悬浮振子所受磁吸力之差为 ma，光电管安装位置为 H_0，是光电位移传感器与电磁铁之间的距离。

通过仿真电路可以了解系统各参数对磁悬浮绝对式振动测量系统稳定性的影响，获得磁悬浮振子稳定平衡的范围、对磁悬浮振子的阻尼进行分析等，进而可以得出振动测量系统的最优控制参数。

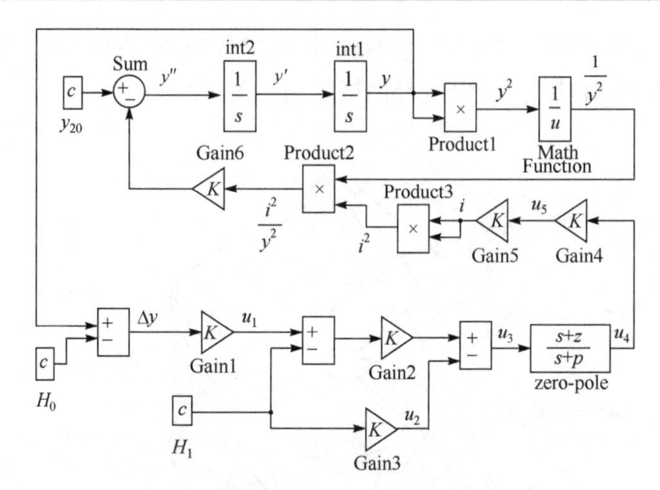

图 3.27　磁悬浮绝对式振动测量系统仿真模型

3.8.2　改变位移传感器安装位置的系统仿真

设磁悬浮振子的初始位置 $y_{20} = 0.0255\text{m}$，只改变位移传感器的安装位置(即只改变位移传感器与电磁铁之间的距离)，磁悬浮振子的运动曲线见图 3.28。

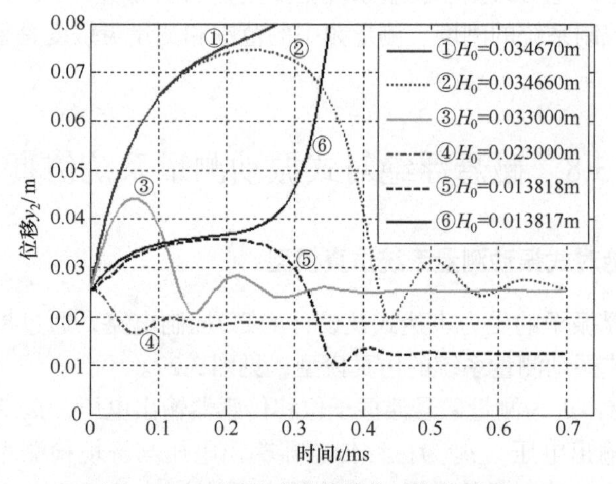

图 3.28　不同传感器安装位置仿真波形

通过仿真可知：改变位移传感器的安装位置 H_0，当 $H_0 = 0.013818$～0.034660m 时磁悬浮绝对式振动测量系统能够达到平衡，即该两点为临界平衡点，一旦超出了此范围，磁悬浮振子将无法达到平衡。图中①和⑥为失衡状态，②和⑤为临界状态，③为普通状态，④为最佳状态。这一范围与实际操作情况是吻合的。当磁悬浮振子的初始位置 $y_{20} = 0.0255\text{m}$，$H_0 = 0.023000\text{m}$ 时，磁悬浮振子达到平衡点所需的时间最短，即在现有条件下磁悬浮振子的最佳动态响应数值。

由图 3.28 可以看出，保持其他条件不变，只改变位移传感器的安装位置，即只改变位移传感器与电磁铁之间的距离时，该距离过大和过小都不能实现磁悬浮振子的平衡而无法完成振动测量。

3.8.3　改变振子初始位置的系统仿真

取 3.8.2 节得到的位移传感器的最佳安装位置 $H_0 = 0.023000\text{m}$，考察在此基础上，磁悬浮振子为不同初始位置时磁悬浮振子的运动状态。改变磁悬浮振子释放的初始位置(即磁悬浮振子至电磁铁的距离)，磁悬浮振子的运动曲线见图 3.29。

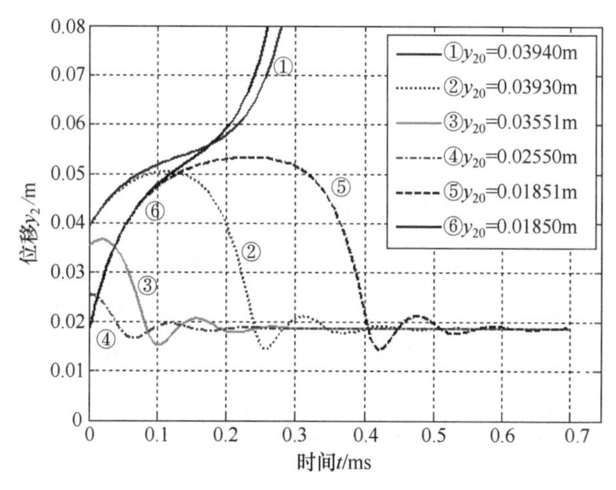

图 3.29　不同磁悬浮振子初始位置仿真波形

通过仿真可知磁悬浮振子初始位置 $y_{20} = 0.01851$～0.03930m 时系统能够达到平衡，即该两点为临界平衡点，超出了此范围，磁悬浮绝对式振动测量系统将无法实现平衡。图中①和⑥为失衡状态，②和⑤为临界工作状态，③为普通状态，④为最佳状态。这一范围与实际操作情况也是相吻合的。当位移传感器安装位置为 $H_0 = 0.023000\text{m}$，磁悬浮振子初始位置为 $y_{20} = 0.02550\text{m}$ 时，磁悬浮绝对式振动测量系统达到平衡点所需的时间最短，即在现有条件下磁悬浮振子的最佳动态响应数值。

由图 3.29 可以看出，磁悬浮振子的初始位置过高或过低都不能使磁悬浮绝对式振动测量系统达到平衡。

3.8.4　改变 PD 参数的系统仿真

在位移传感器最佳安装位置 $H_0 = 0.023000\text{m}$ 及磁悬浮振子的最佳初始位置

$y_{20} = 0.02550\text{m}$ 的基础上，为了考察磁悬浮绝对式振动测量系统的PD参数对磁悬浮振子运动特性的影响，改变PD参数(即只改变系统的零点和极点)，得到磁悬浮振子的运动曲线见图 3.30。

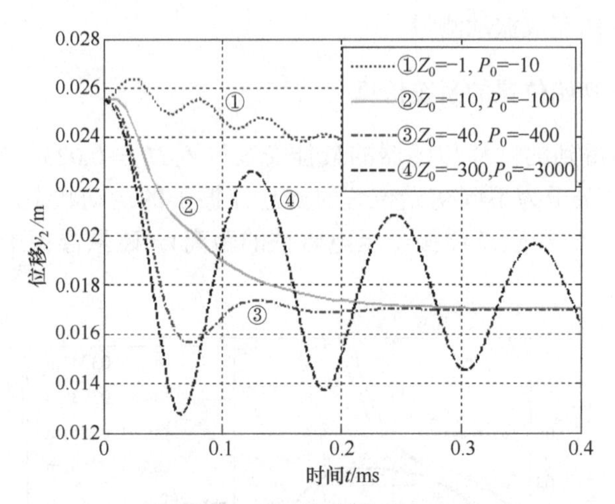

图 3.30　不同 PD 参数仿真波形

通过仿真可知只改变磁悬浮绝对式振动测量系统的零点 Z_0 和极点 P_0，PD参数在 Z_0= −1、P_0= −10 和 Z_0= −300、P_0= −3000 之间时系统能够达到平衡。当零点和极点为 Z_0= −300、P_0= −3000 时磁悬浮振子已经出现严重的振荡，出现不稳定现象。零点和极点在 Z_0= −1、P_0= −10 以上时磁悬浮振子将不能达到平衡。可认为该两点为临界平衡点，通过计算得前者参数为 $C = 0.1\mu\text{F}$、$R_1 = 5\text{M}\Omega$、$R_2 = 555.6\text{k}\Omega$；后者参数为 $C = 0.1\mu\text{F}$、$R_1 = 33.3\text{k}\Omega$、$R_2 = 3.7\text{k}\Omega$。

从图 3.30 还可以看出系统的阻尼情况。当零点的绝对值特别小时系统有一定的振荡现象出现，见图中曲线①，且达到平衡点的时间非常长；当零点的绝对值较小时系统阻尼比较大，见图中曲线②；当零点的绝对值较大时系统阻尼非常小，见图中曲线④，磁悬浮振子已经出现了严重的振荡现象；图中曲线③的阻尼状况良好，磁悬浮绝对式振动测量系统达到平衡点的时间最短。因此，最佳的零极点为 $Z_0 = -40$、$P_0 = -400$。

3.9　磁悬浮柱形排斥式永磁振动测量系统

3.9.1　磁悬浮柱形排斥式永磁振动测量模型

无控制器磁悬浮柱形排斥式永磁振动测量系统适用于一般的绝对式振动测量，可用于振动测量和报警等场合。不足之处是振子不能完全消除摩擦，振子的运动方向受限，一般只可用于垂直方向的振动测量。使用时需要注意测量仪器与地面应保持垂直放置，这样可大大减小振子的摩擦，提高系统的测量灵敏度。使用时同样需要将振动测量模型的壳体与被测振动体刚性固接在一起，使测量模型随被测振动体一起振动。

磁悬浮柱形排斥式永磁振动测量模型见图 3.31。

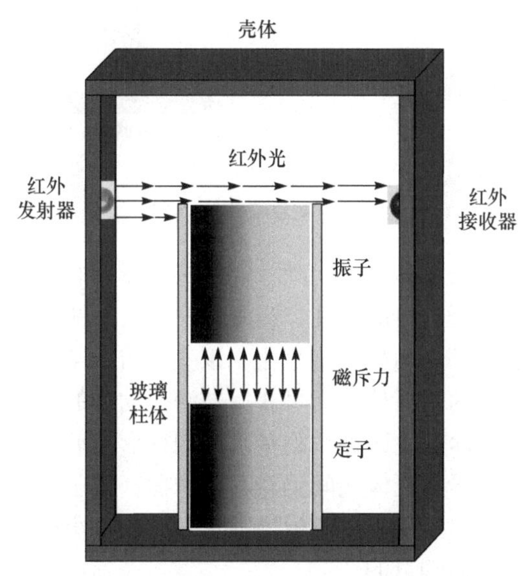

图 3.31　磁悬浮柱形排斥式永磁振动测量模型

磁悬浮柱形排斥式永磁振动测量模型由磁定子和磁悬浮振子、红外发射器、红外接收器、玻璃柱体、壳体等构成。磁定子与仪器壳体固接在一起，磁悬浮振子的磁极与磁定子的磁极相反，圆柱形玻璃器皿限制了永磁体的水平方向运动，永磁体因受到其下方固定永磁体产生的磁斥力作用悬浮于空中。磁悬浮振子处于红外发射器和红外接收器之间，具有遮挡红外光的作用，其作用是实现振子相对位移的测量。振子的相对位移测量也可以使用霍尔元件实现，霍尔元件测量振子的相对位移，系统抗冲击能力更强。在测量较大冲击振动时可加入铝板，以增加测量系统的阻尼。磁悬浮柱形排斥式永磁振动测量系统也属于绝对式振动测量。

3.9.2　磁悬浮柱形排斥式永磁振动测量原理

磁悬浮柱形排斥式永磁振动测量方法可用于测量垂直方向的振动。磁悬浮柱形排斥式永磁振动测量原理见图 3.32。

图 3.32(a)为无振动时静态工作示意图。振子相对于壳体不动，振子接收红外光面积保持不变。因此，由红外接收器输出的电压保持不变。图 3.32(b)为有振动

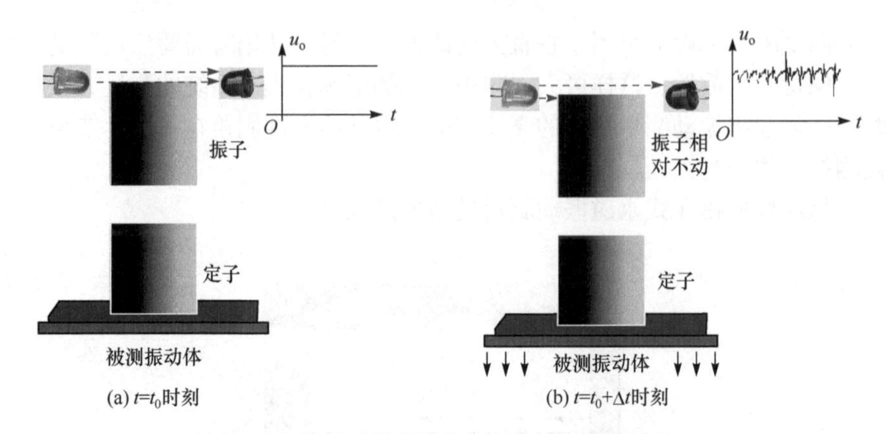

图 3.32　磁悬浮柱形排斥式永磁振动测量原理

时动态示意图。设被测振动体向下运动，红外接收器安装于模型壳体上随被测振动体一起振动，由于振子自身的惯性，当测量模型与被测振动体一起振动时相对不动，所以振子接收红外光面积发生变化，该变化与振子和壳体之间的相对位移成正比，只要测得振子的相对位移即可获得被测振动体的绝对振动。

由于磁悬浮柱形排斥式永磁振动测量采用圆柱形玻璃器皿限制磁悬浮振子向水平方向倾斜失衡，振子与壳体之间仍然存在摩擦，为了提高测量灵敏度，需要保持磁悬浮柱形排斥式永磁振动测量模型的垂直度以减小振子与玻璃器皿之间的接触面积，达到减小摩擦的目的。

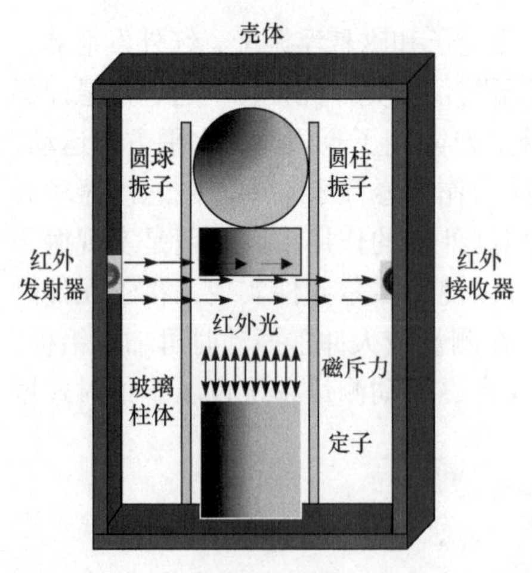

图 3.33　改进的磁悬浮柱形排斥式永磁振动测量模型

为了减小摩擦并提高振动测量系统的灵敏度，将磁悬浮柱形排斥式永磁振动测量模型进行改进。改进的磁悬浮柱形排斥式永磁振动测量模型见图 3.33。

改进的磁悬浮柱形排斥式永磁振动测量模型在圆柱振子上外加一个圆球振子，其半径略大于圆柱振子的半径，这样，振子在上下振动的过程中，只有圆球振子与玻璃柱体之间有接触，接触面积大大减小，因此减小了振子与模型壳体之间的摩擦。由于磁极相同，圆球振子与圆柱振子固接在一起，形成一个整体。

改进的磁悬浮柱形排斥式永磁振动测量原理见图 3.34。

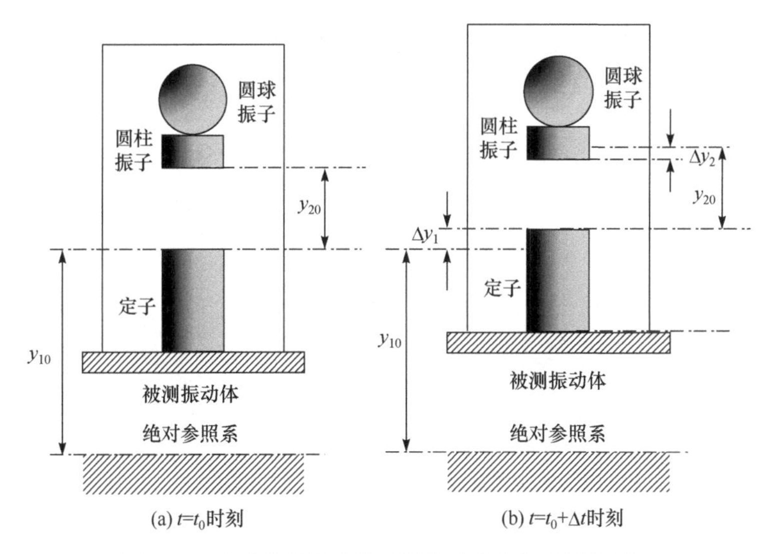

图 3.34　改进的磁悬浮柱形排斥式永磁振动测量原理

改进的磁悬浮柱形排斥式永磁振动测量原理与改进前是一致的，只是光电位移传感器安装于圆柱振子的下方，图 3.34(a)为无振动时静态工作示意图。设定子上边沿与绝对参照系距离为 y_{10}，圆柱振子与定子之间的距离为 y_{20}，图 3.34(b)为有振动时振动测量模型的动态示意图。设被测振动体向上运动，向上运动的相对位移变化量为Δy_1，定子上边沿与绝对参照系距离为 $y_1=y_{10}+\Delta y_1$，此时振子与定子之间的距离为 $y_2=y_{20}-\Delta y_2$。根据振动测量理论，只要测得了振子的相对位移变化量Δy_2，即可得到被测物体的绝对运动。相对位移变化量Δy_2 即振子与光电位移传感器在模型垂直方向上的位移变化，同样，设计中采用红外光电位移传感器实现相对位移的测量。

3.9.3　红外光电位移传感器工作原理

磁悬浮柱形排斥式振动测量模型中的振子相对位移测量采用红外光电位移传感器，其工作原理见图 3.35。

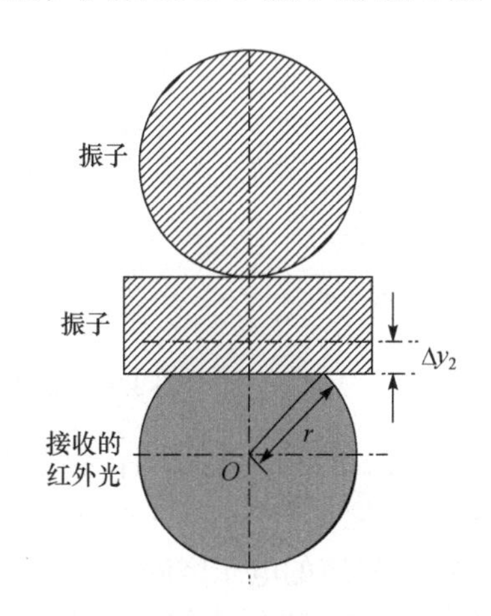

图 3.35　红外光电位移传感器工作原理

图 3.35 中下方的圆形部分为红外光电位移传感器接收到的红外光线的横截面。r 为红外接收光线圆形面积的半径；Δy_2 为磁悬浮振子的相对位移变化量。令接收红外光面积为 s，则有

$$s=r^2\pi-r^2\arccos\left(\frac{r-\Delta y_2}{r}\right)+\left(r-\Delta y_2\right)\sqrt{r^2+\left(r-\Delta y_2\right)^2} \tag{3-26}$$

由式(3-26)可得接收红外光面积 s 与振子相对位移变化量Δy_2的关系以及通过最小二乘法拟合得到的直线见图 3.36。

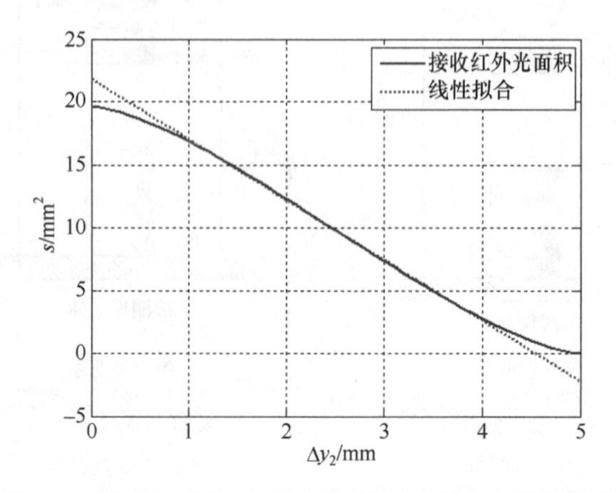

图 3.36　接收红外光面积与振子相对位移变化量的关系

接收红外光面积与系统的输出电压成正比，设计系统电压放大倍数为 0.1949V/mm²，测量得到输出电压 u_o 与振子相对位移变化量 Δy_2 的关系见图 3.37。

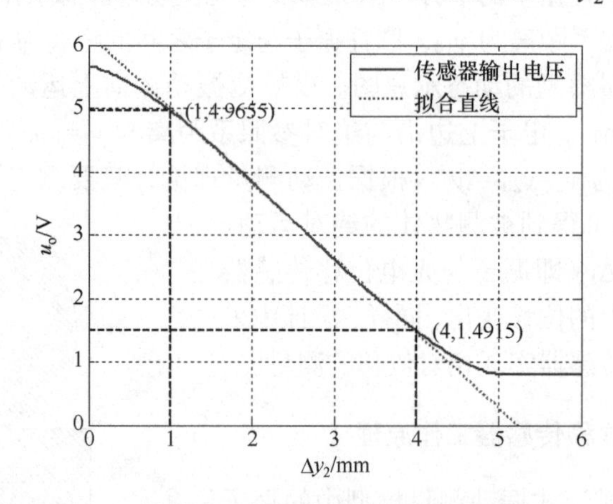

图 3.37　输出电压与振子相对位移变化量的关系

图3.37中的实线为传感器输出电压,虚线为通过最小二乘法得到的拟合直线。由图可见，当Δy_2在 1～4mm 工作时，输出电压与相对位移变化量基本呈线性关系，其对应的电压区间为 1.4915～4.9655V，为保证振动测量系统能够在较宽的范围内工作，工作点取中点 2.5mm，此时对应的电压为 3.23V，计算得输出电压与位移的灵敏度为

$$S_u = \frac{4.9655 - 1.4915}{1 - 4} = -1.158\text{V/mm} \tag{3-27}$$

通过误差分析得出，位移变化在 1～4mm 时圆柱形振子的引用误差 $\delta=-3.8\%\sim3.8\%$，满足一般测量要求。可以利用运算放大器进行放大以提高系统的测量灵敏度。系统的线性度主要由光电位移传感器的工作特性所决定。

3.9.4　磁悬浮柱形振子受力分析及其动力学方程

要获得磁悬浮振子所受磁斥力与位移之间的关系，直接进行测量比较困难，需要采用间接方法来实现。通过加载非磁性体于磁悬浮振子之上，在平衡点处测得定子与磁悬浮振子位移。实测磁悬浮振子所受磁斥力与振子位移关系如表 3.4 所示。

表 3.4　磁悬浮振子位移与振子所受磁斥力的关系

位移 y_2 /m	磁斥力 $f(y_2)$/N	位移 y_2 /m	磁斥力 $f(y_2)$/N
0.016	0.1137	0.027	0.02842
0.017	0.08535	0.029	0.02558
0.019	0.05971	0.031	0.02274
0.021	0.04489	0.033	0.02074
0.023	0.03553	0.035	0.01848
0.025	0.03126		

振子所受磁斥力与位移的关系可表示为

$$f(y_2)=\frac{mg}{a_3y_2^3+a_2y_2^2+a_1y_2+a_0} \tag{3-28}$$

式中，分母为位移 y_2 的多项式；分子为振子的重力。采用多项式系数求解方法，通过 MATLAB 编程拟合曲线，得到式(3-28)的多项式系数：

$$a_3=117670,\quad a_2=-9410.2,\quad a_1=307.757,\quad a_0=-2.7578$$

那么，磁悬浮振子所受磁斥力与振子位移可表示为

$$f(y_2)=\frac{0.02842}{117670y_2^3-9410.2y_2^2+307.757y_2-2.7578} \tag{3-29}$$

悬浮振子所受磁斥力与振子位移的关系见图 3.38。

无外加振动时模型处于静止状态，实测平衡点在 y_{20}=0.027m。有振动且振动频率达到一定数值时，磁悬浮振子因为惯性相对不动，所以振子相对于模型上、下运动。

由于振动测量系统模型中振子在平衡点附近的振动幅度较小，磁悬浮振子所受磁斥力与振子位移可近似看成线性关系，为获得线性化表达式，对式(3-29)进

行泰勒级数展开，有

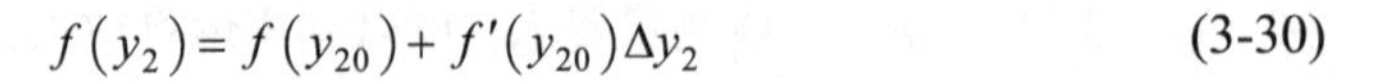

$$f\left(y_2\right)=f\left(y_{20}\right)+f'\left(y_{20}\right)\Delta y_2 \tag{3-30}$$

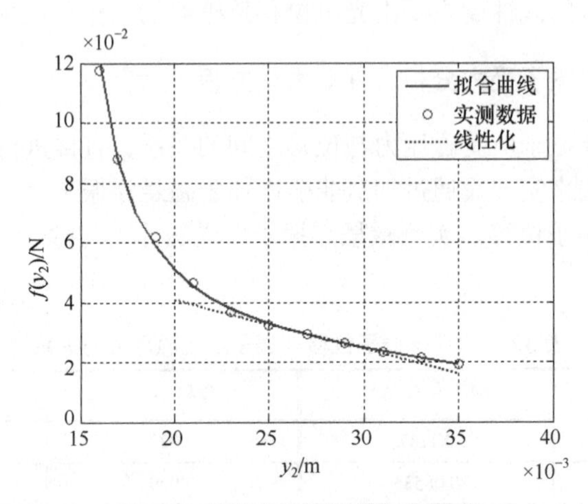

图 3.38　磁斥力与振子位移关系

代入数值得到平衡点附近磁铁间磁斥力的线性化表达式为

$$f\left(y_2\right)=0.02842-1.5939\Delta y_2 \tag{3-31}$$

在平衡点处通过泰勒级数展开获得的直线如图 3.38 中的虚线所示。

根据振动工程理论，该系统存在阻尼因素，阻尼力与速度成正比且方向与振子的运动方向相反。阻尼力主要由空气阻尼及铝板的电磁阻尼产生。其中阻尼系数不容易直接测得，可采用测量振子的固有角频率再通过振子的动力学方程推导求得。

当振子自由振荡时，振子的自由振动方程为

$$m\frac{\mathrm{d}^2 y_2}{\mathrm{d}^2 t}+c\frac{\mathrm{d}y_2}{\mathrm{d}t}+ky_2=0 \tag{3-32}$$

式中，m 为振子的质量；c 为阻尼力的比例系数；k 为弹性系数。

各项除以 m，变换为

$$\frac{\mathrm{d}^2 y_2}{\mathrm{d}^2 t}+2\xi\omega_{\mathrm{n}}\frac{\mathrm{d}y_2}{\mathrm{d}t}+\omega_{\mathrm{n}}^2 y_2=0 \tag{3-33}$$

式中，$\omega_{\mathrm{n}}=\sqrt{\dfrac{k}{m}}$ 为振子的固有角频率；$\xi=\dfrac{c}{2\sqrt{mk}}$ 为阻尼率。

推导得到阻尼力的比例系数 c 为

$$c=2\xi\omega_{\mathrm{n}}m \tag{3-34}$$

当振子处于自由振荡状态时，测得振子的固有振荡周期为 $T=268\mathrm{ms}$，即固有角

频率为 $\omega_{\mathrm{n}} = 23.4\mathrm{rad/s}$，阻尼率 $\xi = 0.6$，由此，得到阻尼力的比例系数：$c = 0.084\,\mathrm{N \cdot s/m}$。

根据牛顿第二定律，振子的运动方程为

$$mg - f\left(y_2\right) - f_{\mathrm{D}} = m\frac{\mathrm{d}^2\left(y_1 + y_2\right)}{\mathrm{d}^2 t} \tag{3-35}$$

式中，振子的质量 m=0.0029kg；f_{D} 为振子所受的阻尼力。

将式(3-31)及阻尼力 f_{D} 代入式(3-35)可得

$$0.02842\frac{\mathrm{d}^2\Delta y_2}{\mathrm{d}^2 t} - 0.084\frac{\mathrm{d}\Delta y_2}{\mathrm{d}t} + 1.5939\Delta y_2 = 0.02842\frac{\mathrm{d}^2\Delta y_1}{\mathrm{d}^2 t} \tag{3-36}$$

根据振动测试理论，被测振动体的振动频率较高时，振子与定子间的相对运动与被测振动体的运动规律呈反相关系，振子的振幅与被测振动体振幅成正比，从而可实现绝对式振动测量。

3.9.5　磁悬浮柱形排斥式永磁振动测量仿真模型

为了获得振子的运动规律，通过磁悬浮振子的动力学方程，建立振动测量系统仿真模型，见图 3.39。

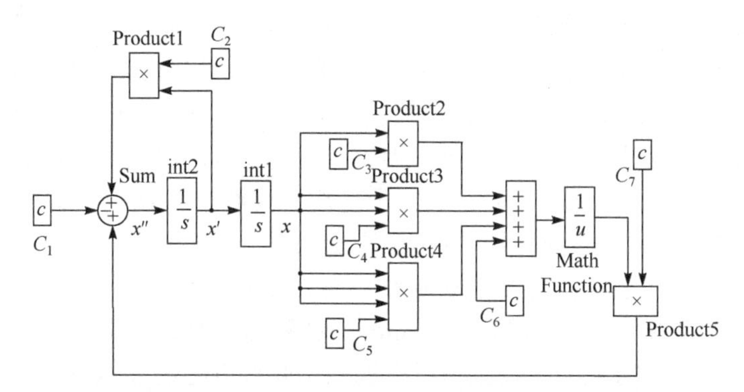

图 3.39　单磁悬浮柱形排斥式振动测量系统仿真框图

图 3.39 中，C_1 为振子的重力，C_2 为阻尼力系数，C_3、C_4、C_5、C_6 为磁悬浮振子所受磁斥力表达式中的多项式系数，C_7 为振子的重力。振子的初始位移由 int1 项设置，振动位移由 x 处输出，振动加速度由 x'' 处输出。

3.9.6　磁悬浮柱形排斥式永磁振动测量实验

自由振荡和外加振动时振子的位移随时间的变化见图 3.40。

图 3.40(a)为振子自由振荡波形，振子初始位置在定子上方 0.028m 处。仿真得到振子的固有振荡周期为 250ms 左右，仿真结果与实测值近似。

图 3.40(b)为外加振动时振子的波形，外加振动的频率为 4.5Hz，振幅为 0.035m。仿真结果表明振子的运动规律与外加振动相同，可见磁悬浮柱形排斥式永磁振动测量方法是正确的。

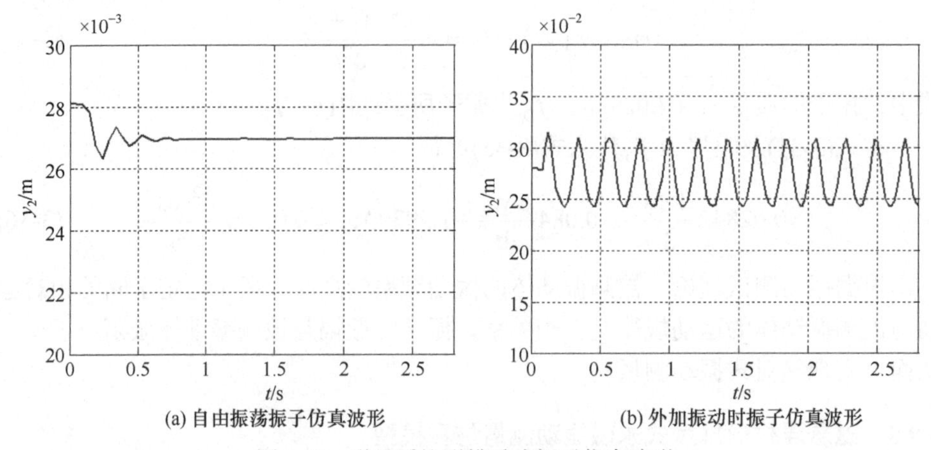

(a) 自由振荡振子仿真波形　　(b) 外加振动时振子仿真波形

图 3.40　磁悬浮柱形排斥式振子仿真波形

3.9.7　磁悬浮柱形排斥式永磁振动测量系统标定

为了实现振动波形分析，采用内含微型计算机的系统，其包括磁悬浮绝对式振动测量模型、数据采集电路、微型计算机等。在计算机内对数据采集卡传递的数据进行处理，采用实验室虚拟仪器集成环境 LabVIEW 8.0 编制数据处理程序。

通过时域分析可了解被测振动体的特征、性质，以及磁悬浮柱形排斥式永磁振动测量系统的工作状况。选择巴特沃思低通滤波器滤除信号的噪声，上限截止频率设置为 20kHz。频率分析是对时域信号进行快速傅里叶变换，得到功率谱等。

为了解磁悬浮柱形排斥式永磁振动测量系统的工作特性，首先对系统进行实验验证。调节振动台振动幅度为 1mm，频率为 30Hz 和 60Hz，测量得到的磁悬浮柱形排斥式永磁振动测量系统的输出波形和通过虚拟仪器分析得到的功率谱，见图 3.41。

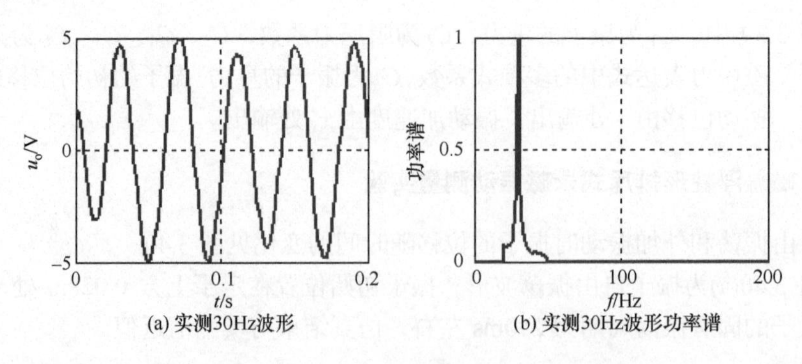

(a) 实测30Hz波形　　(b) 实测30Hz波形功率谱

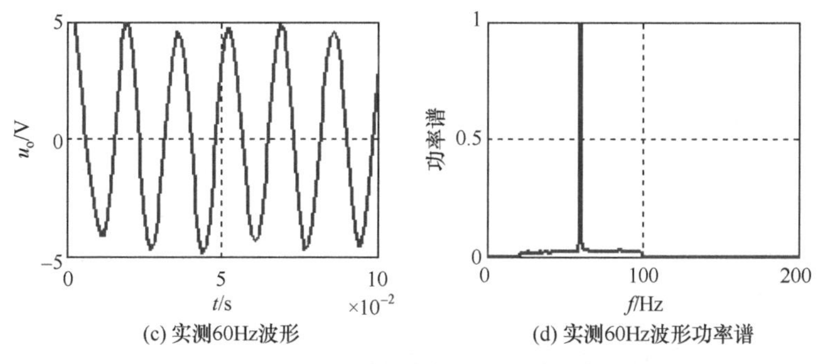

图 3.41　实测波形及其功率谱

由图 3.41 可见，在振幅为 1mm，振动频率为 30Hz 和 60Hz 时，磁悬浮柱形排斥式永磁振动测量系统的输出电压振幅接近 5V。调节系统放大倍数使输出电压达到 5V。定标磁悬浮振动测试传感器的位移灵敏度为 5V/mm。

3.10　双磁悬浮振子振动测量系统

3.10.1　双磁悬浮振子振动测量模型

为了提高振动测量系统的灵敏度，采用双磁悬浮振子结构模型实现振动测量。双磁悬浮振子振动测量模型如图 3.42 所示。

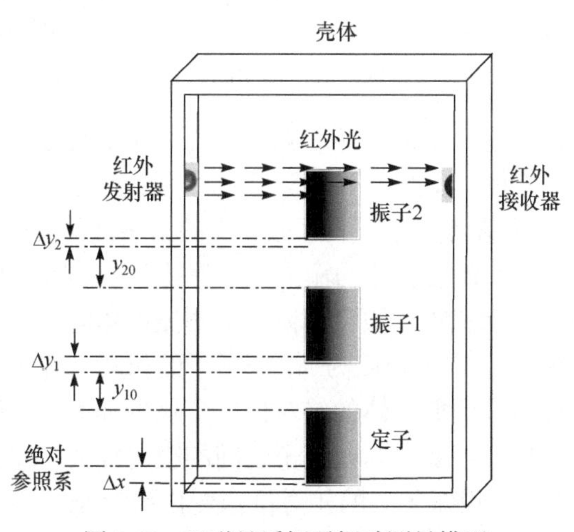

图 3.42　双磁悬浮振子振动测量模型

双磁悬浮振子振动测量模型包括定子、振子 1、振子 2、红外发射器、红外接收器和壳体。结构模型中定子与仪器壳体固接在一起，安装时，定子、振子 1 和振子 2 之间的磁极互为相反，相互排斥。振动测量时，将双磁悬浮振子振动测量模型与被测绝对式振动体固定在一起。当被测振动体振动时，定子随仪器壳体与被测振动体一起振动，振子 1 和振子 2 因惯性在被测振动体超过一定频率时相对绝对参照系基本不动，或有微小的移动，振子 1 和振子 2 与仪器壳体之间将产生相对位移。根据绝对式振动测量理论，该相对位移与被测振动体振动幅值近似相等，相位相反。红外发射器和红外接收器中心安装在振子 2 上切面的位置，实现振子相对位移的测量。振子 1 与振动测量模型有相对位移变化，在此基础上，振子 2 与振子 1 也存在相对位移变化，振子 2 与仪器壳体之间的相对位移得到了放大。

3.10.2　双磁悬浮振子振动测量系统工作原理

双磁悬浮振子振动测量系统工作原理见图 3.43。

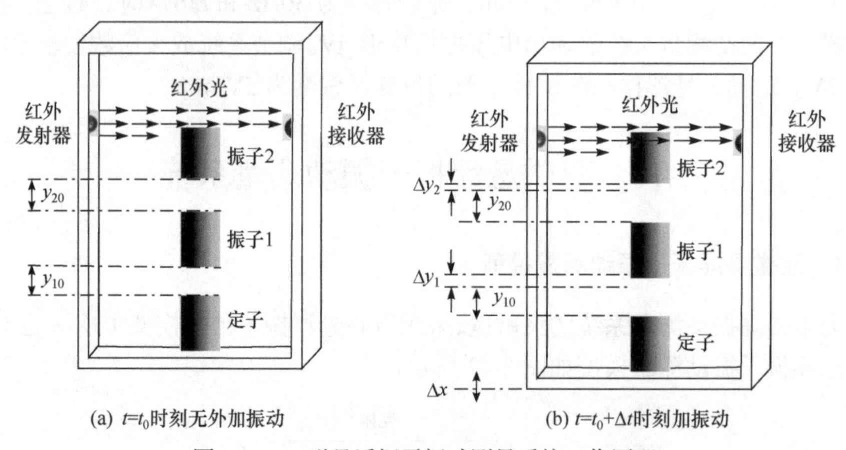

图 3.43　双磁悬浮振子振动测量系统工作原理

设计双磁悬浮振子是为了提高振动测量系统的测量灵敏度。图 3.43(a)为无外加振动时静态工作示意图，设振子 1 与定子之间的距离为 y_{10}，振子 2 与振子 1 之间的距离为 y_{20}，光电位移传感器安装于振子 2 的上表面。无振动时，振子 1 和振子 2 相对于壳体不变，红外接收器的输出电压保持不变。图 3.43(b)为有外加振动时振动测量模型的动态示意图。假定壳体随被测振动体向下运动，设被测振动体的绝对位移变化量为 Δx，定子长度为 l_0，振子 1 的长度为 l_1，振子 2 的长度为 l_2。定子绝对位移变化量与被测振动体的绝对位移变化量都为 Δx，振子 1 由于自身惯性能够基本保持原来位置不变，其与定子之间的距离加大，即振子 1 与壳体之间的相对位移变化量加大，设振子 1 的相对位移变化量为 Δy_1，同样振子 2 与振子 1 之间的相对位移变化量为 Δy_2。

根据振动测量理论，只要测得了振子 1 的相对位移变化量 Δy_1 或振子 2 的相对位移变化量 Δy_2 即可得到被测物体的绝对振动。理论和实验分析得到振子 2 的相对位移变化量 Δy_2 比振子 1 的相对位移变化量 Δy_1 大，系统的测量灵敏度得到了提高。因此，位移传感器测量的是振子 2 的相对位移，设计位移传感器的光路中心位置与振子 2 的上表面在同一平面。

3.10.3　双磁悬浮振子动力学方程

双磁悬浮振子的振动方程通过牛顿第二定律建立。为建立振动方程，需要测定振子所受磁斥力与位移的关系。首先测定振子悬浮距离 y_0，然后在振子上加非磁性物体如锡等施加向下的力，测定平衡时振子的悬浮距离。实测磁斥力与振子位移的关系如同柱形排斥式永磁振动测量。

有振动时，振子 1 与定子之间的距离为

$$y_1 = y_{10} + \Delta y_1 \tag{3-37}$$

通过 MATLAB 最小二乘法函数拟合得到磁斥力与振子位移函数曲线，从而得到振子所受磁斥力与振子位移的关系式：

$$f(y_1) = \frac{0.02842}{117670y_1^3 - 9410.2y_1^2 + 307.757y_1 - 2.7578} \tag{3-38}$$

在平衡点附近进行线性化处理，对 $f(y_1)$ 进行泰勒级数展开：

$$f(y_1) = 0.02842 - 1.5939\Delta y_1 \tag{3-39}$$

振子 1 与绝对参照系的绝对位移为

$$Y_1 = y_1 + l_0 + \Delta x \tag{3-40}$$

根据振动工程理论，阻尼力与速度成正比且方向与振子运动方向相反。阻尼力主要由空气阻尼以及铝板的电磁阻尼产生。当振子 1 自由振荡时，其自由振动方程为

$$m\frac{\mathrm{d}^2Y_1}{\mathrm{d}t^2} + c\frac{\mathrm{d}Y_1}{\mathrm{d}t} + kY_1 = 0 \tag{3-41}$$

式中，m 为振子的质量；c 为阻尼力的比例系数；k 为弹性系数。

各项除以 m，变换为

$$\frac{\mathrm{d}^2Y_1}{\mathrm{d}t^2} + 2\xi\omega_\mathrm{n}\frac{\mathrm{d}Y_1}{\mathrm{d}t} + \omega_\mathrm{n}^2Y_1 = 0 \tag{3-42}$$

式中，$\omega_\mathrm{n} = \sqrt{\frac{k}{m}}$ 为振子的固有角频率；$\xi = \frac{c}{2\sqrt{mk}}$ 为阻尼率。

推导得到阻尼力的比例系数 c 为

$$c = 2\xi\omega_\mathrm{n}m \tag{3-43}$$

当振子处于自由振荡状态时，测得振子的固有振荡周期为 $T = 268\mathrm{ms}$，即固有角频率为 $\omega_\mathrm{n} = 23.4\mathrm{rad/s}$，阻尼率 $\xi = 0.6$，由此，得到阻尼力的比例系数：$c =$

0.084N·s/m 。

根据牛顿第二定律，振子的运动方程为

$$mg - f\left(y_1\right) - f_{\mathrm{D}} = m\frac{\mathrm{d}^2\left(Y_1\right)}{\mathrm{d}t^2} \tag{3-44}$$

将振子的质量、阻尼力和线性化处理后的表达式代入后，整理获得振子的振动方程为

$$0.02842\frac{\mathrm{d}^2\Delta y_1}{\mathrm{d}t^2} - 0.084\frac{\mathrm{d}\Delta y_1}{\mathrm{d}t} + 1.5939\Delta y_1 = 0.02842\frac{\mathrm{d}^2\Delta x}{\mathrm{d}^2 t} \tag{3-45}$$

采用同样的方法，可获得振子 2 的动力学方程。

3.10.4　双磁悬浮振子振动测量仿真模型

外加振动时，振子 1 上表面的绝对位移为

$$Y_1 = \Delta x + l_0 + y_{10} + \Delta y_1 + l_1 \tag{3-46}$$

振子 2 的绝对位移为

$$Y_2 = \Delta x + l_0 + y_{10} + \Delta y_1 + l_1 + y_{20} + \Delta y_2 + l_2 \tag{3-47}$$

分别代入振子运动方程，得到双磁悬浮振子振动测量系统仿真模型，见图 3.44。

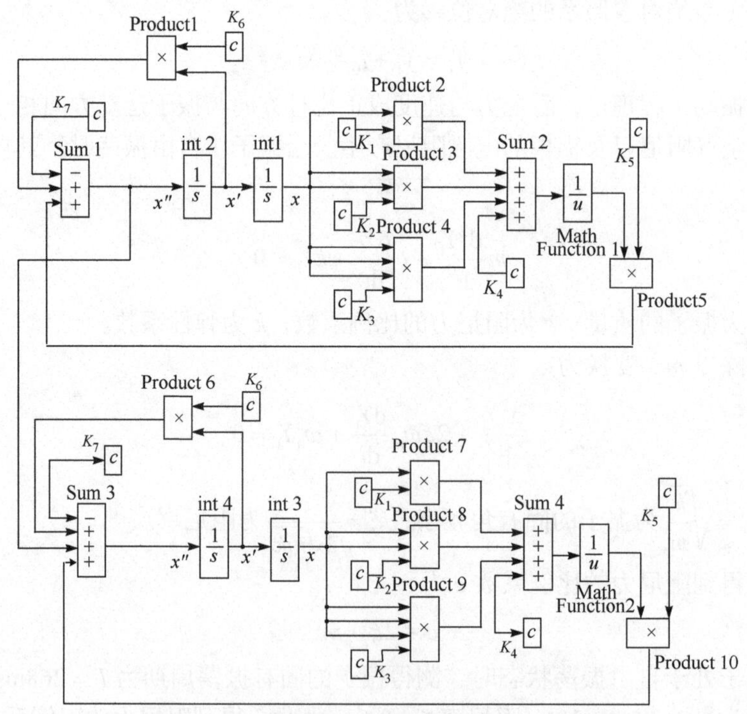

图 3.44　双磁悬浮振子振动测量系统仿真框图

图 3.44 中，K_1、K_2、K_3、K_4 为振子 1 和振子 2 所受磁斥力表达式中分母的多项式系数，K_5 为多项式分子，K_6 为阻尼力比例系数，K_7 为振子的质量。

由于双磁悬浮振子振动测量模型中采用圆柱形玻璃柱体限制磁悬浮振子向水平方向倾斜失衡，振子 1 和振子 2 与壳体之间仍然存在摩擦，为了提高测量灵敏度，需要保持双磁悬浮振子的垂直度以减小振子 1 和振子 2 与玻璃柱体之间的接触面积，达到减小摩擦的目的。

改进的双磁悬浮振子振动测量模型见图 3.45。

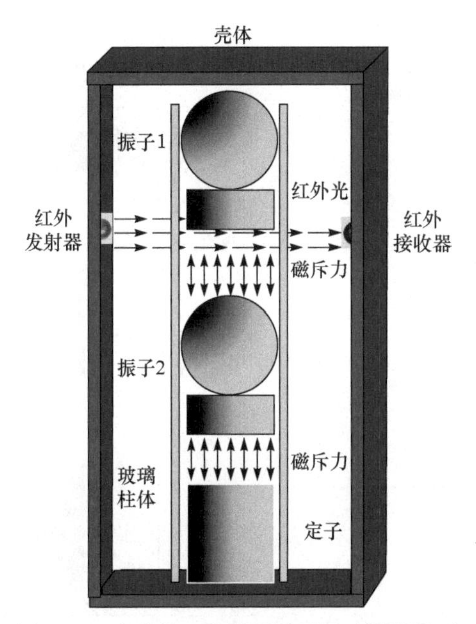

图 3.45　改进的双磁悬浮振子振动测量模型

改进的双磁悬浮振子振动测量系统工作原理与改进前是一致的，只是光电位移传感器安装于圆柱形振子 2 的下方。

图 3.46(a)为无外加振动时静态工作示意图。设仪器壳体与绝对参照系之间的距离为 y_{00}，定子上边沿与壳体之间的距离为 l_0，振子 1 下边沿与定子之间的距离为 y_{10}，振子 1 的长度为 l_1，振子 2 下边沿与振子 1 上边沿之间的距离为 y_{20}，振子 2 的长度为 l_2。图 3.46(b)为有振动时振动测量模型的动态示意图。设被测振动体向上运动 Δy_0，振子 1 下边沿与绝对参照系距离为

$$Y_1 = y_{10} - \Delta y_1 + l_0 + y_{00} + \Delta y_0 \tag{3-48}$$

同理，振子 2 下边沿与绝对参照系距离为

$$Y_2 = y_{20} - \Delta y_2 + y_{10} - \Delta y_1 + l_0 + y_{00} + \Delta y_0 \tag{3-49}$$

根据振动测量原理，由牛顿第二定律建立的振子 1 和振子 2 的动力学方程为二阶常系数非齐次微分方程，与质量-弹簧-阻尼系统建立的振子微分方程相同。因此，改进的双磁悬浮振子振动测量模型可实现绝对式振动测量。由于振子 2 在振子 1 的基础上运动，振子 2 的相对位移变化量高于振子 1 的相对位移变化量，因此，设计振子 2 的相对位移作为振动测量系统的输出，测量系统的灵敏度得到了提高。

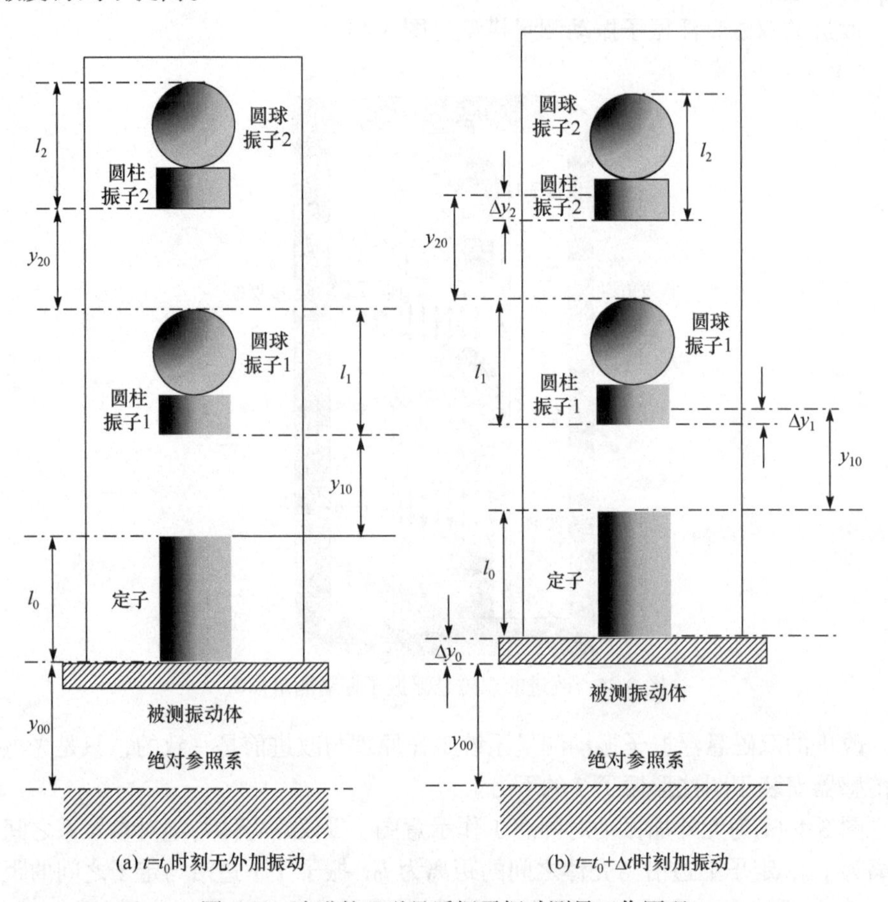

(a) $t=t_0$时刻无外加振动　　(b) $t=t_0+\Delta t$时刻加振动

图 3.46　改进的双磁悬浮振子振动测量工作原理

3.10.5　双磁悬浮振子振动测量实验

为了验证双磁悬浮振子振动测量系统的振动测量性能，采用振动台进行激振，外加图 3.47 所示的振动信号，加速度频率是 1Hz，最大加速度为 0.01m/s^2。

输出为振子 1 的相对位移，通过标定将该相对位移标定为对应的加速度值，得到外加振动振子 1 仿真加速度测量输出波形及功率谱，见图 3.48。

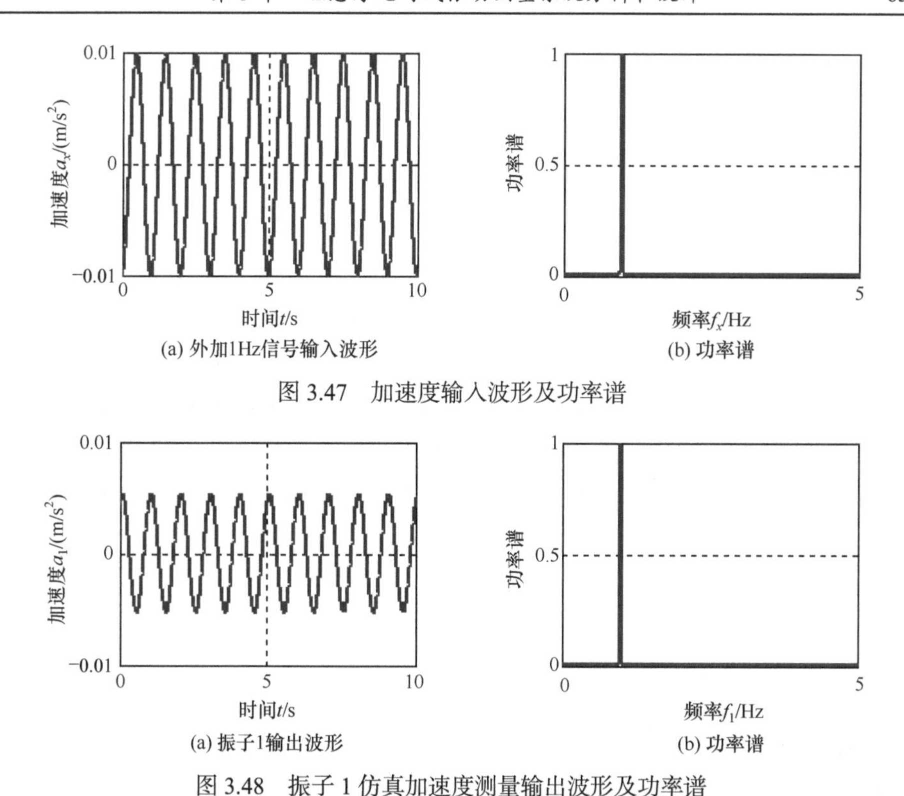

图 3.47　加速度输入波形及功率谱

图 3.48　振子 1 仿真加速度测量输出波形及功率谱

由图 3.48 可见，仿真得到的振子 1 的振动加速度频率与外加振动相同，加速度幅值低于外加振动的加速度幅值。

同理，得到外加振动振子 2 仿真加速度测量输出波形及功率谱，见图 3.49。

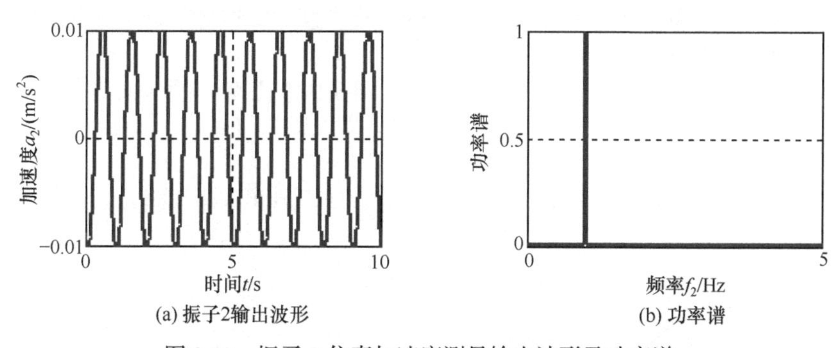

图 3.49　振子 2 仿真加速度测量输出波形及功率谱

由图 3.49 可见，仿真得到的振子 2 的振动加速度频率和波形与外加振动相同。振子 2 的输出幅值高于振子 1，测量灵敏度得到了提高。采用更多磁悬浮振子虽然可以进一步提高测量灵敏度，但提高幅度不大，且系统的阻尼力所占比例明显增加，对安装模型垂直度的要求也相应提高，所以，本系统采用双磁悬浮振子的结构设计。

3.11 本章小结

本章阐述了磁悬浮绝对式振动测量原理；通过牛顿第二定律推导得出振子的动力学方程，该方程为二阶常系数线性非齐次微分方程，与传统绝对式振动测量方程等效，从理论上证明了磁悬浮绝对式振动测量是可行的；对相对位移传感器的构成及工作原理进行分析，得出光电位移传感器接收红外光面积与振子位移在工作区间基本呈线性关系；对柱形排斥式永磁振动测量系统和双磁悬浮振子振动测量系统进行了分析和仿真研究。

参考文献

[1] 江东, 高颖, 杨嘉祥. 磁悬浮效应检振系统设计[J]. 电机与控制学报, 2008, 12(3): 343-347, 352.
[2] 江东. 基于磁悬浮效应的振动测试系统[D]. 哈尔滨: 哈尔滨理工大学, 2011.
[3] 高颖, 江东, 杨嘉祥. 混合磁悬浮球系统磁场数值计算[J]. 哈尔滨理工大学学报, 2007, 13(5): 99-102.
[4] 冯慈璋, 马西奎. 工程电磁场导论[M]. 北京: 高等教育出版社, 2001.
[5] Hajjaji E H, Ouladsine M. Modeling and nonlinear control of magnetic levitation systems[J]. IEEE Transactions on Industrial Electronics, 2001, 48(4): 831-838.
[6] 周品, 何正风, 等. MATLAB 数值分析[M]. 北京: 机械工业出版社, 2009.
[7] 刘延柱, 陈文良, 陈立群. 振动力学[M]. 北京: 高等教育出版社, 2006.
[8] 上官霞南, 江东, 顾玉武, 等. 混合磁悬浮球系统变参数 PID 控制仿真[J]. 哈尔滨理工大学学报, 2007, 12(2): 31-34.
[9] 夏玮, 李朝晖, 常春藤, 等. 控制系统仿真与实例详解[M]. 北京: 人民邮电出版社, 2008.
[10] 曹广忠, 潘剑飞, 黄苏丹, 等. 磁悬浮系统控制算法及实现[M]. 北京: 清华大学出版社, 2013.
[11] 张德丰. MATLAB 神经网络应用设计[M]. 北京: 机械工业出版社, 2009.

第 4 章　磁悬浮绝对式振动测量系统的混沌特性

由于振子所受磁力与振子和电磁铁之间的位移多项式呈倒数关系，磁悬浮绝对式振动测量系统是非线性系统。理论和实验分析表明：在一定的初始条件下振子会产生混沌运动，振子出现不规则的剧烈振动。振子的混沌运动状态会影响振动测量结果，严重时甚至会破坏系统的平衡。因此，应当了解磁悬浮绝对式振动测量系统混沌产生的条件及特性，研究系统的吸引子、不同初始条件下的吸引子类型、不同吸引子与混沌强弱的关系，以及不同吸引子的变化规律。在此基础上确定位移传感器的安装位置，了解 PD 控制器参数的调节范围以及确定磁悬浮振子能稳定运行的初始位置等，进而实现扩大磁悬浮振子运动的动态范围，获得系统能够稳定的最佳条件，以达到最佳控制和测量的目的。

4.1　混沌概念及混沌特性

混沌是非线性确定系统中貌似随机的一种特殊现象，非线性是产生混沌的必要条件。目前，混沌一词还没有统一的数学定义。一般认为混沌具有的主要特征有对初始条件的极端敏感性、有界性、遍历性、内随机性、自相似性、非周期性等[1]。

磁悬浮绝对式振动测量系统中振子所受磁力与位移和电流之间为非线性关系，当系统参数取一定数值时，振子可能会出现剧烈振动。图 4.1 是实测的处于混沌状态下振子的振动波形及功率谱。

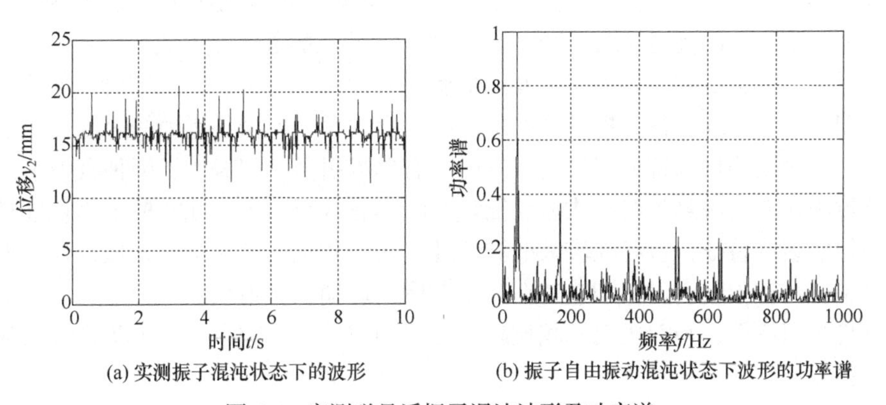

(a) 实测振子混沌状态下的波形　(b) 振子自由振动混沌状态下波形的功率谱

图 4.1　实测磁悬浮振子混沌波形及功率谱

由图 4.1(a)可见，磁悬浮振子随时间变化波形中存在向上的峰值和向下的峰值，说明其混沌特性较强，此时磁悬浮振子总的波动范围较大。即便是系统在无外界振动的情况下，振子的自由振动也较剧烈，将影响对外界的振动测量。振动信号对初始条件非常敏感且没有周期特性，貌似一种随机的无规则的运动特性，但其运动规律确实是客观存在的、确定的。按照目前对混沌的定义，混沌是指确定的宏观的非线性系统在一定条件下所呈现的不确定的或不可预测的随机现象，可初步判断磁悬浮绝对式振动测量系统振子的自由振动处于混沌运动状态。通过实验研究可知，在一定条件下磁悬浮振子在平衡点附近存在较剧烈的振动。后续通过对功率谱的分析以及对吸引子的研究可进一步判明磁悬浮系统处于混沌运动状态。

图 4.1(b)为归一化后振子自由振动混沌状态下波形的功率谱，其中有多个频率处的峰值较高，峰值对应的频率比较杂乱，没有规律，不具有周期特性。混沌运动功率谱不同于随机噪声功率谱，随机的功率谱在整个归一化的频率范围内各频谱分布比较均匀，而不是在多个频率处有较大的幅值。由此判定磁悬浮绝对式振动测量系统处于混沌的运动状态。

4.2　磁悬浮绝对式振动测量系统的吸引子

吸引子能够反映混沌系统的运动特征，也是混沌系统中无序稳态的运动形态。由于磁悬浮绝对式振动测量系统中，振子所受磁吸力与振子位移之间是非线性关系，在一定条件下振子会产生混沌运动。对于吸引子的研究有助于了解磁悬浮绝对式振动测量系统中存在的混沌状态。

磁悬浮绝对式振动测量系统仿真模型中仿真数据为 H_0=0.023m，y_{20}=0.0255m，位移传感器的测量灵敏度 S_X = 2880V/m(见式(3-14))，图 3.27 中 Gain4 取 k_4= 1/30000S(即西门子)，力系数为 0.04。当 PD 参数的零点 Z_0=−10、极点 P_0=−100 时，磁悬浮振子相轨迹如图 4.2(a)所示；当 PD 参数的零点 Z_0=−20、极点 P_0=−200 时，磁悬浮振子的相轨迹如图 4.2(b)所示。

图 4.2 中，纵坐标为振子位移随时间的变化率，即振子运动的速度。当磁悬浮绝对式振动测量系统处于混沌状态时，有单吸引子和双吸引子两种吸引子。零极点过小时混合磁悬浮绝对式振动测量系统具有双吸引子，此时振子相轨迹具有自相似的结构特征，且存在较大的波动性，表明系统的混沌特性较强；加大零极点时系统具有单吸引子，相轨迹在一定范围内运动，且不收敛于一个点，并且也具有自相似特性，与双吸引子相比较，振子的波动范围减小了，表明系统的混沌特性在减弱[2]。

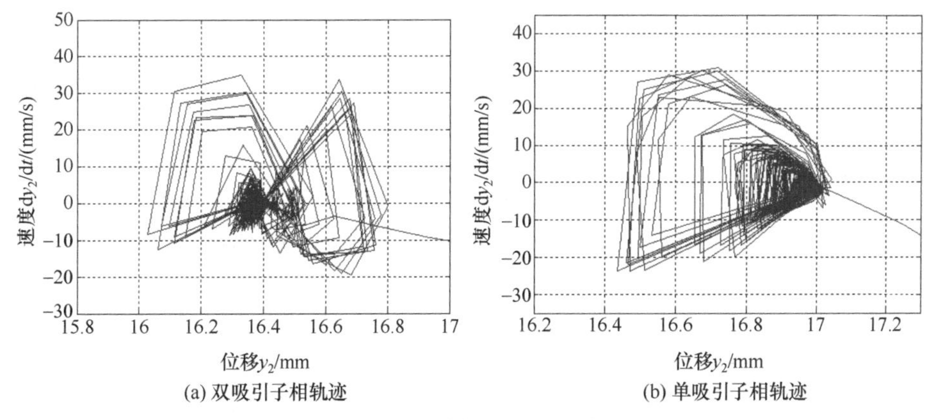

(a) 双吸引子相轨迹　　(b) 单吸引子相轨迹

图 4.2　磁悬浮绝对式振动测量系统的吸引子

通过磁悬浮绝对式振动测量系统吸引子的研究，可以了解系统的混沌特性及混沌程度。对应单、双吸引子振子的振动波形如图 4.3 所示。

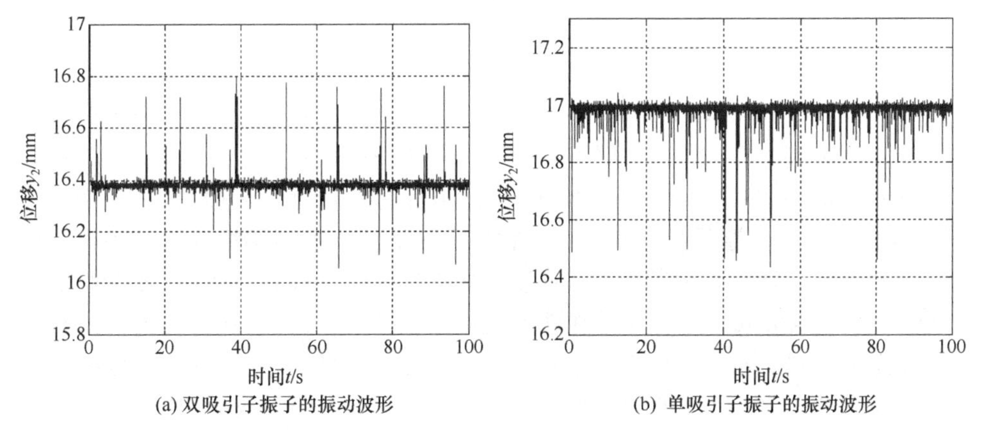

(a) 双吸引子振子的振动波形　　(b) 单吸引子振子的振动波形

图 4.3　单、双吸引子振子的振动波形

从磁悬浮振子随时间变化的输出波形来看，见图 4.3(a)，输出信号波形杂乱且在某些时刻存在剧烈振动，根据其的无周期性可初步判断磁悬浮绝对式振动测量系统处于混沌运动状态。双吸引子时磁悬浮振子随时间变化波形向上和向下的剧烈振动均存在，在一定范围内磁悬浮振子做无规则运动，虽能在一定区域内运动而不产生发散，但随时间变化不能逐渐收敛，此时磁悬浮振子的总波动范围比较大，说明其混沌特性比较强。由图 4.3(b)可知，单吸引子时磁悬浮振子随时间变化波形的峰值基本出现在波形的下方，此时振子的波动范围在减小，说明振动测量系统的混沌特性在减弱。

4.3　磁悬浮绝对式振动测量系统趋于稳定的吸引子变化

进一步改变系统参数，仿真数据为 H_0=0.023m，y_{20}=0.0255m，灵敏度 C_I=3kV/m，k_4=1/30000s，力系数为 0.04。当 PD 参数的零点 Z_0=−30、极点 P_0=−300 时，磁悬浮振子相轨迹如图 4.4(a)所示；当 PD 参数的零点 Z_0=−40、极点 P_0=−400 时，磁悬浮振子相轨迹如图 4.4(b)所示。

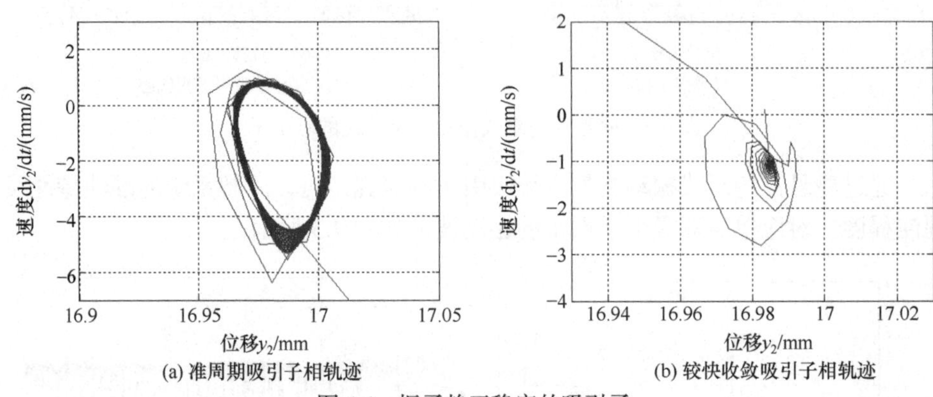

(a) 准周期吸引子相轨迹　(b) 较快收敛吸引子相轨迹

图 4.4　振子趋于稳定的吸引子

由图 4.4(a)可知，此时振子的相轨迹具有准周期的特性，一定时间振子变化规律基本相同，磁悬浮系统由混沌运动状态逐步演变成准周期型的运动状态。与图 4.2 振子相轨迹比较振子位移和速度的变化范围大大缩小，但振子不能收敛于一点。由图 4.4(b)可知，振子的相轨迹变化范围进一步缩小，磁悬浮振子的周期运动状态被打破，近似椭圆形相轨迹运动的范围逐步缩小，并向一个点收缩，磁悬浮绝对式振动测量系统向非混沌的稳定状态过渡，且收敛速度加快[3]。准周期吸引子和较快收敛吸引子对应的振子振动波形如图 4.5 所示。

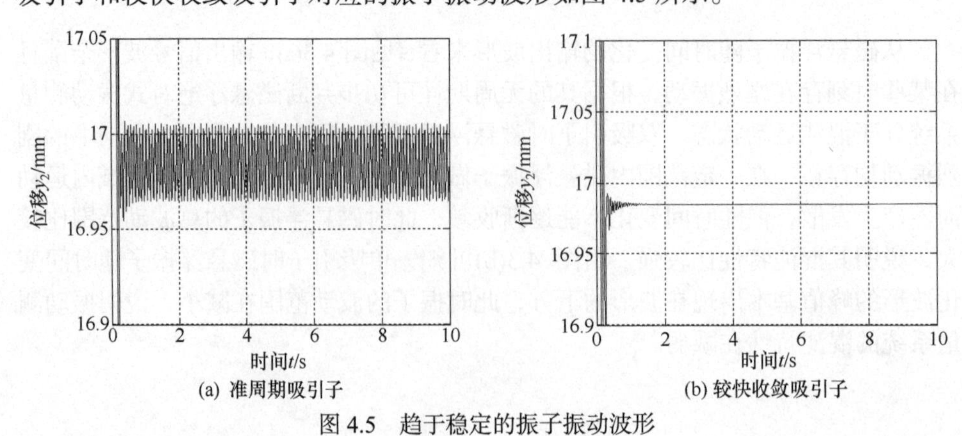

(a) 准周期吸引子　(b) 较快收敛吸引子

图 4.5　趋于稳定的振子振动波形

由图 4.5(a)可知，振子的振动波形近似周期性变化，与图 4.3 比较振子的振幅大大减小，但振子保持一定的振动幅度；由图 4.5(b)可知，当相轨迹较快收敛时，振子的振动波形进一步减小，收敛的速度较快，振子在平衡点附近较小范围内处于较稳定的运动状态。

继续改变系统参数，仿真数据为 H_0=0.023m，y_{20}=0.0255m，C_I=3kV/m，k_4=1/30000s，力系数为 0.04。当 PD 参数的零点 Z_0=−66.7、极点 P_0=−521.2 时，磁悬浮振子相轨迹如图 4.6(a)所示，振子的振动波形如图 4.6(b)所示。

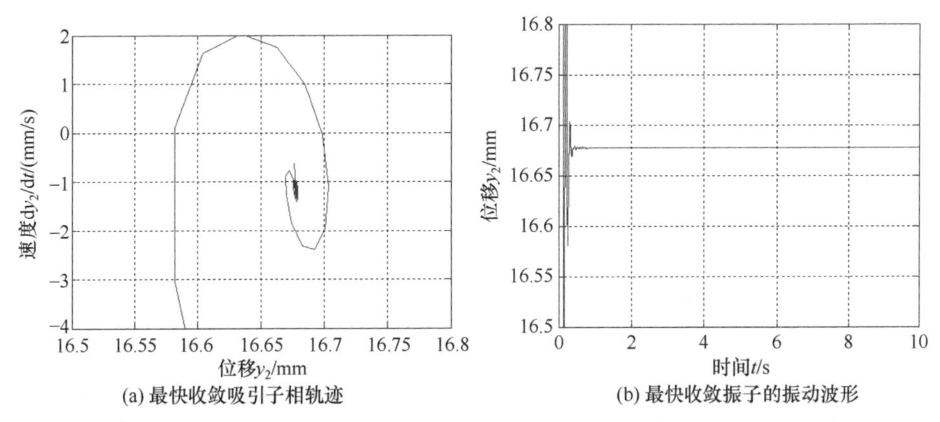

图 4.6　最快收敛吸引子相轨迹及振子的振动波形

由图 4.6(a)可知，振子的相轨迹迅速向平衡点靠近并逐步变成向一个点附近收敛。由图 4.6(b)可知，振子的振动幅值迅速减小，相轨迹已经逐步向一个点收敛，并且收敛的速度加快，振子的波动范围进一步减小，磁悬浮绝对式振动测量系统由最初的混沌运动状态变成非混沌的稳定运动状态最后达到最佳的稳定状态[4]。

图 4.2(a)为双吸引子情形，磁悬浮振子处于混沌运动状态，振子的振动幅度很大，混沌特性很强；图 4.2(b)为单吸引子情形，磁悬浮振子的混沌运动特性在减弱。由图 4.4(a)可知，磁悬浮振子由混沌运动状态逐步演变成准周期型的运动状态；由图 4.4(b)可知，磁悬浮振子的准周期运动状态被打破，近似椭圆形的相轨迹运动范围逐步在缩小，并向一个点收缩，磁悬浮振子向非混沌的稳定状态过渡。图 4.6(a)相轨迹已经逐步变成向一个点收敛的情形，磁悬浮振子由最初的混沌运动状态变成非混沌的稳定运动状态。

从相轨迹特性看，磁悬浮绝对式振动测量系统由混沌状态向稳定状态的转换过程经历了双吸引子、单吸引子、准周期、较快收敛和最佳收敛的变化过程。为了进一步了解磁悬浮绝对式振动测量系统混沌状态和稳定状态时的产生条件及参数变化范围，需进一步对参数取值对应的系统状态进行研究。

4.4 磁悬浮绝对式振动测量系统的三维相轨迹

影响磁悬浮绝对式振动测量系统稳定工作的因素很多，其中影响较大的有传感器的安装位置、磁悬浮振子初始位置及 PD 参数。为了从整体上考察磁悬浮振子在自由振动状态下，传感器安装位置、磁悬浮振子初始位置及 PD 参数对振子工作稳定性的影响，仿真数据分别设置为 y_{20}=0.025m、H_0=0.022m 和 y_{20}=0.0255m、H_0=0.0225m，PD 参数分别是 Z_0=10～40，零点变化间隔 ΔZ_0=0.3，得到的磁悬浮绝对式振动测量系统三维相轨迹见图 4.7。

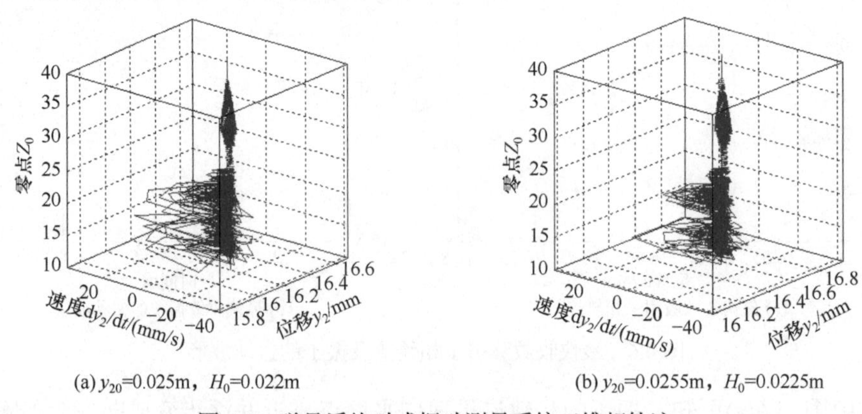

(a) y_{20}=0.025m，H_0=0.022m (b) y_{20}=0.0255m，H_0=0.0225m

图 4.7 磁悬浮绝对式振动测量系统三维相轨迹

由图 4.7 可以看出，当零点 Z_0=40 时，振子波动范围最小，系统工作于稳定状态，随 PD 参数减小，振子相轨迹的波动范围加大；当 Z_0=28～32 时，振子的相轨迹为准周期振荡状态；当 Z_0=23～28 时，振子的相轨迹为收敛状态；当 Z_0<28 时，振子的相轨迹处于混沌运动状态，该状态将会影响振动测量，严重时甚至会破坏系统平衡状态使振子失衡，系统崩溃而无法实现振动测量。为了使磁悬浮绝对式振动测量系统能够稳定工作，应设计使零点 Z_0>32。

图 4.7(a)中传感器的安装位置离电磁铁线圈较近，在零点 Z_0>35 时，比图 4.7(b)传感器的安装位置离电磁铁线圈较远时系统更为稳定，但当零点较小时(Z_0<28)图(a)比图(b)的振动更剧烈。综合考虑采用图(b)的安装位置较好，即传感器的安装位置离电磁铁线圈的距离稍远一些更易于使系统进入正常工作状态。

当零点 Z_0=10、极点 P_0=100 时，相轨迹截面如图 4.8 所示。

由图 4.8 可以看出，磁悬浮振子初始位置和传感器的安装位置较小时，磁悬浮绝对式振动测量系统三维相轨迹投影区域较大。因此，在设计磁悬浮位移传感器的安装位置时应适当增加磁悬浮振子与电磁铁之间的距离，这样系统将更容易进入工作状态。如果该参数设计合理，在系统通电时，磁悬浮振子是完全可以自动进入平衡状态的。

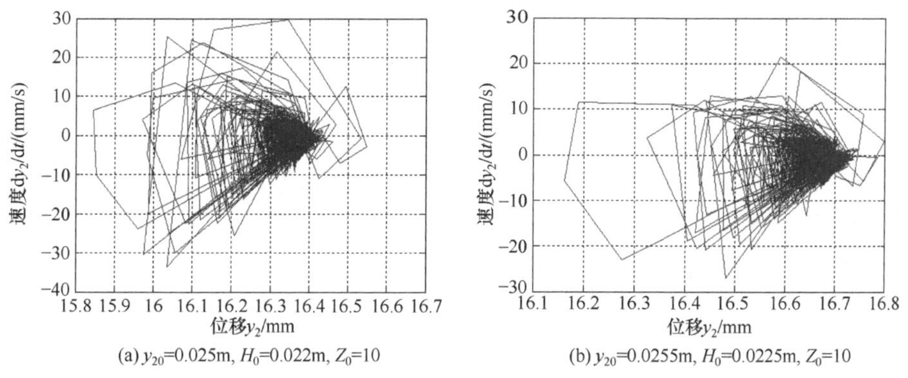

(a) y_{20}=0.025m, H_0=0.022m, Z_0=10　(b) y_{20}=0.0255m, H_0=0.0225m, Z_0=10

图 4.8　磁悬浮绝对式振动测量系统三维相轨迹截面

4.5　磁悬浮绝对式振动测量系统稳定工作分析

4.5.1　稳定的工作条件

为了考察磁悬浮绝对式振动测量系统稳定工作的条件，当零点 Z_0=−50、极点 P_0=−500 时，在位移传感器工作范围内磁悬浮振子可以实现较快收敛，达到较好的稳定状态。同样，当零点 Z_0=−40、极点 P_0=−400 时，对应的传感器安装位置及磁悬浮振子的初始位置关系见图 4.9。

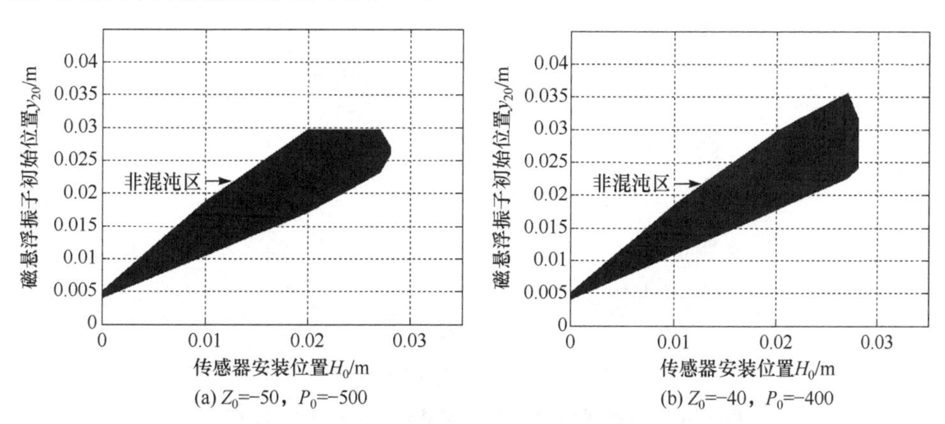

(a) Z_0=−50，P_0=−500　(b) Z_0=−40，P_0=−400

图 4.9　磁悬浮绝对式振动测量系统稳定工作区域

由图 4.9 可见，当磁悬浮传感器的安装位置和磁悬浮振子的初始位置不变，零、极点取该区域数值时，系统均能够稳定工作。因此，该数值可以作为磁悬浮绝对式振动测量系统设计的重要参考。

4.5.2 混沌的产生条件

磁悬浮绝对式振动测量系统的混沌状态是一种特殊情形，由前面分析可知混沌状态的出现将影响振动系统的测量工作，造成测量结果失真，严重时甚至可能破坏系统的平衡，使系统无法正常工作。因此，要研究出现混沌的系统工作条件。

在其他工作条件不变的情况下，只改变零极点数值，系统实现稳定的非混沌区及混沌区见图 4.10，深色区域为系统非混沌区(稳定区)，浅色区域为系统混沌区。混沌区和非混沌区之外是磁悬浮振子运动发散区域，即系统失衡区，此时振子无法实现悬浮，不能达到稳定平衡状态。

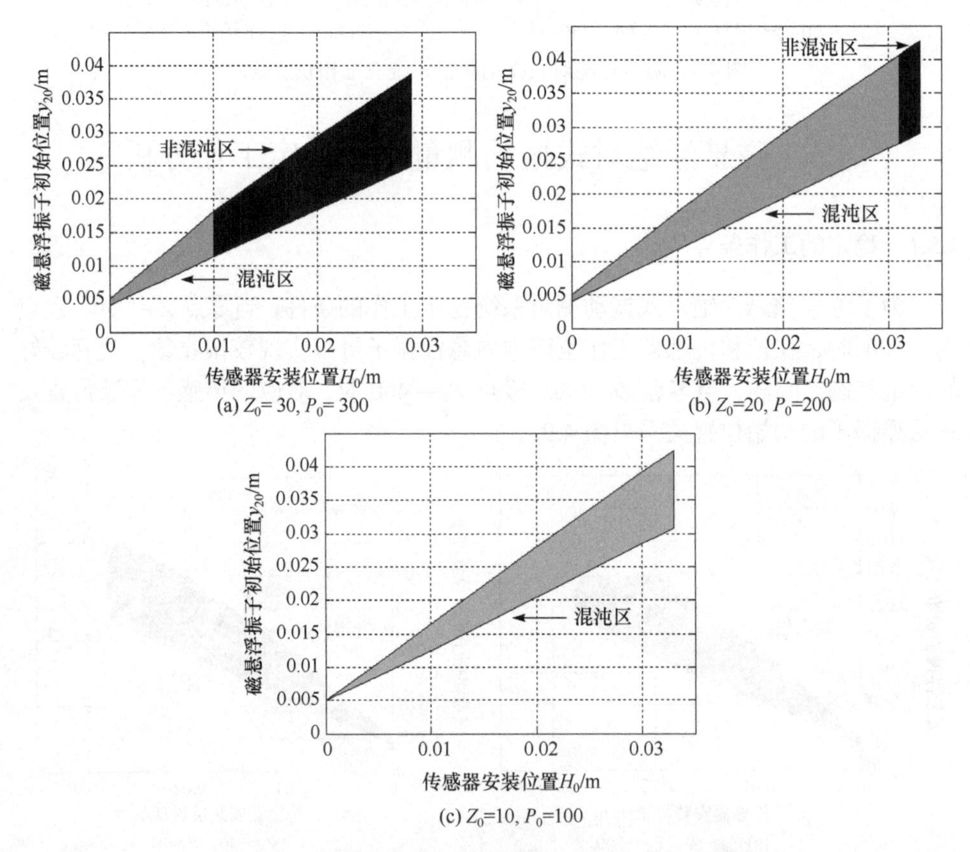

图 4.10　磁悬浮绝对式振动测量系统混沌产生的区域

以上表明，零、极点较大时系统工作状态良好，参数范围内均对应稳定工作区，即非混沌区；零、极点较小时出现混沌区。当系统处于混沌区时很容易失衡。为了对磁悬浮振子运动的稳定区域进行比较，将进一步研究磁悬浮振子在什么条件下能够实现稳定平衡，以便得出磁悬浮绝对式振动测量系统的最佳参数。

4.6　不同零、极点的工作状况

为便于比较，零点和极点取不同数值时，能够使磁悬浮振子稳定平衡的位移传感器安装位置 H_0 和能够实现系统平衡的振子初始位置 y_{20} 的区域见图 4.11。

由图 4.11 可见：零点 Z_0 较小时，系统稳定区域较小，对应非混沌区的位移传感器安装位置 H_0 上限较大，悬浮振子平衡的初始位置 y_{20} 范围较小。

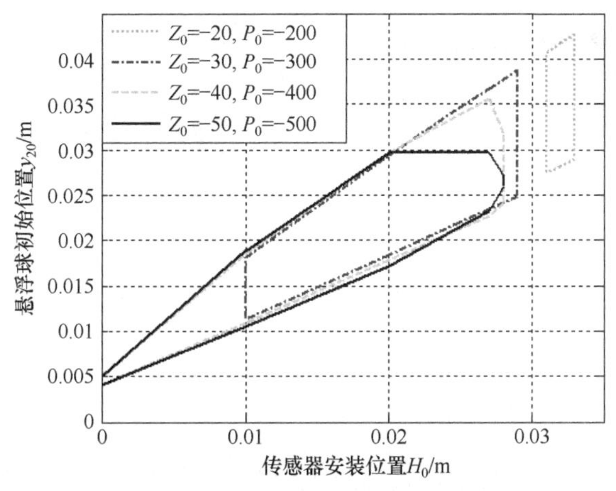

图 4.11　不同零、极点的稳定区域

影响磁悬浮振子稳定的因素很多，包括位移传感器的安装位置、红外光电位移传感器灵敏度、电压增益、不同时刻环境红外光的变化、电压放大倍数、微分电路 PD 参数、电流放大倍数、电磁铁电流与力的系数以及磁悬浮振子初始位置等。为便于研究影响磁悬浮系统稳定的主要因素，以位移传感器的安装位置、微分电路 PD 参数和磁悬浮振子初始位置为变化量，假定其他因素固定不变。

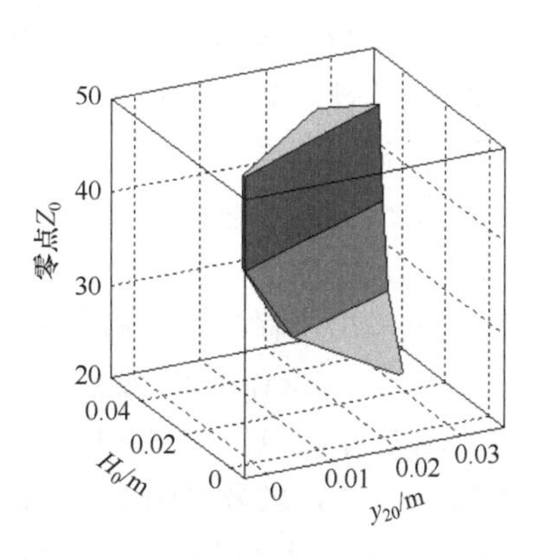

图 4.12　不同零点和极点、位移传感器安装位置、磁悬浮振子初始位置稳定区域

图 4.12 为磁悬浮振子稳定平衡的条件与位移传感器的安装位置、微分电路 PD 参数和磁悬浮振子初始位置的关系。

图 4.12 中，y_{20} 为磁悬浮振子的初始位置，H_0 为位移传感器的安装位置。图中显示的区域为磁

悬浮绝对式振动测量系统能够稳定平衡的区域[5]。

4.7　随 PD 参数变化的分岔图

固定磁悬浮绝对式振动测量系统位移传感器的安装位置 H_0=0.0225m，磁悬浮振子的初始位置 y_{20}=0.0255m，磁悬浮振子的位移轨迹随系统 PD 参数即零、极点变化的分岔图，对于不同的输出，磁悬浮振子位移和磁悬浮振子速度的分岔图见图 4.13。

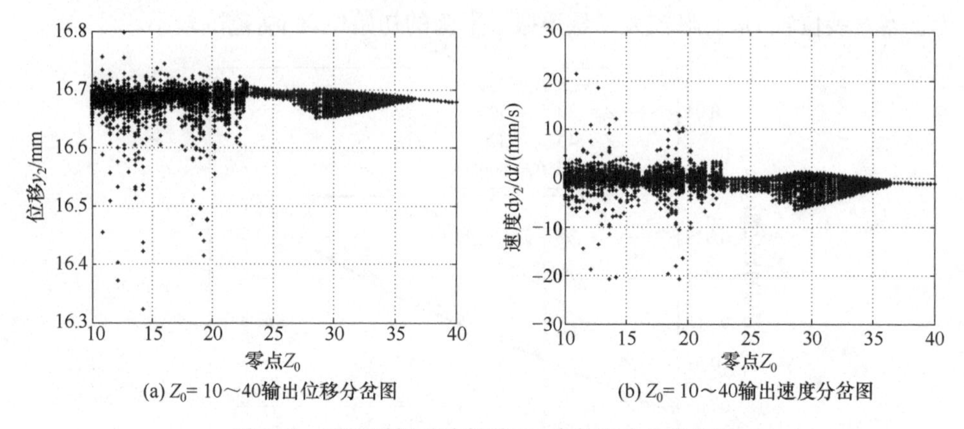

(a) Z_0= 10～40输出位移分岔图　(b) Z_0= 10～40输出速度分岔图

图 4.13　磁悬浮振子映射随 PD 参数变化的分岔图

图 4.13(a)为磁悬浮振子位移随不同 PD 参数即不同零、极点的分岔图，图 4.13(b)为磁悬浮振子速度随不同 PD 参数即不同零、极点的分岔图。由图可见系统零、极点参数与系统工作稳定性的关系。当 Z_0>37 时，磁悬浮振子的位移和速度都呈单值特性，随着零点数值的减小，系统输出的位移和速度呈现倍周期的特性，随之变成多周期的特性，系统近似准周期工作方式，与前面的分析结果相同；当 Z_0=23～27 时，系统输出位移减小。但零、极点进一步减小时系统输出位移和速度均加大，并且出现对应某些零、极点值时剧烈振荡的状况，系统进入混沌区。系统 PD 参数对于系统吸引子具有动态调节功能，即具有可改变动态输出位移和动态输出速度的功能。为使系统能够稳定工作，应设计 Z_0>37。

由图 4.13(a)可见，磁悬浮振子位移分岔图剧烈变化区间更趋向于小位移，即磁悬浮振子与电磁铁之间的距离减小时磁悬浮振子剧烈振动；由图 4.13(b)可见，磁悬浮振子速度分岔图随不同的系统 PD 参数较均匀地分布在正、负速度的两个区域。在 Z_0=10～23 时，个别点取值出现剧烈振荡；当 Z_0>37 时，磁悬浮振子工作十分稳定，没有出现波动的情况。

为了看清楚磁悬浮振子由稳定工作状态变成准周期和混沌的变化过程，这里给出了图 4.13 中 Z_0=36.4～36.7 时的磁悬浮振子位移和速度的细节分岔图，见

图 4.14。

图 4.14(a)为磁悬浮振子位移细节分岔图，图 4.14(b)为磁悬浮振子速度细节分岔图。由图可见，在零点 Z_0<36.66 时，振子位移和速度均出现了倍周期增长的现象，振子出现了周期性的摆动，且振幅不断增加。倍周期的现象也具有一般混沌的特性[6]。系统由稳定到不稳定经历了经过临界点之后逐渐不稳定的一个连续变化的过程。

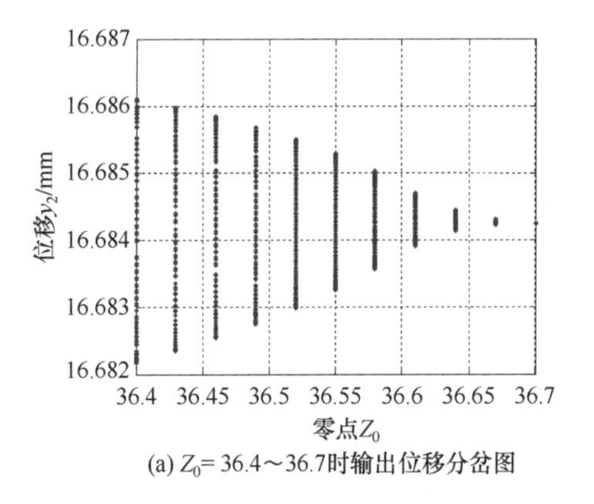

(a) Z_0= 36.4～36.7时输出位移分岔图

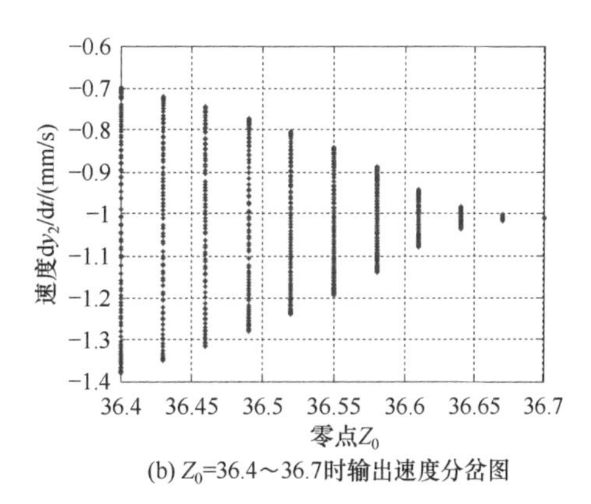

(b) Z_0=36.4～36.7时输出速度分岔图

图 4.14　磁悬浮振子映射随 PD 参数变化细节分岔图

4.8 本 章 小 结

本章阐述了磁悬浮绝对式振动测量中的混沌特性、混沌变化规律及避免系统出现混沌的方法，获得了磁悬浮绝对式振动测量的吸引子。通过对磁悬浮振子吸引子的研究可以了解混沌产生的初始区间，应避开混沌区以实现磁悬浮振子的稳定运动，可作为磁悬浮绝对式振动测量系统设计的重要参考。另外，对磁悬浮绝对式振动测量系统三维相轨迹图和分岔图进行了分析，最终给出了磁悬浮绝对式振动测量系统的最优参数。

参 考 文 献

[1] Zhu J L, Jiang D, Gao H Q. Nine-dimensional eight-order chaotic system and its circuit implementation[C]. International Conference on Intelligent Mechanics and Materials Engineering, Shenzhen, 2014: 1346-1351.

[2] 江东，张静，杨嘉祥. 磁悬浮振动测试系统的混沌运动[J]. 仪器仪表学报，2014, 35(10): 2177-2183.

[3] 马凤莲，江东，张翔，等. 混合磁悬浮球系统吸引子及稳定性研究[J]. 电机与控制学报，2012, 16(8): 11-16.

[4] Liu X K, Jiang D, Kong D S, et al. Chaotic identification of maglev vibration measurement

system based on neural network[C]. IEEE 12th International Conference on Electronic Measurement & Instruments, Yangzhou, 2017: 349-355.
[5] 江东, 孔德善, 刘绪坤, 等. 磁悬浮系统仿真及混沌特性研究[J]. 系统仿真学报, 2017, 29(3): 572-580.
[6] 柏逢明. 混沌电子学[M]. 北京: 科学出版社, 2014.

第 5 章　磁悬浮绝对式振动测量系统的阻尼特性

实际运动系统不可避免地会存在阻尼，当给系统外加初始激振后，在无外加振动的情况下，一般系统存在着机械能耗散，原始振动将逐渐衰减；在有外加振动的情况下，也存在着与外加运动方向相反的力阻碍外加振动，这些均是存在系统机械能耗散的结果。对于磁悬浮绝对式振动测量系统，惯性质量块在某个方向运动过程中同样存在着阻尼的因素。磁悬浮绝对式振动测量系统中振子虽然处于悬浮状态，一定程度上克服了机械接触摩擦，但仍然存在着阻尼因素，除了空气等引起的空气摩擦产生阻尼外，控制振子平衡状态的电子电路客观上也起到阻尼的作用，属于电磁阻尼，而且其作用十分明显，超过空气的阻尼作用。因此，该测量系统的阻尼主要是电磁阻尼，而且为了保持振子的悬浮必须要有一定的阻尼。但若阻尼过大，振子反应迟钝，不能及时调节振子所受的重力作用及外界振动干扰，不利于振子的平衡控制，严重时甚至造成系统不稳定，使测量系统无法正常工作；若阻尼过小，振子在超前控制下反应剧烈，振子的剧烈振动同样会破坏系统的平衡[1]。同时系统的阻尼还会影响系统的振动测量结果，造成测量结果的失真。为了测量较大振幅的振动，需要使系统的阻尼适当加大以提高系统的抗冲击能力；同样，为了测量微小振动，设计时不能使系统的阻尼过大。在测量较大振幅的振动时，也可采用物理阻尼的方法提高系统的抗冲击能力。对于计算机构成的磁悬浮绝对式振动测量系统，系统的阻尼可以通过编程来实现。

5.1　阻尼概念及阻尼类型

5.1.1　无阻尼自由振动

机械系统中的运动物体受到摩擦等具有阻碍运动作用的因素称为阻尼，系统存在着机械能的耗散，此类系统称为非保守系统。而保守系统不存在机械能的耗散，当给保守系统施加一个起始力时，在无外加激振作用的情况下系统中的机械能守恒，动能和势能相互转化，振子将一直处于等幅的振荡状态[2]。

无阻尼质量-弹簧系统即保守系统，其工作示意图见图 5.1。

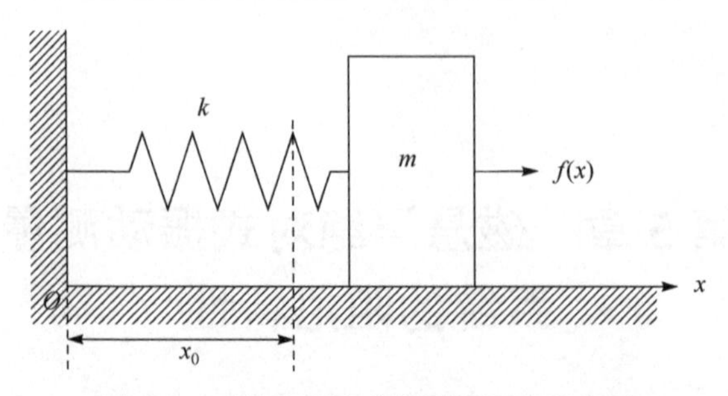

图 5.1　无阻尼质量-弹簧系统工作示意图

图 5.1 中，m 为振子的质量，k 为弹簧的刚度系数，单位为 N/m，x_0 为弹簧平衡位置。弹簧所受弹力与弹簧离开平衡点的位移成正比，方向相反，即

$$f(x)=-k(x-x_0) \tag{5-1}$$

保守系统没有阻力，即系统处于无阻尼的情况，根据牛顿第二定律，有

$$f(x)=-k(x-x_0)=m\frac{\mathrm{d}^2x}{\mathrm{d}t^2} \tag{5-2}$$

式(5-2)为常系数线性齐次微分方程，其本征值为 $r=\pm\mathrm{i}\sqrt{\frac{k}{m}}$，方程的通解为

$$x=C_1\cos\sqrt{\frac{m}{k}}t+C_2\sin\sqrt{\frac{m}{k}}t+x_0 \tag{5-3}$$

设初始 $t=t_0=0$ 时刻，质量块位移 $x(0)=x_1$，即质量块初始释放时的位移，初始质量块速度 $\frac{\mathrm{d}x(0)}{\mathrm{d}t}=v_0$，则有

$$\begin{cases} C_1=x_1-x_0 \\ C_2=v_0\sqrt{\dfrac{m}{k}} \end{cases} \tag{5-4}$$

微分方程(5-2)的解为

$$x=(x_1-x_0)\cos\sqrt{\frac{k}{m}}t+v_0\sqrt{\frac{m}{k}}\sin\sqrt{\frac{k}{m}}t+x_0 \tag{5-5}$$

方程整理后可得

$$x=\sqrt{(x_1-x_0)^2+\frac{mv_0^2}{k}}\cos\left[\sqrt{\frac{k}{m}}t+\arctan\left(\frac{x_1-x_0}{v_0}\sqrt{\frac{k}{m}}\right)\right]+x_0 \tag{5-6}$$

振子将围绕着平衡点 x_0 做等幅的自由振荡，无阻尼自由振荡的角频率为

$$\omega_n = \sqrt{\frac{k}{m}} \tag{5-7}$$

式中，ω_n 为系统的固有角频率，单位为 rad/ s，由系统自身参数决定。

设振子的初始位移距弹簧平衡位置Δx 等于 1mm。无阻尼时振子的运动波形如图 5.2 所示。

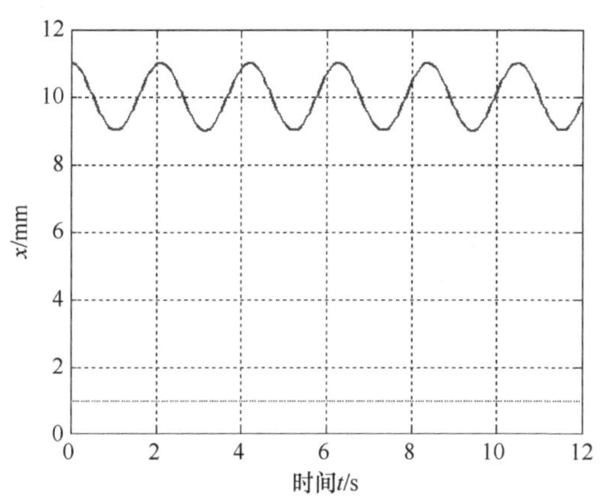

图 5.2　无阻尼时振子的运动波形

由图 5.2 可知，在无阻尼状态下，振子的幅值将一直保持不变，振子处于等幅的正弦运动状态，称为简谐振动。

5.1.2　有阻尼自由振动

有阻尼质量-弹簧系统工作示意图见图 5.3。

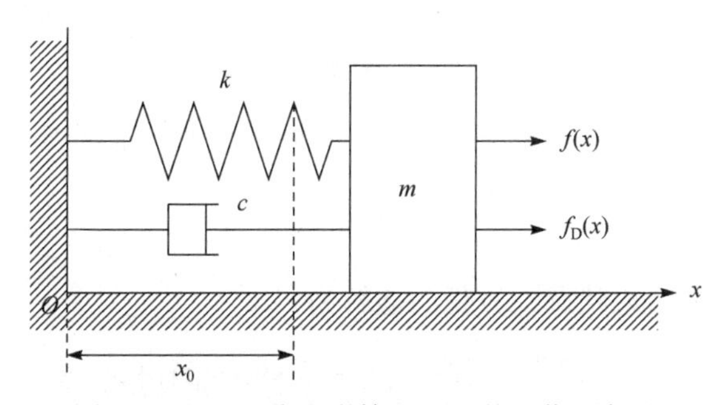

图 5.3　有阻尼质量-弹簧-阻尼系统工作示意图

与无阻尼自由振动相比，有阻尼系统属于非保守系统，存在摩擦，如空气阻力、流体阻力或电磁阻力等，因此系统存在着机械能的耗散，自由振动振幅趋于逐步衰减。按照定义，黏性阻尼力与质量块的运动速度成正比，黏性阻尼力与振子运动速度关系见图 5.4。

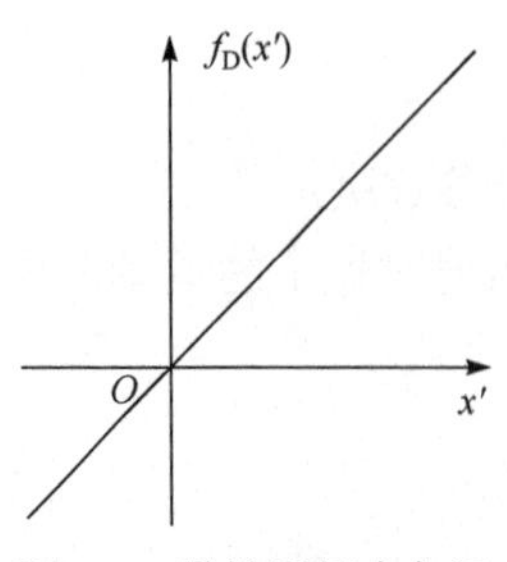

图 5.4　黏性阻尼力与运动速度关系

在一定的速度范围之内，接触产生的摩擦力和黏性流体介质的阻力可近似为黏性阻尼性质。设图 5.3 中有阻尼质量-弹簧-阻尼系统的阻尼为黏性阻尼，即

$$f_D(x') = -c\frac{\mathrm{d}x}{\mathrm{d}t} \tag{5-8}$$

式中，f_D 为阻尼力；c 为阻尼力系数，与接触面积和润滑等系统材料有关。

对于系统是非保守系统，即有阻尼存在的情况下，根据牛顿第二定律，有

$$m\frac{\mathrm{d}^2 x}{\mathrm{d}t^2} + c\frac{\mathrm{d}x}{\mathrm{d}t} + k(x - x_0) = 0 \tag{5-9}$$

式(5-9)为常系数齐次线性微分方程。令系统的固有角频率 $\omega_n = \sqrt{\frac{k}{m}}$，系统的阻尼系数 $\delta = \frac{c}{2m}$，阻尼比 $\zeta = \frac{\delta}{\omega_n}$，即系统的阻尼系数与固有角频率之比。式(5-9)可表示为

$$\frac{\mathrm{d}^2 x}{\mathrm{d}t^2} + 2\delta\frac{\mathrm{d}x}{\mathrm{d}t} + \omega_n^2(x - x_0) = 0 \tag{5-10}$$

其本征方程为

$$r^2 + 2\zeta\omega_n r + \omega_n^2 = 0 \tag{5-11}$$

解出其本征值为

$$r_{1,2} = -\delta \pm \mathrm{i}\omega_d \tag{5-12}$$

式(5-12)中的虚部 $\omega_d = \omega_n\left(1 - \zeta^2\right)$ 为有阻尼状态下的系统固有角频率，其值小于无阻尼自由振荡系统的固有角频率 ω_n。

1) 欠阻尼状态

当 $\zeta < 1$ 时为欠阻尼状态，方程的通解为

$$x = \mathrm{e}^{-\delta t}\left(C_1\cos(\omega_d t) + C_2\sin(\omega_d t)\right) + x_0 \tag{5-13}$$

方程整理后可得

$$x = A\mathrm{e}^{-\delta t}\sin\left(\omega_d t + \varphi\right) \tag{5-14}$$

其中方程的振幅和初相位为

$$
\begin{cases}
A=\sqrt{x(0)^2+\left(\dfrac{\dfrac{\mathrm{d}x(0)}{\mathrm{d}t}+\delta x(0)}{\omega_\mathrm{d}}\right)^2}\\
\varphi=\arctan\left(\dfrac{\omega_\mathrm{d}x(0)}{\dfrac{\mathrm{d}x(0)}{\mathrm{d}t}+\delta x(0)}\right)
\end{cases}
\tag{5-15}
$$

欠阻尼状态下振子的振动幅度逐渐衰减，振子的变化过程见图 5.5(a)。

2) 过阻尼状态

当$\zeta>1$时系统为过阻尼工作状态，其本征值为两个不相等的实根r_1和r_2，振子方程的通解为

$$
x=C_1\,\mathrm{e}^{-r_1t}+C_2\,\mathrm{e}^{-r_2t}
\tag{5-16}
$$

过阻尼状态下振子的运动为衰减的非往复运动。当$\zeta=1$时系统为欠阻尼至过阻尼之间的临界阻尼状态，其本征值为两个相等的实根$r_1=r_2=r$，振子方程的通解为

$$
x=\left(C_1+C_2t\right)\mathrm{e}^{-\omega_\mathrm{n}t}
\tag{5-17}
$$

此种情况下振子的运动为衰减的非往复运动，过阻尼振子的运动波形见图 5.5(b)。

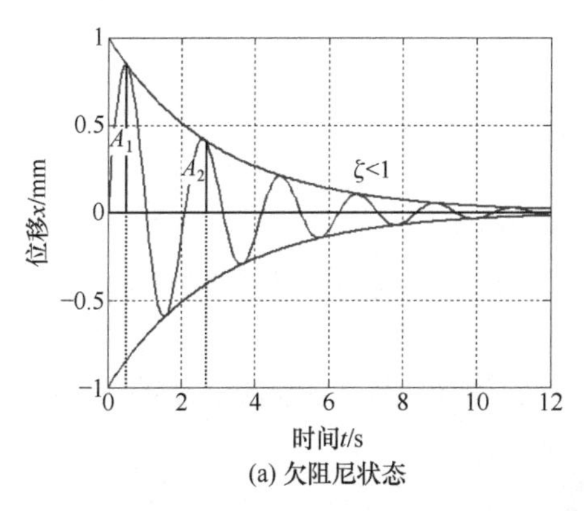

(a) 欠阻尼状态

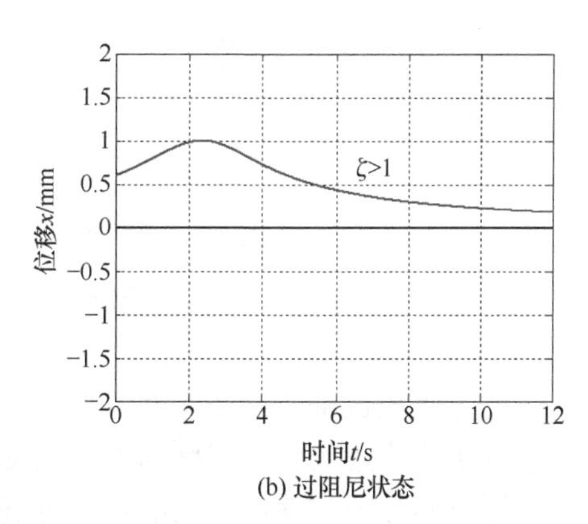

(b) 过阻尼状态

图 5.5　欠阻尼和过阻尼振子的运动波形

由图 5.5 可见，在欠阻尼状态，振子处于逐渐衰减的往复运动状态，随着时间进程，振子逐渐趋于平衡位置；在过阻尼状态，振子处于逐渐衰减的非往复运动状态。

5.1.3　阻尼的其他类型

实际还存在一些数学关系比较复杂的阻尼，称为非黏性阻尼。非黏性阻尼与黏性阻尼的不同点是振子的阻尼力与运动速度不成正比。对于非黏性阻尼的分析一般采用等效黏性阻尼的方法，即令一个周期的非黏性阻尼耗散的能量等于黏性阻尼一个周期耗散的能量，该方法称为等效阻尼方法。

1) 干摩擦阻尼

干摩擦阻尼即非黏性阻尼。干摩擦阻尼的摩擦力与接触物体的正压力成正比，但与运动速度相反。干摩擦阻尼力与正压力及速度之间的关系可表示为

$$f_{\mathrm{M}}=\begin{cases}-\mu F_{\mathrm{N}}, & v>0\\ 0, & v=0\\ \mu F_{\mathrm{N}}, & v<0\end{cases} \tag{5-18}$$

干摩擦阻尼力 f_{M} 与正压力 F_{N} 及速度 v 的关系见图 5.6。

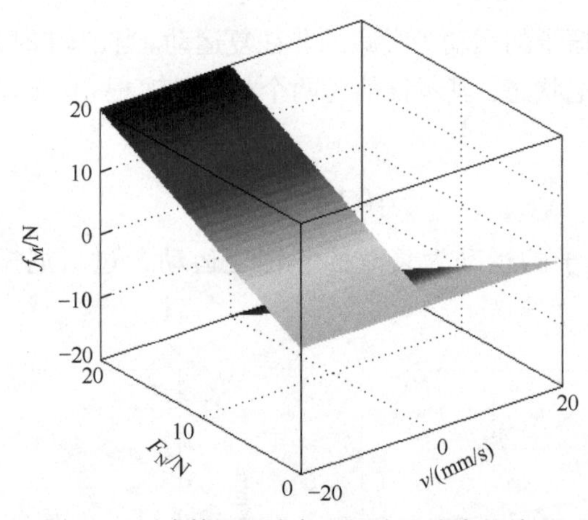

图 5.6　干摩擦阻尼力与正压力及速度的关系

由图 5.6 可见，干摩擦力数值与正压力成正比，方向与运动速度方向相反。

2) 平方阻尼

平方阻尼也是一种非黏性阻尼。低黏度的流体介质即平方阻尼，其阻尼力与速度的平方成正比，与速度的方向相反。

平方阻尼力与速度之间的关系可表示为

$$f_{\mathrm{P}}=\begin{cases}-k\left(\dfrac{\mathrm{d}x}{\mathrm{d}t}\right)^{2}, & v>0\\ 0, & v=0\\ k\left(\dfrac{\mathrm{d}x}{\mathrm{d}t}\right)^{2}, & v<0\end{cases} \tag{5-19}$$

平方阻尼力与速度的关系见图 5.7。

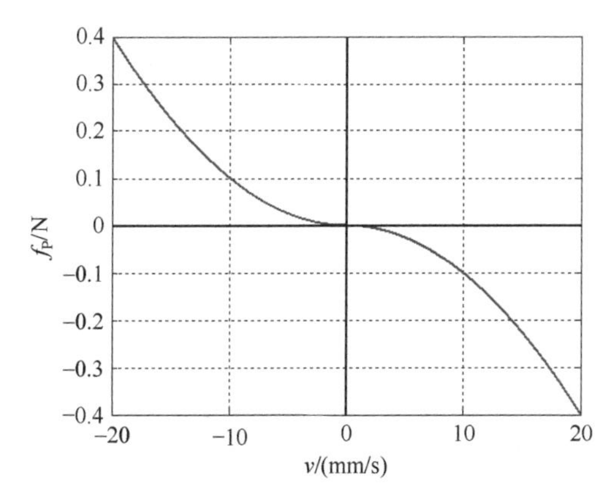

图 5.7　平方阻尼力与速度的关系

由图 5.7 可见，平方阻尼力的数值与速度的平方成正比，阻尼力的方向与运动速度的方向相反。低黏度的流体介质特性近似这种关系，当物体在此种低黏度的流体介质中运动且速度较大时，其摩擦力与速度近似呈平方关系，平方阻尼力的方向与运动方向相反。

3) 结构阻尼

结构阻尼也是一种非黏性阻尼。对于非完全弹性材料，由于存在内摩擦，在变形过程中其应力与应变之间具有滞环特性，此类阻尼称为结构阻尼。结构阻尼力 f_Y 与应变的关系如图 5.8 所示。

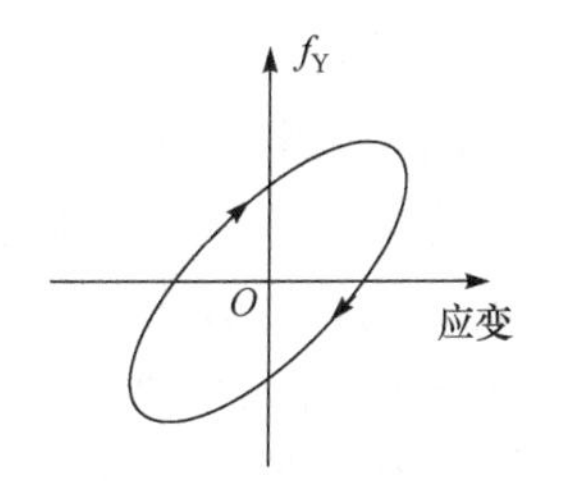

图 5.8　结构阻尼力 f_Y 与应变的关系

在一定条件下非黏性阻尼可以等效为黏性阻尼。等效的原则是在一个周期内，非黏性阻尼耗散的能量等于等效黏性阻尼耗散的能量。这样，便实现了一个局部的等效黏性阻尼的线性化处理。

5.2　磁悬浮绝对式振动测量系统的阻尼

磁悬浮绝对式振动测量系统的阻尼与传统绝对式振动测量系统的阻尼不同，它是通过电子电路实现的，而传统绝对式振动测量系统的阻尼是由物理介质实现的。因此，磁悬浮绝对式振动测量系统的阻尼可以通过电子元件的调节来改变。系统阻尼电路其实就是磁悬浮绝对式振动测量系统的超前控制电路[3]，见图 5.9。

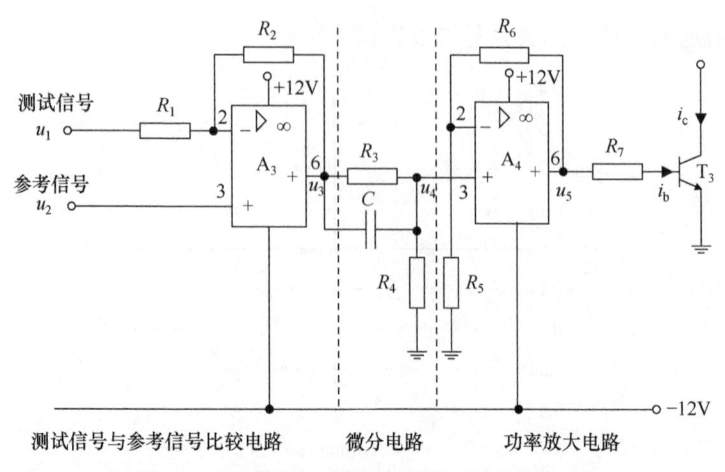

图 5.9　磁悬浮绝对式振动测量系统阻尼电路

图 5.9 为磁悬浮绝对式振动测量系统阻尼电路，包括测试信号与参考信号比较电路、微分电路和功率放大电路。其中，参考信号是环境红外光电位移传感器的输出信号，比较器 A_3 的作用是消除环境红外光的影响，当环境红外光增强时，参考信号增强，具有抵消环境红外光影响的作用；R_3、R_4 和 C 组成微分电路起超前 PD 控制的作用以提高系统的响应速度，使磁悬浮振子能够快速进入稳定区，同时也是阻尼电路部分；A_4 构成同相放大电路，与功放三极管 T_3 等构成功率放大电路完成电流放大和功率放大的作用。

磁悬浮振子的绝对运动用 y_0 表示，$y_0 = y_1 - y_2$，其中 y_1 为振动测量模型随被测振动的位移，y_2 为磁悬浮振子与电磁铁之间的位移，当被测振动达到一定频率(一般为几赫兹)时，振子的相对位移近似等于被测振动体的振动频率。由牛顿第二定律得到平衡点附近磁悬浮振子的运动方程为

$$f(i, y_2) - mg = m\frac{\mathrm{d}^2 y_0}{\mathrm{d}t^2} \tag{5-20}$$

平衡点处磁力与重力相等，即 $f(i_0, y_{20}) = mg$，将振子所受磁力线性化式(3-7)代入式(5-20)，经过整理可得

$$0.198\frac{\mathrm{d}^2 \Delta y_2}{\mathrm{d}t^2} + 4.91\Delta i - 190.32\Delta y_2 = -0.198\frac{\mathrm{d}^2 \Delta y_1}{\mathrm{d}t^2} \tag{5-21}$$

式中，Δy_1 为被测振动体的振幅；Δy_2 为磁悬浮振子的相对位移。

红外接收器测量电压与位移的灵敏度用 C_I 表示，实测 $C_I = 82.4\text{V/mm}$，三极管电流放大系数为 β，由图 5.9 推导得

$$\Delta i = \beta R_4 C_I C \frac{R_5 + R_6}{R_5 R_7} \frac{\mathrm{d}\Delta y_2}{\mathrm{d}t} + \beta R_4 C_I \frac{R_5 + R_6}{R_3 R_5 R_7} \Delta y_2 \tag{5-22}$$

电路元件及取值如表 5.1 所示。

表 5.1　电路元件及取值

元件	取值	元件	取值
R_3	150kΩ	R_7	300Ω
R_4	22kΩ	C	0.1μF
R_5	1.5kΩ	β	50
R_6	370kΩ	C_I	82.4V/mm

代入电路元件值并整理得到磁悬浮振子的运动方程为

$$0.198\frac{\mathrm{d}^2\Delta y_2}{\mathrm{d}t^2} + 36.76\frac{\mathrm{d}\Delta y_2}{\mathrm{d}t} + 2260.48\Delta y_2 = -0.198\frac{\mathrm{d}^2\Delta y_1}{\mathrm{d}t^2} \tag{5-23}$$

该方程为常系数线性微分方程，其形式与质量-弹簧-阻尼系统质量块的运动方程相同，说明磁悬浮系统可以实现绝对式振动测量。

由式(5-22)经推导得到系统阻尼率为

$$\xi = \frac{2.489\beta R_4 C_I C\left(R_5 + R_6\right)}{R_5 R_7 \sqrt{\dfrac{\beta R_4 C_I\left(R_5 + R_6\right)}{R_3 R_5 R_7} - 38.78}} \tag{5-24}$$

代入元件值，得到 $\xi = 0.8683$ 。根据振动测试理论，最优测量时测量系统应处于微欠阻尼状态。为了实现系统最佳阻尼，需要对振动测量系统阻尼进一步分析。为了研究不同参数下系统阻尼特性，建立磁悬浮绝对式振动测量系统阻尼仿真模型，见图 5.10。

通过仿真模型，不同阻尼率对应的磁悬浮振子的运动波形见图 5.11。

由仿真得出，①和④是系统因过阻尼和欠阻尼处于失衡的临界点。磁悬浮测振与质量-弹簧-阻尼系统测振不同的是，过阻尼和欠阻尼将造成系统失衡而不能工作。过阻尼情况将使磁悬浮振子的运动过于迟钝，控制系统无法及时调整磁悬浮振子的位置；欠阻尼情况将会造成磁悬浮振子剧烈振动，同样无法实现有效控制而使系统不能达到平衡。②和③是磁悬浮振子可在平衡点附近稳定悬浮，实现振动测量。

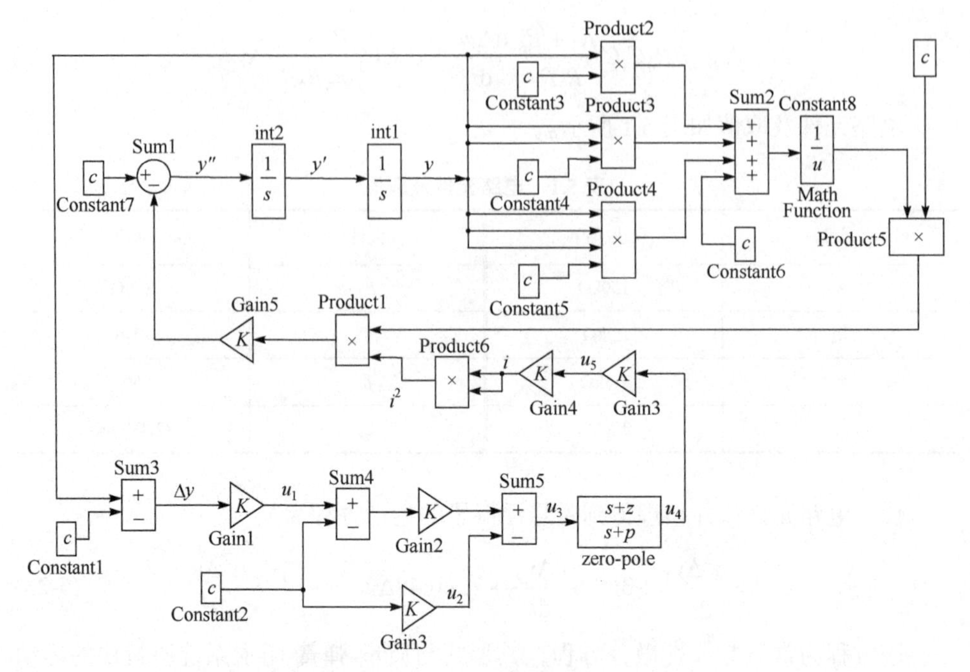

图 5.10　磁悬浮绝对式振动测量系统阻尼仿真模型

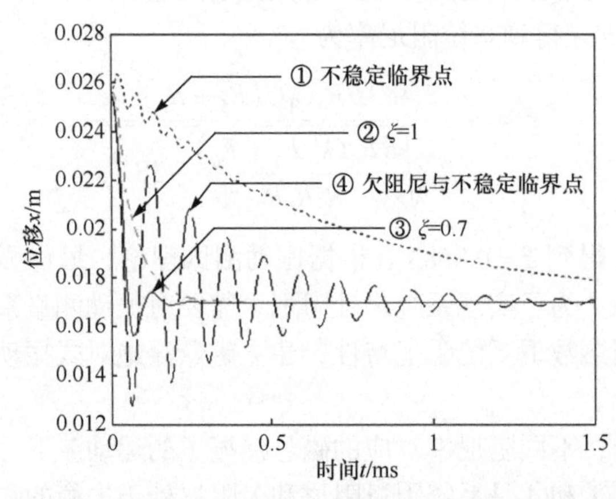

图 5.11　不同阻尼率对应的磁悬浮振子的运动波形

设 $R_4 = 22\text{k}\Omega$，阻尼率 ξ 与电阻 R_3 和电容 C 的关系见图 5.12。

由图 5.12 可见，R_3 和 C 越大，ξ 越大；当 R_3 较小时，C 对 ξ 的影响大；正常工作时应在 $0.6 < \xi < 0.8$ 条件下选取 R_3 和 C 的数值，如 $C = 0.1\mu\text{F}$，$R_3 = 105\text{k}\Omega$。

计算得 R_3 对 ξ 的变化率为

$$\frac{\mathrm{d}\xi}{\mathrm{d}R_3} = 3.89 \times 10^{-6} \tag{5-25}$$

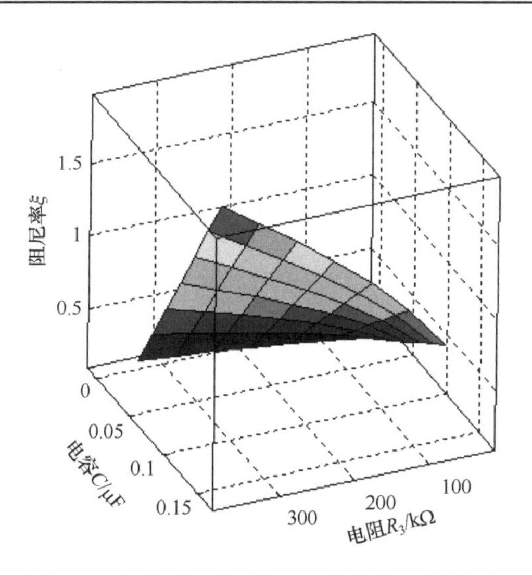

图 5.12　阻尼率 ξ 与电阻 R_3 和电容 C 的关系

设 $R_3 = 150\text{k}\Omega$，阻尼率 ξ 与电阻 R_4 和电容 C 的关系见图 5.13。

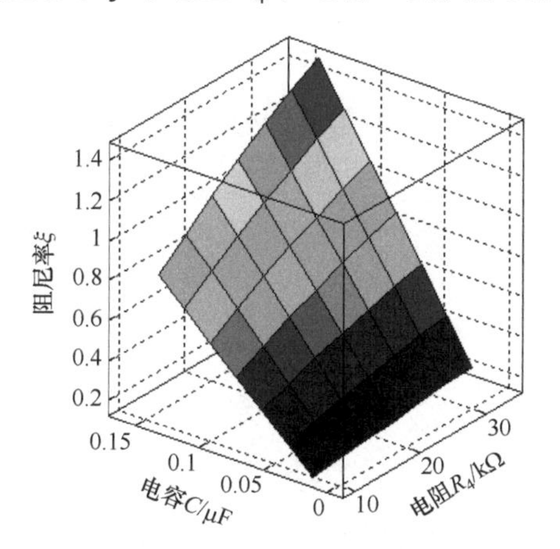

图 5.13　阻尼率 ξ、电阻 R_4 和电容 C 的关系

由图 5.13 可见，R_4 和 C 越大，ξ 越大；当 R_4 取不同值时，C 对 ξ 的影响变化不大；正常工作时应在 $0.6 < \xi < 0.8$ 条件下选取 R_4 和 C 的数值，如 $C = 0.1\mu\text{F}$，$R_4 = 13.5\text{k}\Omega$。

计算得到 R_4 对 ξ 的变化率为

$$\frac{\mathrm{d}\xi}{\mathrm{d}R_4} = 1.42 \times 10^{-5} \tag{5-26}$$

可见，R_4 对 ξ 的影响比 R_3 大。

设 $\xi = 0.7$，C 与 R_3 和 R_4 对应的二维等电容见图 5.14。

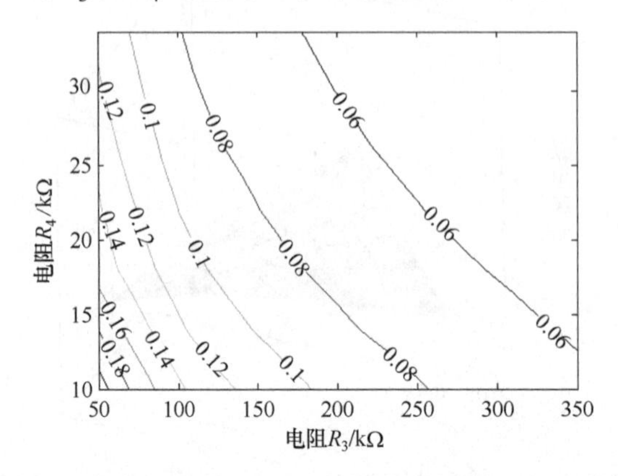

图 5.14　阻尼率为 0.7 时与 R_3 和 R_4 对应的二维等电容 C(单位：μF)

图 5.14 中取 $C = 0.1\mu F$、$R_3 = 105k\Omega$ 时，有 $R_4 = 22k\Omega$。

为了考察磁悬浮振子达到平衡点过程的情况，用相轨迹方法研究磁悬浮振子邻近平衡点时速度和位移的变化情况。当 $C = 0.1\mu F$、$R_3 = 33.3k\Omega$、$R_4 = 3.7k\Omega$ 时，计算阻尼率 $\xi = 0.1701$，为欠阻尼状态，其相轨迹见图 5.15(a)；当 $C = 0.1\mu F$、$R_3 = 105k\Omega$、$R_4 = 22k\Omega$ 时，阻尼率 $\xi = 0.7175$，为微欠阻尼状态，其相轨迹见图 5.15(b)。

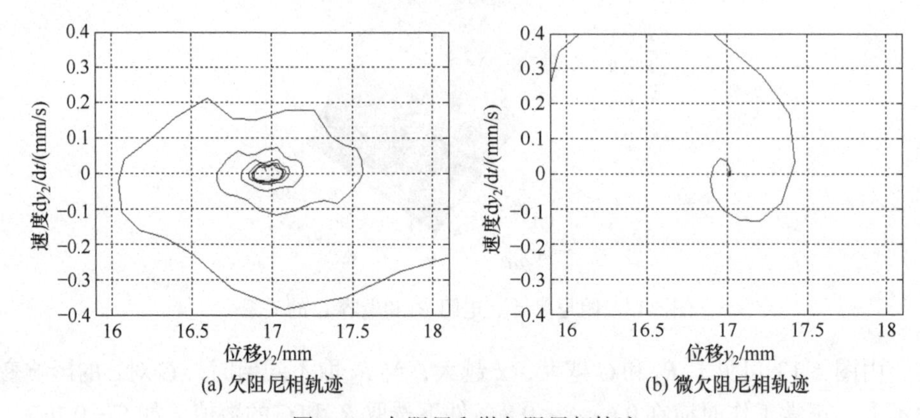

图 5.15　欠阻尼和微欠阻尼相轨迹

图 5.15(a)显示欠阻尼状态下磁悬浮振子出现了准周期的剧烈振荡，将造成系统无法正常工作；图 5.15(b)显示磁悬浮振子处于微欠阻尼状态，此时系统能快速达到平衡。

欠阻尼和微欠阻尼状态下的波形见图 5.16。

图 5.16(a)显示欠阻尼状态下磁悬浮振子在平衡点附近准周期振荡，无法完成

振动测量，需要设计增加系统的阻尼；图 5.16(b)为微欠阻尼状态，磁悬浮振子处于动态平衡，并且系统能快速达到平衡，可以实现外加振动的测量。

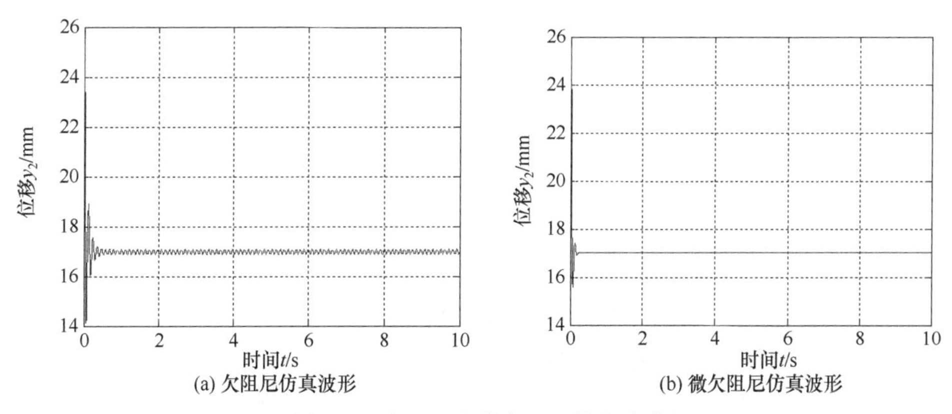

图 5.16　欠阻尼和微欠阻尼仿真波形

静态实验中使磁悬浮振子处于微欠阻尼状态，得到的稳定仿真波形和实测波形见图 5.17。

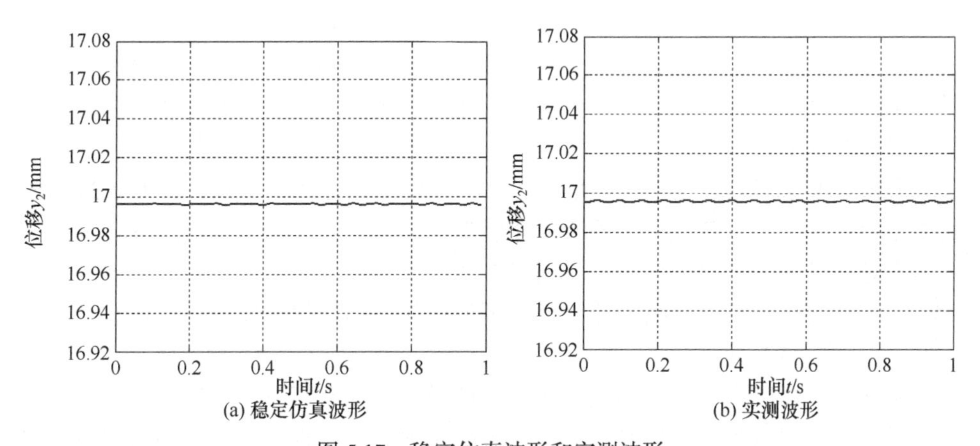

图 5.17　稳定仿真波形和实测波形

由图 5.17 可见，平衡点附近仿真波形和实测波形近似相同。因此，磁悬浮振子处于微欠阻尼状态时可实现绝对振动测量。

实际振动测量中，影响磁悬浮振子平衡的因素还有很多，如红外发射器和红外接收器的安装位置、磁悬浮振子初始工作条件以及光电位移传感器灵敏度等，其中阻尼率对系统稳定工作的影响最大。

5.3 磁悬浮绝对式振动测量系统的物理阻尼

由以上分析可知磁悬浮绝对式振动测量系统中 PD 超前控制具有系统电磁阻尼的作用，是实现系统平衡的重要条件，电路参数必须要在一定范围才能使系统实现平衡，电路参数决定了系统工作的稳定性，并在测量外加振动时决定了系统的测量刚度。在测量振动幅度较大的情况下，可能因被测振幅过大而破坏系统的平衡，致使系统无法正常工作。为了提高系统测量较大振动幅度时的抗冲击能力，仅凭电子阻尼可能无法克服大幅振动造成的系统失衡，需要外加物理阻尼以扩大系统的刚度，使系统具有更大的幅值振动测量的动态范围。

外加物理阻尼可以采用机油等黏性物质实现，将磁悬浮振子浸泡在装有机油的密闭容器内，由于机油属于黏性较大的液体，其产生的阻尼力也较大。当无外界振动时，由于振子的浮力，系统的振子平衡点在无机油阻尼平衡点的上方；当有外界振动时，振子受机油阻尼作用，阻尼增大，避免在平衡点附近较剧烈地振动，可以稳定系统的工作。机油阻尼的作用较为明显，可大大拓宽被测振动幅值的上限测量范围。由于只是将振子浸泡于机油的密闭容器内，电路的其他部分不在其内，实际上还是易于实现的。在系统工作于较大幅度的外界振动情况下，密闭容器内的机油可能会出现浪涌，因此，应将容器内的机油装满并密闭以避免该浪涌现象的发生。

采用机油阻尼的方法由于阻尼力较大，不利于微振动的测量。此时可采用较低黏度的液体介质，较低黏度的液体介质阻尼力较小，在振子较低速的运动时作用不明显，可用于微振动测量中。当然在更低的微振动测量中，由于外界的振动极小，不会破坏系统的平衡，此时可以不加任何液体阻尼，而只是自然地利用空气阻尼，以提高振动测量系统的测量灵敏度。

另外，也可以在振子周围加装铝等非铁磁材料，在振子上加装永磁材料。当无外界振动时，由于振子相对不动，振子的永磁铁磁场在铝等非铁磁材料上无涡流产生，所以没有反作用力，对于系统的平衡没有影响，系统的平衡点保持在原来未加装铝等非铁磁材料时的平衡位置，要使阻尼作用明显，可加装较厚的铝等非铁磁材料；当有外界振动时，铝等非铁磁材料上将有涡流产生，涡流产生的磁场会阻碍振子的运动，且与振子的运动速度成正比，相对运动产生涡流反作用力，克服了振子在平衡点附近较剧烈的振动，拓宽了被测振动幅值的测量范围。铝等非铁磁材料起到耗散系统能量的作用。

在被测振动幅值较大时，为防止振幅过大，导致系统失衡而无法实现振动测量，可在振子上及振子外围分别加装铁磁材料。安装时将异性磁极相对放置，由于铁磁材料的吸引作用，可以稳定系统的工作，助力振子处于平衡点附近。需要注意的是，在安装磁性材料时要避开电磁铁和振子顶部永磁铁的磁场范围，以免破坏系统的工作。

总之，在测量较大幅度的振动时，可以采用一定的物理阻尼方法，以提高振动测量系统的抗冲击能力。

5.4　等效黏性阻尼

黏性阻尼中阻尼力与振子的运动速度成正比，阻尼较为简单，是常用的阻尼方式之一。非黏性阻尼可采用等效黏性阻尼。等效条件是使非黏性阻尼在一个周期耗散的能量等于黏性阻尼一个周期耗散的能量，通过该等式可以求出等效的黏性阻尼系数。

5.4.1　一个周期的耗散能量

黏性阻尼在一个周期耗散的能量为

$$\Delta W = -\oint c\frac{\mathrm{d}x}{\mathrm{d}t}\mathrm{d}x = -\int_0^T c\left(\frac{\mathrm{d}x}{\mathrm{d}t}\right)^2 \mathrm{d}t \tag{5-27}$$

将简谐振动位移方程(5-6)代入可得

$$\Delta W = -\int_0^T c\left(x_{\mathrm{m}}\omega_{\mathrm{n}}\cos\left(\omega_{\mathrm{n}}t+\varphi\right)\right)^2 \mathrm{d}t = -\pi c\omega_{\mathrm{n}}x_{\mathrm{m}}^2 \tag{5-28}$$

式中，x_{m} 为简谐振动的振幅；ω_{n} 为简谐振动的固有角频率。

非黏性平方阻尼在一个周期耗散的能量为

$$\Delta W = -\oint c_{\mathrm{d}}\left(\frac{\mathrm{d}x}{\mathrm{d}t}\right)^2 \mathrm{d}x = -\int_0^T c_{\mathrm{d}}\left(\frac{\mathrm{d}x}{\mathrm{d}t}\right)^3 \mathrm{d}t \tag{5-29}$$

式中，c_{d} 为平方阻尼力系数。

将简谐振动位移方程式(5-6)代入可得

$$\Delta W = -4\int_0^{\frac{T}{4}} c_{\mathrm{d}}\left(x_{\mathrm{m}}\omega_{\mathrm{n}}\cos\left(\omega_{\mathrm{n}}t+\varphi\right)\right)^3 \mathrm{d}t = -\frac{8}{3\pi}c_{\mathrm{d}}\omega_{\mathrm{n}}^2x_{\mathrm{m}}^3 \tag{5-30}$$

由于干摩擦力的数值与正压力成正比，方向与速度方向相反，所以在正压力一定的情况下，阻尼力为常数。干摩擦力一个周期耗散的能量为该干摩擦力常数乘以振子一个周期的行程：

$$\Delta W = -4\mu F_{\mathrm{N}}x_{\mathrm{m}} \tag{5-31}$$

式中，μ 为干摩擦阻尼力系数；F_N 为正压力。

结构阻尼是非完全弹性，阻尼是由变形材料内摩擦产生的。结构阻尼一个周期耗散的能量为滞环曲线的面积，与最大值的平方成正比，为

$$\Delta W = -vx_m^2 \tag{5-32}$$

式中，v 为振子的运动速度。

5.4.2 等效黏性阻尼系数

非黏性平方阻尼的等效黏性阻尼系数为

$$c_{e1} = \frac{8c_d\omega_n x_m}{3\pi} \tag{5-33}$$

干摩擦的等效黏性阻尼系数为

$$c_{e2} = \frac{4\mu F_N}{\pi\omega_n x_m} \tag{5-34}$$

结构阻尼的等效黏性阻尼系数为

$$c_{e3} = \frac{v}{\pi\omega_n} \tag{5-35}$$

这样，通过将非黏性阻尼等效为黏性阻尼，黏性阻尼的所有分析方法皆可用于非黏性阻尼的情况。

5.5 本章小结

本章从原理上分析了磁悬浮绝对式振动测量系统的阻尼。磁悬浮绝对式振动测量系统采用的阻尼主要是电磁阻尼，通过电子电路实现，易于调整。若阻尼过大，振子反应迟钝，不能及时调节振子所受的重力作用及外界振动干扰，可能使磁悬浮绝对式振动测量系统失衡；若阻尼过小，振子在超前控制下会反应剧烈，振子的剧烈振动同样可能破坏系统的平衡。当系统处于欠阻尼状态时，振子可以达到平衡但需要的时间较长，当系统处于微欠阻尼状态时，振子能够快速收敛于平衡位置。通过磁悬浮振子的动力学方程推导阻尼力、电阻和电容的关系可以得到最佳阻尼状态下系统参数的取值范围。

参考文献

[1] Jiang D, Yang J X, Jiang D, et al. Study of balanced stability on the hybrid magnetic levitation ball system[C]. International Conference on Electrical and Control Engineering, Wuhan, 2010: 2009-2012.

[2] 刘延柱, 陈文良, 陈立群. 振动力学[M]. 北京: 高等教育出版社, 2006.
[3] Jiang D, Yang J X, Ma L L, et al. Model building and simulating for hybrid magnetic levitation ball system[C]. International Conference on Mechanic Automation and Control Engineering, Wuhan, 2010: 6105-6108.

第 6 章　磁悬浮绝对式多维振动测量

早期的多维振动传感器一般是在多维相互垂直的方向上各自安装一维振动传感器以实现多维振动测量。该方法结构比较复杂，且安装、调试均比较困难。之后研制出的一体化振动传感器的内部一般均含有一个被弹性部件支撑的惯性质量块。但弹性部件的存在影响了测量振动的频响范围，限制了质量块在多维方向上的运动；而且机械摩擦的存在也影响了振动测量的灵敏度，同时系统存在的静摩擦将产生机械间隙误差，这些都造成了传统方法的多维振动测量的不足。采用磁悬浮效应的多维振动测量方法是将磁悬浮振子作为惯性质量块，由于磁悬浮振子悬浮于空中，不与任何物体相接触，无需弹性支撑部件，所以振子的运动方向不受限制，而且系统的测量灵敏度比较高，可直接输出被测振动体的振动位移信号，便于了解被测振动体的多维振动状态。

6.1　磁悬浮绝对式二维振动测量

6.1.1　磁悬浮绝对式二维振动测量原理

磁悬浮绝对式振动测量系统既可以实现二维振动测量，也可以实现三维振动测量。图 6.1 为磁悬浮绝对式二维振动测量模型及测量系统。

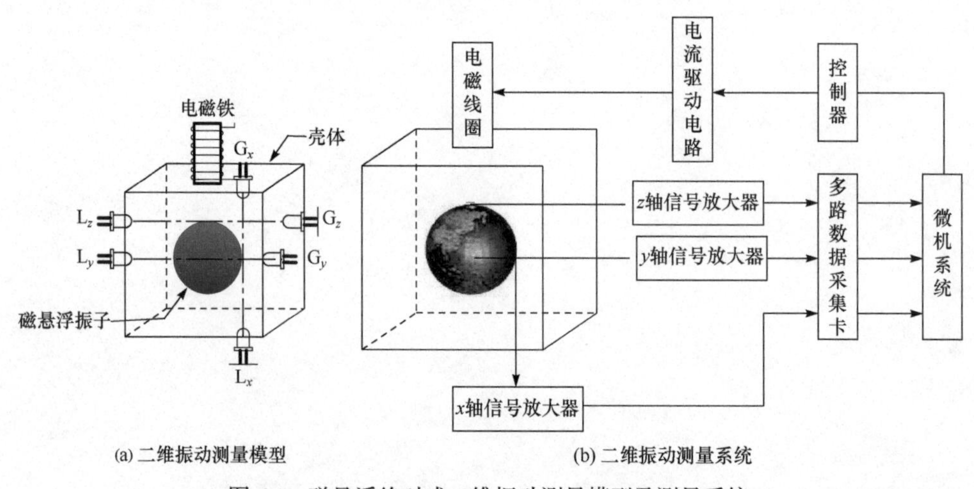

(a) 二维振动测量模型　　(b) 二维振动测量系统

图 6.1　磁悬浮绝对式二维振动测量模型及测量系统

磁悬浮绝对式二维振动测量模型由电磁铁、磁悬浮振子、红外发射管、红外接收管及壳体构成。图 6.1(a)中，L_x、L_y 和 L_z 为红外发射管，G_x、G_y 和 G_z 为红外接收管。红外接收管分别用于测量 x、y 和 z 方向的振子位移。其中，G_z 测量的 z 轴方向的位移信号通过多路数据采集卡输出至控制器，用于控制磁悬浮振子的电磁吸力，振子所受的磁力方向与重力方向相反，克服振子的重力以实现振子的悬浮；G_x 和 G_y 测量的 x 轴和 y 轴方向的位移信号即被测的二维振动信号[1]。

磁悬浮绝对式二维振动测量系统由二维振动测量模型、位移信号放大器、多路数据采集卡、微机系统、电流驱动电路和控制器等组成。磁悬浮振子上下方各嵌有永磁铁，上方的永磁铁与电磁铁相互作用，使磁悬浮振子产生向上的磁吸力以克服磁悬浮振子所受的重力进而在平衡点附近悬浮。位移传感器输出的电压信号经过位移信号放大器传送至控制电路，控制电路输出电流驱动电磁铁电流；磁悬浮振子下方嵌入的永磁铁与磁悬浮振子下方一定距离安装在壳体上的永磁铁极性相反，用于使磁悬浮振子快速回到中轴线位置。测量振动时，将壳体与被测振动体刚性固定。当 x-y 平面存在振动时，由于振子具有惯性，振子相对于绝对参照系不动，而壳体随被测振动体在 x-y 平面一起振动，产生前后或左右方向的相对位移。通过光电位移传感器测量磁悬浮振子相对壳体的相对位移，再由数据采集卡输送至计算机进行振动信号显示和数据处理。最后，将 x 轴和 y 轴的信号进行合成即可得到被测体的二维振动信号。

6.1.2　x 轴方向加激振信号

由振动台在 x 轴方向产生振动信号，由红外接收管 G_x 输出的电压信号经 x 轴位移信号放大器放大得到 x 轴方向的振动信号，见图 6.2。

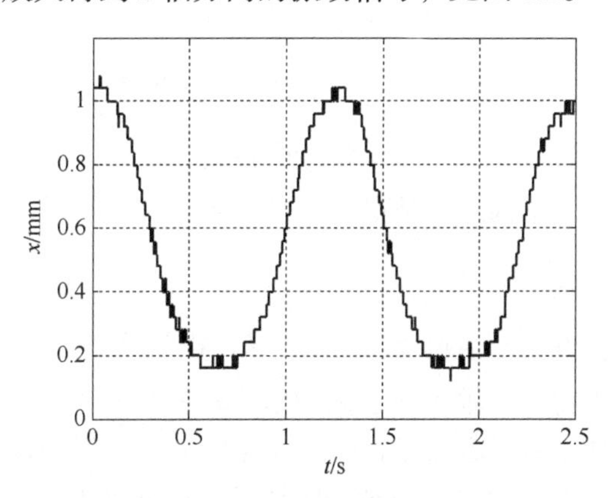

图 6.2　x 轴方向上加激振信号测得的 x 轴位移

由 x 轴方向外加正弦激励振动信号，在 y 轴方向测得的振动信号见图 6.3。

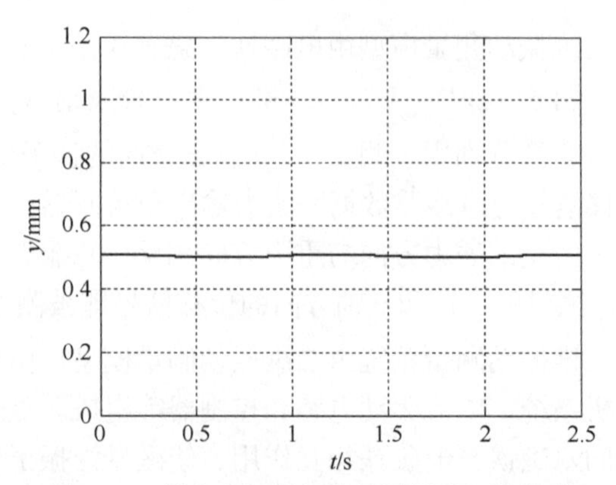

图 6.3　x 轴方向加激振信号测得的 y 轴位移

由图 6.3 可见，当 x 轴方向加激振信号时，在 y 轴方向的振动位移基本无变化。x 轴方向加激振信号测得的 x 轴和 y 轴振动信号在 x-y 平面合成的振动信号以及利用最小二乘法得到的拟合直线，见图 6.4。

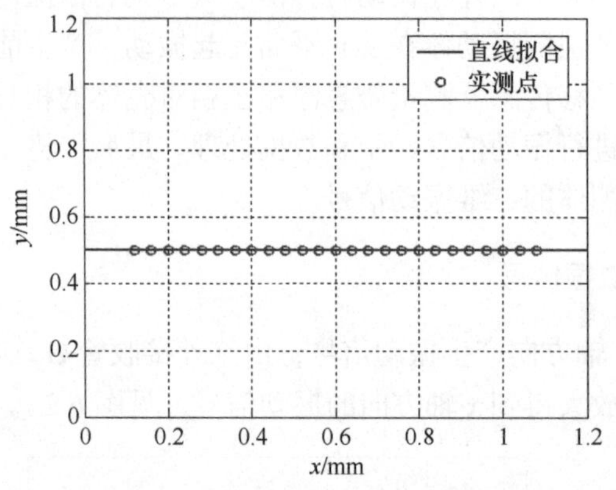

图 6.4　x 轴方向加激振信号测得的 x-y 平面合成的振动信号以及拟合直线

图 6.4 中拟合直线为磁悬浮振子振动强度最大方向，可见，测得的振动方向与 x 轴方向相同，而在 y 轴方向基本无位移变化。

6.1.3　y 轴方向加激振信号

由振动台在 y 轴方向产生振动信号，由红外接收管 G_y 输出的电压信号经 y 轴位移信号放大器放大得到 y 轴方向的振动信号，见图 6.5。

由 y 轴方向外加正弦激励振动信号，在 x 轴方向测得的振动信号，见图 6.6。

由图 6.7 可见，当 y 轴方向加激振信号时，在 x 轴方向的振动位移基本无变化。y 轴方向加激振信号测得的 x 轴和 y 轴振动信号在 x-y 平面合成的振动信号以及利用最小二乘法得到的拟合直线，见图 6.7。

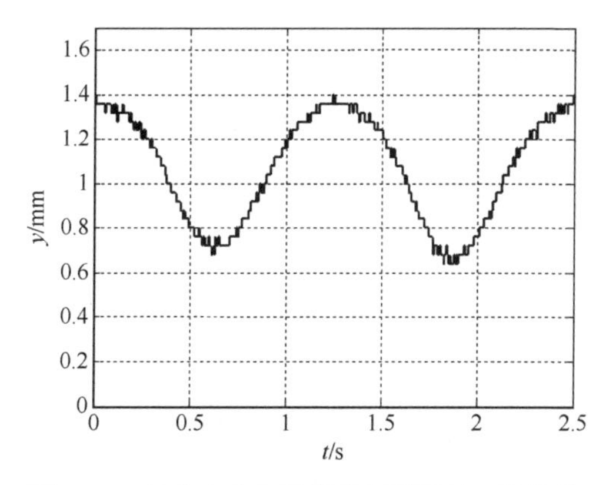

图 6.5 *y* 轴方向上加激振信号测得的 *y* 轴位移

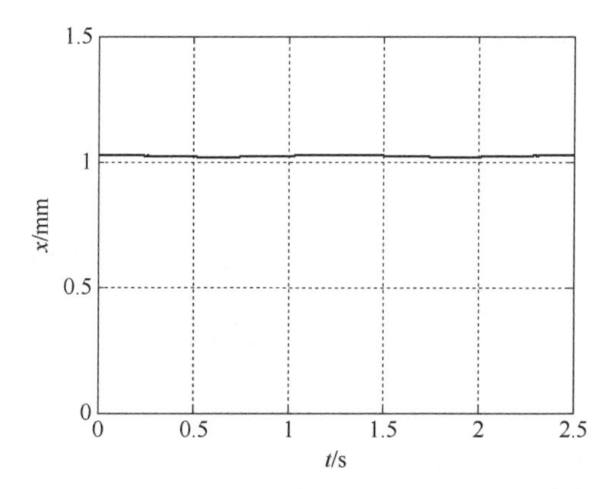

图 6.6 *y* 轴方向上加激振信号测得的 *x* 轴位移

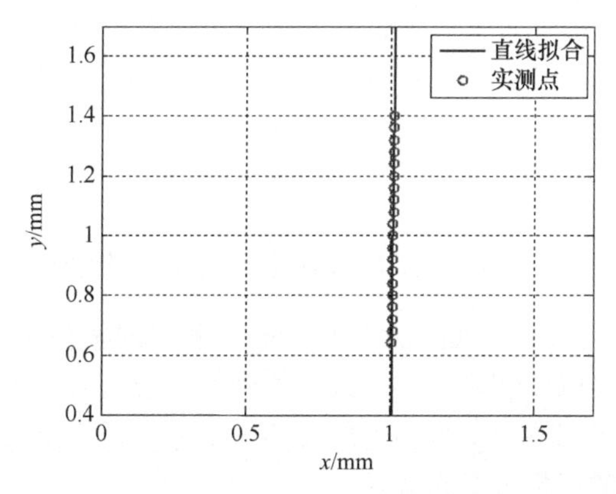

图 6.7 *y* 轴方向上加激振信号测得的 *x-y* 平面合成的振动信号以及拟合直线

图 6.7 中拟合直线为磁悬浮振子振动强度最大方向，可见，测得的振动方向与 *y* 轴方向相同，而在 *x* 轴方向基本无位移变化。

6.1.4　*x-y* 平面加激振信号

由振动台在 *x-y* 平面产生振动信号，由红外接收管 G_x 输出的电压信号经 *x* 轴位移信号放大器放大得到 *x* 轴方向的振动信号，见图 6.8。

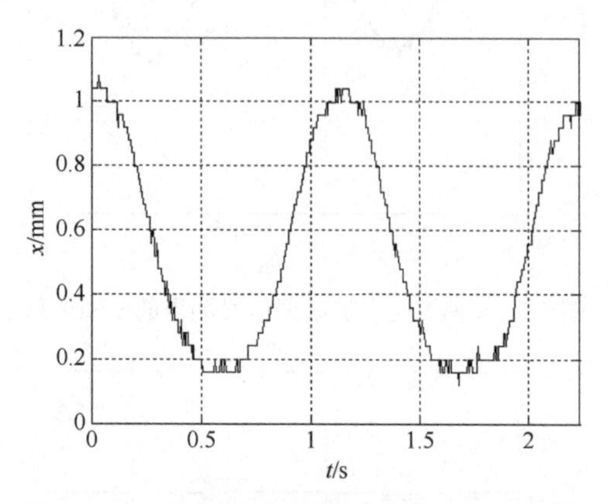

图 6.8　*x-y* 平面上加激振信号测得的 *x* 轴位移

由 *x-y* 平面外加正弦激励振动信号，在 *y* 轴方向测得的振动信号，见图 6.9。

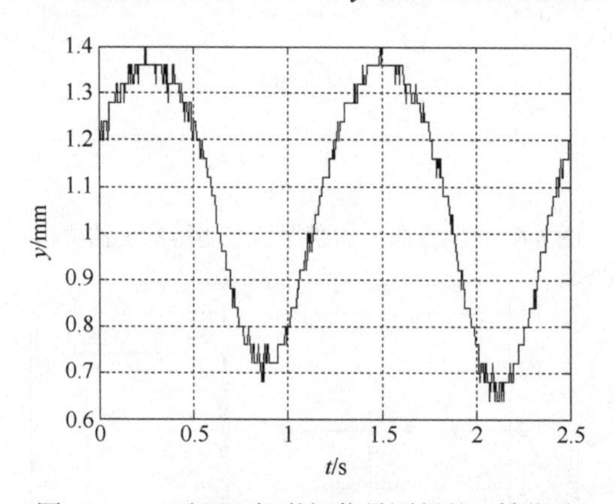

图 6.9　*x-y* 平面上加激振信号测得的 *y* 轴位移

由图 6.9 可见，当 *x-y* 平面加激振信号时，测得的 *x* 轴和 *y* 轴振动信号在 *x-y* 平面合成的振动信号以及利用最小二乘法得到的拟合直线，见图 6.10。

图 6.10 中拟合直线为 *x-y* 平面上磁悬浮振子振动强度最大方向，可见，测得的振动方向与实际的激振方向相同[2]。

x-y 平面加激振信号测得的三维振动信号，见图 6.11。

由图 6.11 可知，三维立体合成的振动信号为平面振动在 *z* 轴为零的平面振动，因此，属于平面振动状态。

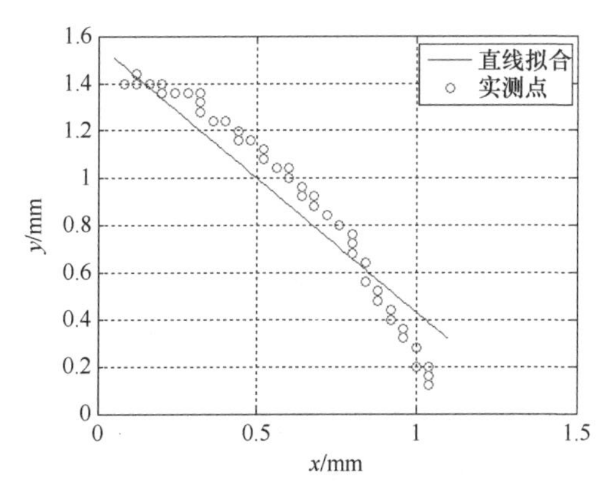

图 6.10　x-y 平面上加激振信号测得的 x-y 合成的振动信号以及拟合直线

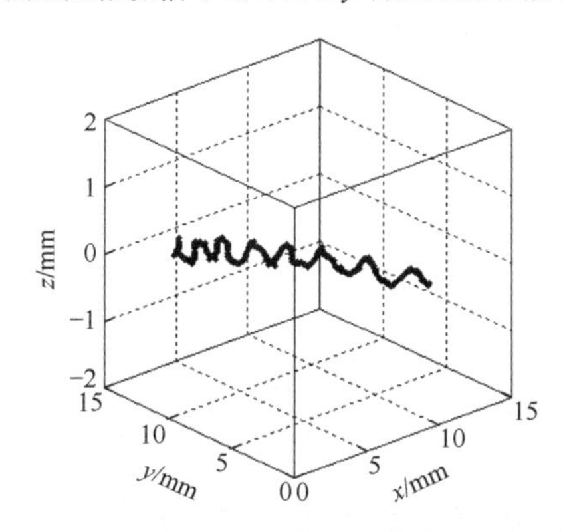

图 6.11　x-y 平面上加激振信号立体合成的振动信号

6.2　磁悬浮绝对式三维振动测量

6.2.1　磁悬浮绝对式三维振动测量原理

设磁悬浮振子半径 $r = a$，磁悬浮振子厚度为 h，杨氏模量为 E，泊松比为 σ，密度为 ρ_s。取球坐标系统，Oz 为极轴，见图 6.12。

振子为球形壳体，球壳的中和面的位移 S 为

$$S = \mu_r \cdot \vec{n}_r + \mu_\theta \cdot \vec{n}_\theta + \mu_\phi \cdot \vec{n}_\phi \tag{6-1}$$

式中，$\vec{n}_r$、$\vec{n}_\theta$、$\vec{n}_\phi$ 和 μ_r、μ_θ、μ_ϕ 分别为单位矢量和位移矢量在坐标系中 r、θ、ϕ 三个坐标方向的分量。

当磁悬浮振子受到以坐标极轴为对称轴的激励而进行对称振动时，球壳面上 ϕ 方向的振动位移为 0，即 $\mu_\phi = 0$，并且在半径 r 方向和 θ 方向的位移分量 $\mu_r(r,\theta,t)$、

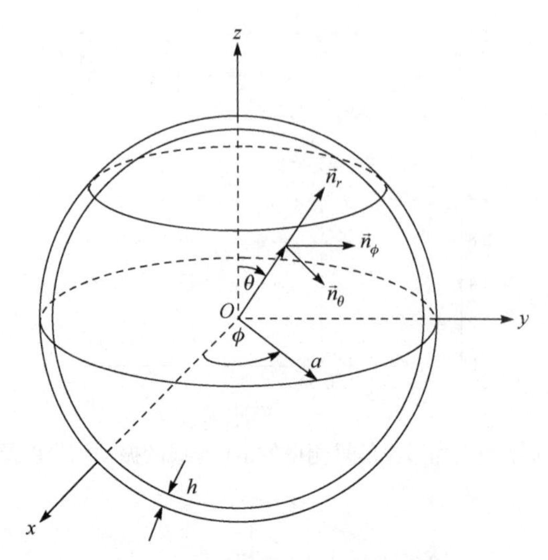

图 6.12　磁悬浮振子坐标示意图

$\mu_\theta(r,\theta,t)$ 均与 ϕ 无关。

根据球形壳体的应力-应变分析，得到球形壳体面振动位移的振动方程为[3]

$$\left\{(1+\beta^2)\left[\frac{\partial^2}{\partial\theta^2}+\cot\theta\frac{\partial}{\partial\theta}-(\sigma+\cot^2\theta)\right]-\frac{a^2}{c_{\mathrm{p}}^2}\frac{\partial^2}{\partial t^2}\right\}u_\theta$$
$$-\left\{\beta^2\frac{\partial^3}{\partial\theta^3}+\beta^2\cot\theta\frac{\partial^2}{\partial\theta^2}-\left[(1+\sigma)+\beta^2(\sigma+\cot^2\theta)\right]\frac{\partial}{\partial\theta}\right\}u_r$$
$$=-\frac{a^2}{(\rho_{\mathrm{s}}h)c_{\mathrm{p}}^2}f_\theta \tag{6-2}$$

$$\left\{\beta^2\frac{\partial^3}{\partial\theta^3}+2\beta^2\cot\theta\frac{\partial^2}{\partial\theta^2}-\left[(1+\sigma)(1+\beta^2)+\beta^2\cot^2\theta\right]\frac{\partial}{\partial\theta}\right.$$
$$\left.+\cot\theta\left[\beta^2(2-\sigma+\cot^2\theta)-(1+\sigma)\right]\right\}u_\theta-\left[-\beta^2\frac{\partial^4}{\partial\theta^4}-2\beta^2\cot\theta\frac{\partial^3}{\partial\theta^3}\right.$$
$$\left.+\beta^2(1+\sigma+\cot^2\theta)\frac{\partial^2}{\partial\theta^2}-\beta^2\cot\theta(2-\sigma+\cot^2\theta)\frac{\partial}{\partial\theta}-2(1+\sigma)-\frac{a^2}{c_{\mathrm{p}}^2}\frac{\partial^2}{\partial t^2}\right]u_r$$
$$=\frac{a^2}{(\rho_{\mathrm{s}}h)c_{\mathrm{p}}^2}(p_a-f_r) \tag{6-3}$$

式中，β 为磁悬浮球壳厚度与半径之比，有

$$\beta^2 = \frac{h^2}{12a^2} \tag{6-4}$$

c_{p} 为位移波传播速度：

$$c_{\mathrm{p}} = \sqrt{\frac{E}{\rho_{\mathrm{s}}(1-\sigma)}} \tag{6-5}$$

p_a 为磁悬浮球壳表面所受压强：$p_a = p(r,\theta,t)\big|_{r=a}$，解之有

$$\Omega_{\mathrm{n}}^{(1,2)} = \frac{\left[T_{\mathrm{n}} \pm \sqrt{\left(T_{\mathrm{n}}^2 - 4Q_{\mathrm{n}}\right)}\right]^{\frac{1}{2}}}{\sqrt{2}} \tag{6-6}$$

由以上解出来的两组根，可得到固有角频率 ω_{n}。

第一组根和球形壳体的厚度与半径之比有关，球形壳体的厚度越厚，固有角频率越高；第二组根和球形壳体的厚度与半径之比关系不太大。

将 Ω_{n} 的值代入并求比值 γ_{n} 可得到自由振动的解。

6.2.2　磁悬浮绝对式三维振动测量实验

在三维空间加激振信号，分别由红外接收管 G_x、G_y、G_z 测量 x、y、z 轴振动信号，其中 z 轴振动信号见图 6.13。

将 x、y、z 轴测得的振动信号进行合成，见图 6.14。

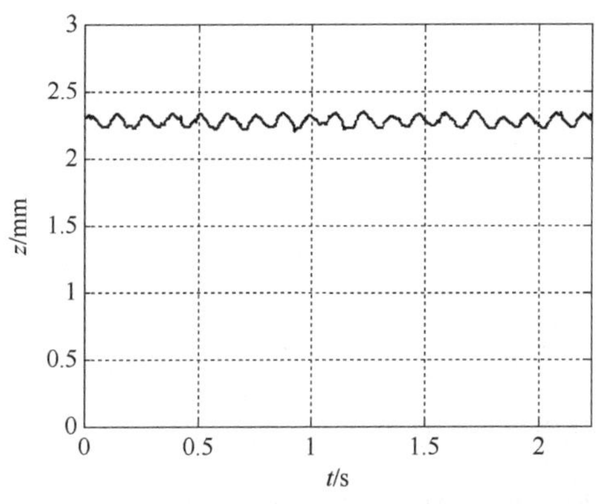

图 6.13　三维空间加激振信号测得的 z 轴位移

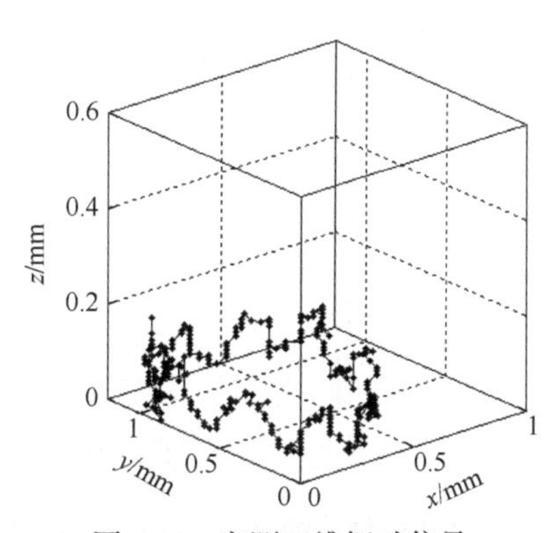

图 6.14　实测三维振动信号

为了解 x-y 平面的振动，将图 6.14 的三维振动信号在 x-y 平面投影得到 x-y 平面的振动状况，见图 6.15。

可见，图 6.15 测得的 x-y 平面的振动为围绕某一区域摆动的一种振荡。

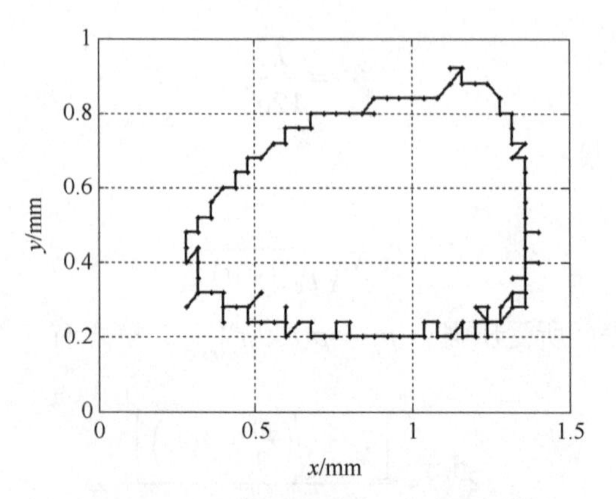

图 6.15　三维振动信号在 x-y 平面投影

6.3　二维平面振源测量

为实现振源测量，使用两组分别位于 O_1 和 O_2 原点的磁悬浮绝对式振动测量系统，P 点为振源。设两系统之间距离为 l，振动强度最大的方向角分别为 α_1、α_2，见图 6.16。

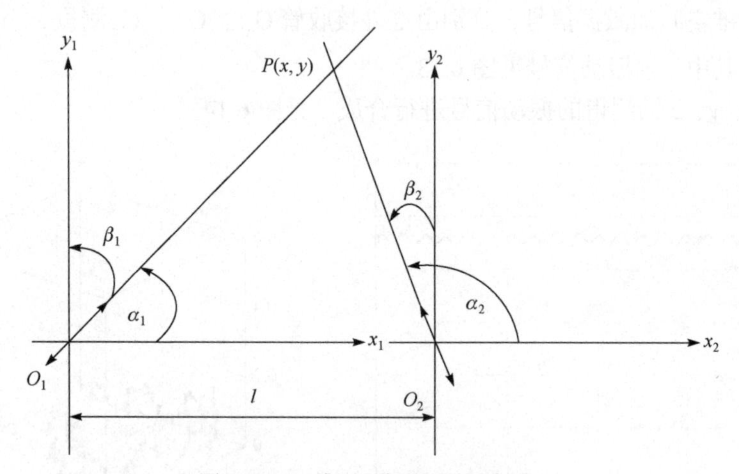

图 6.16　二维平面振源测量原理图

图 6.16 中，振源 $P(x, y)$至 O_1 坐标系原点的距离为

$$PO_1 = \frac{\sin(180° - \alpha_2)}{\sin(\alpha_2 - \alpha_1)} \times l \tag{6-7}$$

振源 $P(x, y)$在 O_1 坐标系下的坐标为[4]

$$P(x_1, y_1) = PO_1(\cos\alpha_1, \cos\beta_1) \tag{6-8}$$

实测中两振动测量系统之间的距离取 1m，振动台在系统 1 上产生振动信号，系统 1 分别测得 x 轴和 y 轴振动信号，在 x-y 平面合成的振动信号和利用最小二乘法得到的拟合直线见图 6.17。

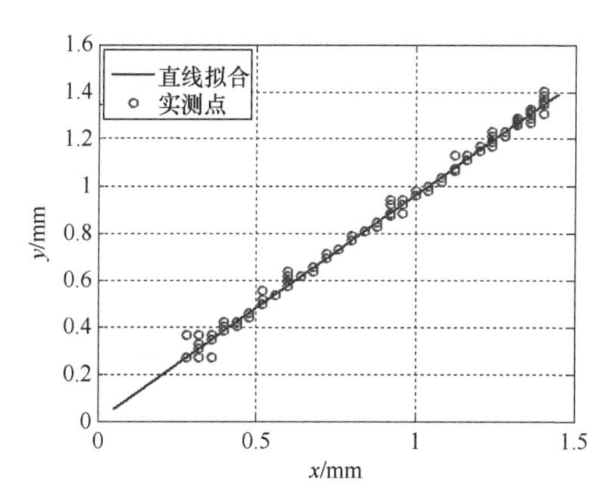

图 6.17　系统 1 的 x-y 平面测量值及拟合直线

拟合直线为振动强度最大的方向，由此得到振动信号与 x 轴和 y 轴之间的夹角分别为

$$\alpha_1 = 37.07°,\quad \beta_1 = 52.93° \tag{6-9}$$

振动台在系统 2 上产生振动信号，系统 2 分别测得 x 轴和 y 轴振动信号，在 x-y 平面合成的振动信号和利用最小二乘法得出的拟合直线见图 6.18。

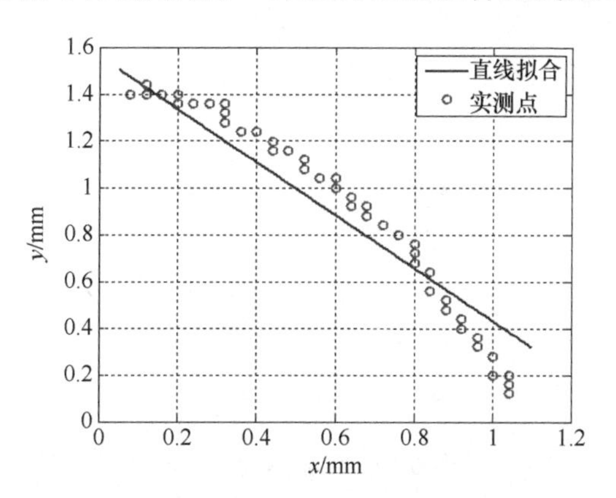

图 6.18　系统 2 的 x-y 平面测量值及拟合直线

拟合直线为振动强度最大的方向，由此得到振动信号与 x 轴和 y 轴之间的夹角分别为

$$\alpha_2 = 131.45°,\quad \beta_2 = 41.55° \tag{6-10}$$

将式(6-9)和式(6-10)中的α_1和α_2代入式(6-7)得到振源 P 至 O_1 坐标系原点的距离为

$$PO_1 = 0.752\text{m} \tag{6-11}$$

由式(6-11)得到振源 P 在 O_1 坐标系下坐标为

$$P = (0.600, 0.453) \tag{6-12}$$

由此可见振源的位置与振源的实际位置相同。如果每个振动传感器测得的振动都不是直线，则可判断该振动为非固定的单点振源所产生的振动，即不是固定的振源。

6.4　三维立体空间振源测量

与二维振源测量系统相似，利用磁悬浮绝对式振动测量系统可以实现对三维立体空间的振源测量。测试中使用两套系统，分别测出振动强度最大的方向，已知两传感器相对位置，首先需判断两传感器振动强度最大的方向是否在同一平面，如果为异面直线则视为该测得的振动信号的干扰信号或非固定点振源发出的振动信号。三维振源测量原理见图 6.19。

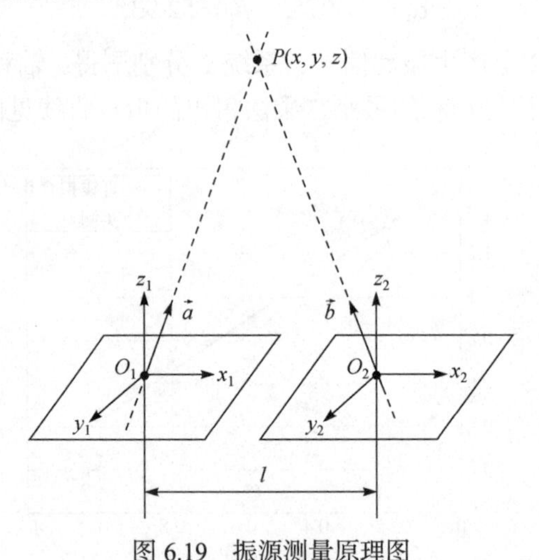

图 6.19　振源测量原理图

图 6.19 中，O_1、O_2 平面坐标原点各放置一套磁悬浮绝对式振动测量系统。设 O_1 处系统测得的振动信号强度最大方向矢量为

$$\vec{a} = a_1\vec{e}_1 + a_2\vec{e}_2 + a_3\vec{e}_3 \tag{6-13}$$

式中，$\vec{e}_1$、$\vec{e}_2$、$\vec{e}_3$为正交规范基底，$\vec{a}$的方向余弦为$\cos\alpha_1$、$\cos\beta_1$和$\cos\gamma_1$。

设 O_2 处系统测得的振动信号强度最大方向矢量为

$$\vec{b} = b_1\vec{e}_1 + b_2\vec{e}_2 + b_3\vec{e}_3 \tag{6-14}$$

式中，$\vec{b}$ 的方向余弦为 $\cos\alpha_2$ 、 $\cos\beta_2$ 和 $\cos\gamma_2$ 。

振源至 O_1 坐标系原点的距离 PO_1 见式(6-7)。振源在 O_1 坐标系下的坐标为

$$P(x_1, y_1, z_1) = PO_1(\cos\alpha_1, \cos\beta_1, \cos\gamma_1) \tag{6-15}$$

通过式(6-15)的坐标计算即可实现三维振源的测量。

6.5　磁悬浮多维振动测量运动方程及仿真验证

6.5.1　振子垂直方向运动方程

为建立振子在 z 轴方向的运动方程，需要求解振子的受力方程。振子所受磁力为电流和振子与电磁铁之间的位移函数，可表示为

$$f(i, z_2) = \frac{i^2}{a_n z_2^n + a_{n-1} z_2^{n-1} + \cdots + a_2 z_2^2 + a_1 z_2 + a_0} \tag{6-16}$$

取分母多项式次数为 3 次。为获得分母多项式系数，取不同的 z_2，调节电流让振子所受磁力与其自身重力相等，通过函数拟合法得到分母多项式系数，最后得到振子所受磁力为

$$f(i, z_2) = \frac{i^2}{6665.1z_2^3 + 1648.1z_2^2 - 71.9899z_2 + 0.7329} \tag{6-17}$$

由于系统工作时，振子的动态范围较小，可在平衡点附近进行线性化处理，对 $f(i, z_2)$ 进行泰勒级数展开得到：

$$f(i, z_2) = f(i_0, z_{20}) + 4.91\Delta i - 190.32\Delta z_2 \tag{6-18}$$

设计控制器为 PD 控制，数学关系为

$$\Delta i(t) = 371.7\Delta z_2(t) + 4.5\frac{\mathrm{d}\Delta z_2(t)}{\mathrm{d}t} \tag{6-19}$$

线性化处理后振子磁力表达式为

$$f(i, z_2) = f(i_0, z_{20}) + 4.91\Delta i - 190.32\Delta z_2 \tag{6-20}$$

根据牛顿第二定律，平衡点附近振子的运动方程为

$$f(i, z_2) - mg = m\frac{\mathrm{d}^2 z_2}{\mathrm{d}t^2} \tag{6-21}$$

设计振子半径为0.065m，电磁铁线径为0.001m，匝数为1341，质量为0.198kg，将式(6-20)和振子质量代入式(6-21)得到振子的运动方程：

$$\frac{\mathrm{d}^2\Delta z_2(t)}{\mathrm{d}t^2}+179.09\frac{\mathrm{d}\Delta z_2(t)}{\mathrm{d}t}+14054.21\Delta z_2(t)=-\frac{\mathrm{d}^2\Delta z_1(t)}{\mathrm{d}t^2} \tag{6-22}$$

式(6-22)与传统绝对式振动测量标准方程一致，根据振动测量理论可实现绝对式振动测量。

6.5.2 振子水平方向运动方程

同理，可以对水平方向振子的受力进行分析。当水平方向有振动时，磁悬浮绝对式振动测量系统的振子受力分析示意图见图 6.20。

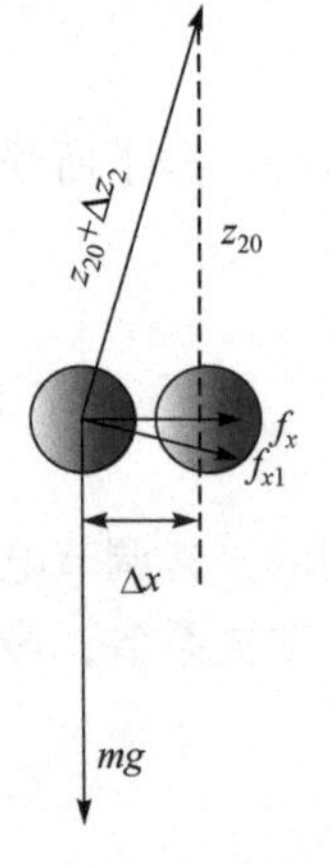

图 6.20　振子水平方向受力分析

假定仪器壳体向右运动，水平方向振子相对仪器壳体向左运动，设振子水平位移变化量为Δx，平衡点处振子所受磁力为 mg，此时振子与电磁铁之间的相对位移为 $z_{20}+\Delta z_2$，磁吸力略有减小，与振子重力合力为 f_{x1}，由于离开平衡点的距离很小，该力的方向近似朝向平衡点的方向f_x，该力可近似表示为

$$f_x=\frac{\Delta x}{z_{20}}mg \tag{6-23}$$

根据牛顿第二定律，将f_x代入后得到水平方向振子的运动方程为

$$\frac{\Delta x}{z_{20}}mg-\frac{\mathrm{d}^2 x}{\mathrm{d}t^2}=0 \tag{6-24}$$

6.5.3 三维仿真模型建立

根据式(6-22)振子的垂直方向运动方程和式(6-24)振子的水平方向运动方程及PD超前控制，建立磁悬浮三维振动测量系统仿真模型，见图 6.21。

图 6.21 中，上部为 z 轴振动仿真，左下为 x 轴仿真，右下为 y 轴仿真；C_1为位移传感器的安装位置，C_2为环境红外传感器输出电压，C_3至 C_6为磁悬浮振子所受磁力式的多项式系数，C_7为磁悬浮振子的重力。磁悬浮振子初始位置由位移的积分初始值给定。C_8和C_9为 x 轴和 y 轴的反相比例系数。

6.5.4 垂直方向振动仿真

垂直方向外加加速度为 0.2m/s²、频率为 0.1Hz 的振动信号，仿真得到垂直方向振子位移波形和功率谱，见图 6.22。

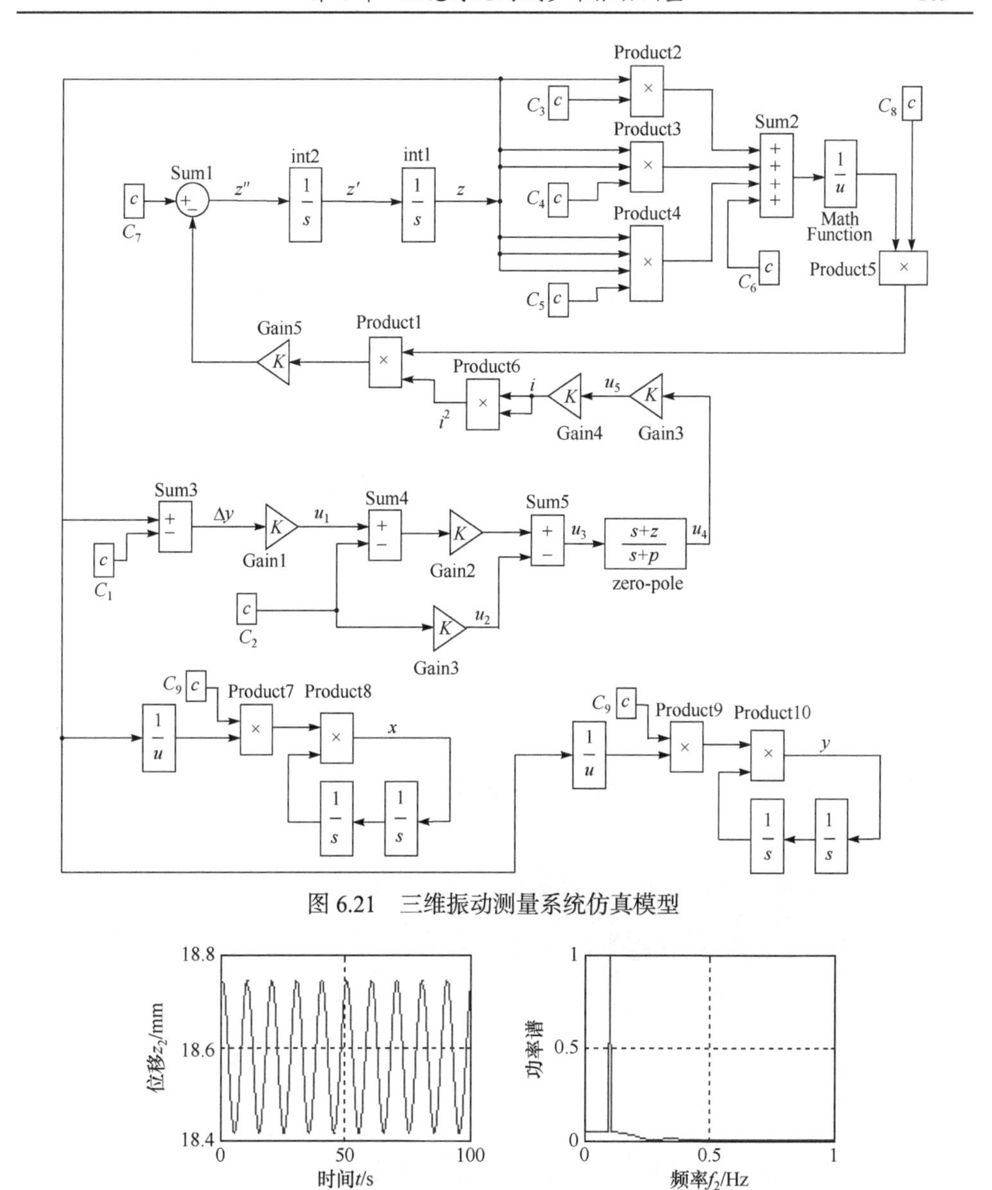

图 6.21　三维振动测量系统仿真模型

图 6.22　z 轴振子位移波形和功率谱

振子的平衡位置在 18.6mm 左右，去除平均值，振子的位移为±1.5mm，标定垂直方向加速度数值为 0.2m/s^2，见图 6.23。

由 z 轴方向振动仿真和经过滤波后的结果可见，z 轴方向的加速度为 0.2m/s^2，频率为 0.1Hz，与外加振动信号相同。

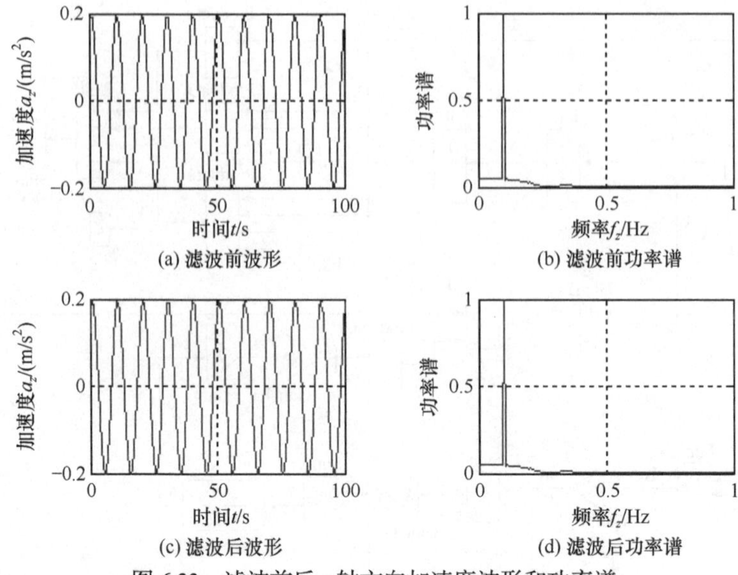

图 6.23　滤波前后 z 轴方向加速度波形和功率谱

6.5.5　水平方向振动仿真

水平方向振动以 x 轴振动为例，外加加速度为 0.5m/s^2、频率为 1Hz 的振动信号，仿真得到 x 轴方向加速度波形和功率谱，见图 6.24。

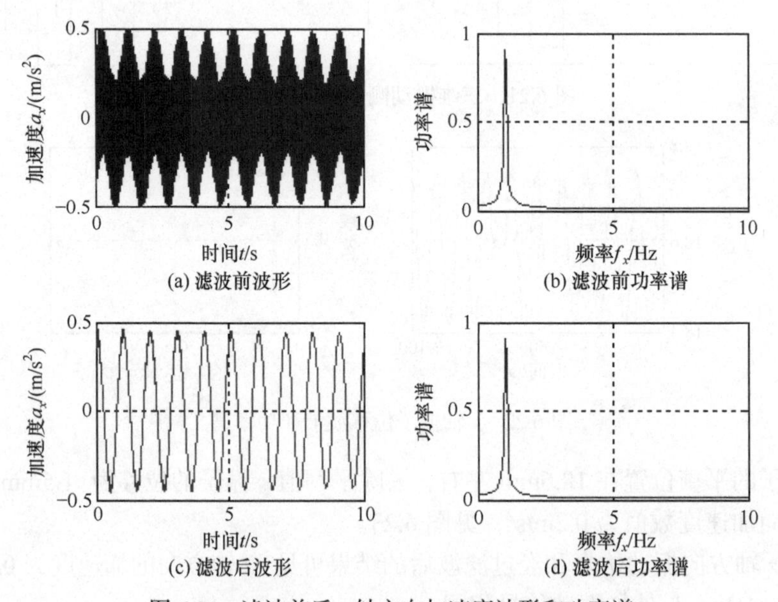

图 6.24　滤波前后 x 轴方向加速度波形和功率谱

由 x 轴方向振动仿真和经过滤波后的结果可见，x 轴方向的加速度为 0.5m/s^2，频率为 1Hz，与外加振动信号相同。

6.5.6　垂直方向振动测量验证

为验证垂直方向仿真结果，z 轴方向外加加速度为 0.05m/s^2、频率为 0.8Hz 的振动信号，实测 z 轴方向振动加速度波形和功率谱及滤波后的加速度波形和功率谱，见图 6.25。

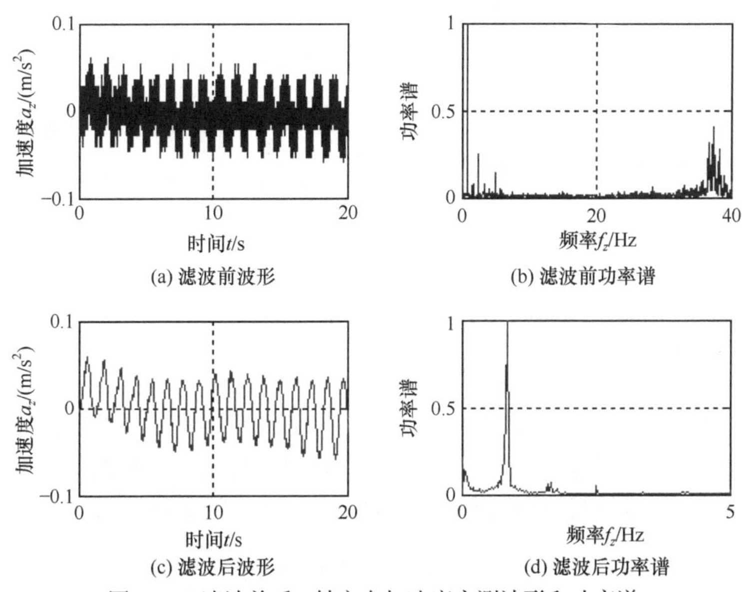

(a) 滤波前波形　(b) 滤波前功率谱

(c) 滤波后波形　(d) 滤波后功率谱

图 6.25　滤波前后 z 轴方向加速度实测波形和功率谱

实测 z 轴方向外加加速度为 0.05m/s^2、频率为 0.8Hz，与外加振动规律一致，仿真模型正确。

6.5.7　水平方向振动测量验证

为验证垂直方向仿真结果，x 轴方向外加加速度为 0.05m/s^2、频率为 1Hz 的振动信号，实测 x 轴方向振动加速度波形和功率谱及滤波后的加速度波形和功率谱，见图 6.26。

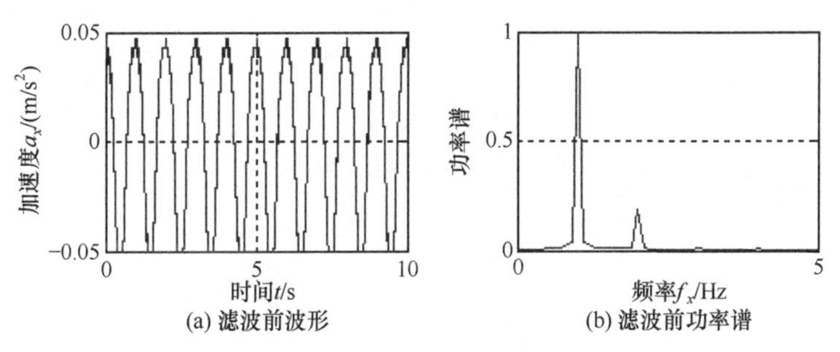

(a) 滤波前波形　(b) 滤波前功率谱

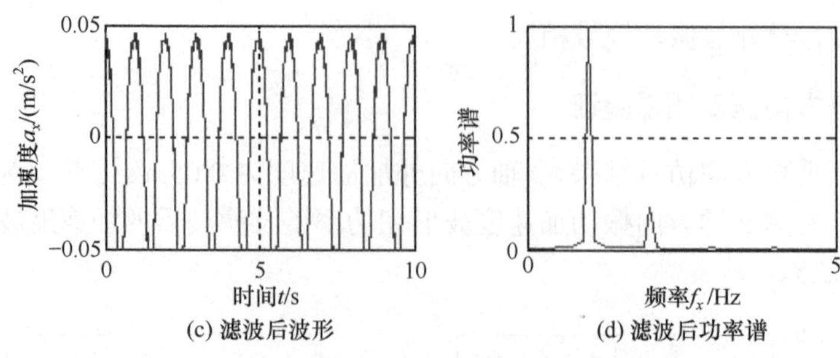

(c) 滤波后波形 (d) 滤波后功率谱

图 6.26 滤波前后 x 轴振动加速度实测波形和功率谱

实测 x 轴方向外加加速度为 0.05m/s^2、主频频率为 1Hz，与外加振动规律一致，因此得出仿真模型是正确的。

6.6 本章小结

本章阐述了磁悬浮绝对式振动测量系统实现二维和三维振动测量的原理、方法，并进行了实验研究。振动测量模型与被测振动体刚性固接在一起，在某一方向振动的情况下，振子由于惯性相对不动，可实现二维和三维的振动测量。由于振子处于悬浮状态，其运动不受维度限制，因此，易于安装和测量。根据各方向的振动测量数据，通过计算可以确定平面振源和立体振源的位置。

参考文献

[1] Ma F L, Jiang D, Yang J X, et al. Research on a new two-dimensional vibration measurement system developed from magnetic levitation technology[C]. International Conference on Measurement, Information and Control, Harbin, 2013: 1403-1407.

[2] 江东，杨嘉祥. 基于磁悬浮效应的三维振动测量[J]. 仪器仪表学报, 2011, 32(3): 557-562.

[3] 何祚镛. 结构振动与声辐射[M]. 哈尔滨: 哈尔滨工业大学出版社, 2001.

[4] 江东，杨嘉祥，张静. 磁悬浮振源测试技术[J]. 振动，测试与诊断, 2011, 31(4): 415-419.

第 7 章　磁悬浮绝对式振动测量系统的信号处理

磁悬浮绝对式振动测量方法不同于传统的绝对式振动测量方法。磁悬浮绝对式振动测量中振子受到重力和磁吸力的作用，磁吸力由电磁铁提供。控制电路根据测得的振子相对位移进行控制，振子的相对位移即磁悬浮振动测量系统的输出信号。当外加振动时，振子的相对位移信号中既有外加被测的振动信号，也含有控制信号等非被测振动信号。为了实现被测振动信号的精确测量，需要研究磁悬浮振子相对位移中所包含的所有信号特征，并从中提取有用的被测绝对式振动信号。

7.1　磁悬浮绝对式振动测量系统控制信号及分离原理

7.1.1　磁悬浮绝对式振动测量控制系统的工作原理

磁悬浮绝对式振动测量系统包括控制系统和测量系统两部分，其工作框图见图 7.1。

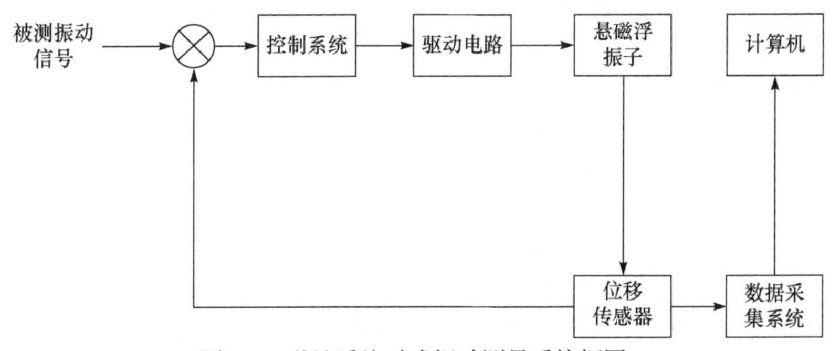

图 7.1　磁悬浮绝对式振动测量系统框图

控制系统与驱动电路和位移传感器一起实现对振子的悬浮控制，测得的磁悬浮相对位移信号传输至控制系统进行超前控制，输出的控制信号传输至驱动电路，驱动电路的功能是将超前电压控制信号变成电流信号输出给电磁铁，振子受到电磁铁的磁吸力实现振子的悬浮[1]。位移传感器检测出振子的相对位移，该信号反馈至控制系统的输入端构成负反馈系统。

测量系统包含位移传感器、数据采集系统和计算机。从位移传感器的输出端提取振子的相对位移信号，振子的相对位移信号中内含被测振动信号，测量系统与控制系统共用同一位移传感器，测出的相对位移信号再通过数据采集系统采集后传输至计算机进行后续的数据处理和显示等。

磁悬浮绝对式振动测量系统的工作原理见图 7.2。

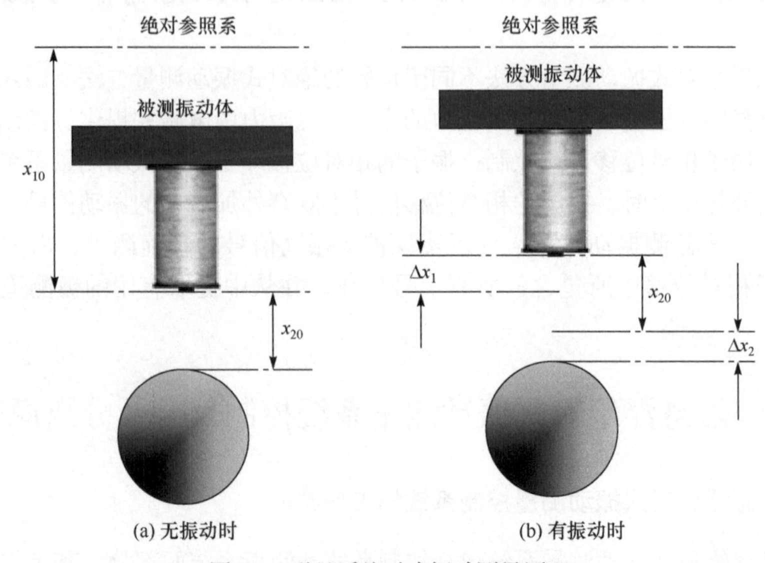

图 7.2　磁悬浮绝对式振动测量原理

图 7.2 中设绝对参照系不动。图 7.2(a)为无振动时的工作状态，图 7.2(b)为有振动时的工作状态。设无振动时电磁铁底部距绝对参照系的位移为 x_{10}，磁悬浮振子距电磁铁底部的位移为 x_{20}。有振动时，电磁铁底部相对位移变化量为Δx_1，磁悬浮振子距电磁铁底部相对位移变化量为 Δx_2，相对位移量为 $x_2 = x_{20} + \Delta x_2$。通过对振子所受磁吸力的线性化处理得到振子的动力学方程：

$$\frac{\mathrm{d}^2\Delta x_2(t)}{\mathrm{d}t^2}+179.09\frac{\mathrm{d}\Delta x_2(t)}{\mathrm{d}t}+14054.21\Delta x_2(t)=-\frac{\mathrm{d}^2\Delta x_1(t)}{\mathrm{d}t^2} \tag{7-1}$$

根据动力学分析，可建立磁悬浮绝对式振动测量系统仿真模型。在无外加激振的情况下，磁悬浮振子在平衡点附近保持动态平衡的状态。

7.1.2　磁悬浮绝对式振动测量系统的自由振动

设位移传感器与电磁铁底部的距离 H_0=0.023m，磁悬浮振子距电磁铁底部的位移 x_{20}=0.0255m，位移传感器灵敏度 C_I=3kV/m，减法电路输出电压 $u_3=10.09u_2-9.09u_1$，其作用是消除环境红外光的变化对测量结果的影响。电流驱动传递函数为 K_i=1/30000，Z_0=−66.7，P_0=−521.2。为提高磁悬浮绝对式振动测量的频率上限，可减小振子的质量、增大磁场强度等。无外加振动时磁悬浮振子位

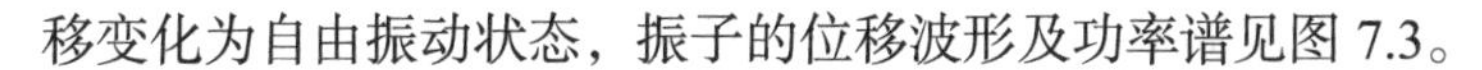
移变化为自由振动状态，振子的位移波形及功率谱见图 7.3。

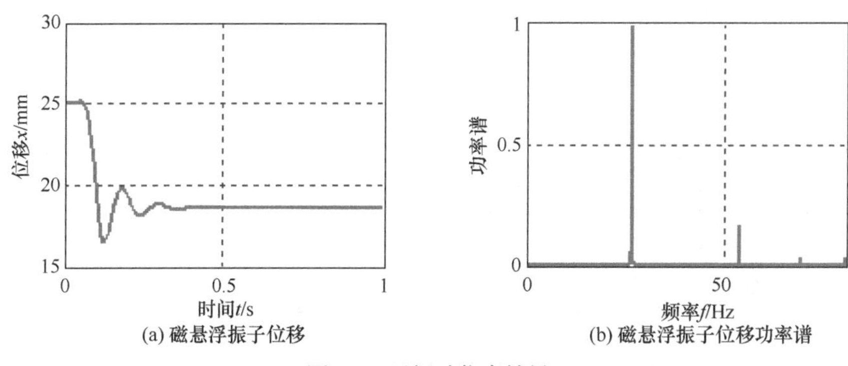

(a) 磁悬浮振子位移　(b) 磁悬浮振子位移功率谱

图 7.3　无振动仿真结果

由图 7.3 可见，无外加振动时磁悬浮振子距电磁铁底部位移为 18.6mm 左右，由功率谱可以看出最大峰值对应的频率为 27Hz 左右。该频率为测振系统的固有频率。绝对式振动测量中的难点是对于低频振动信号的测量。传统测量方法一般含有弹性部件，因其受固有频率的影响很难将测量系统的固有频率与被测振动频率分开。而采用磁悬浮技术，振子处于悬浮状态，在测量低频振动信号时，比较容易将系统的固有频率与被测低频振动信号区分开。这一点是磁悬浮测振方法的突出优点。

为了考察平衡点附近的波动情况，无外加振动时稳定区段的波形及其功率谱见图 7.4。

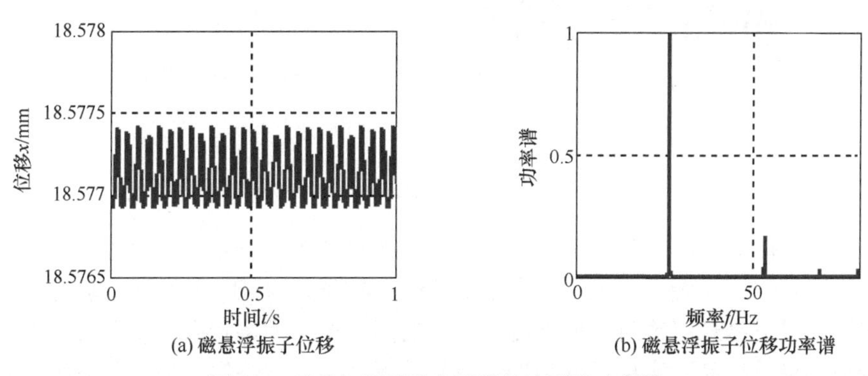

(a) 磁悬浮振子位移　(b) 磁悬浮振子位移功率谱

图 7.4　无外加振动稳定区段的波形及功率谱

由图 7.4 可见，无振动时磁悬浮振子在平衡点附近极小的位移范围波动，因此有利于测量微小振动信号。

为了解无振动情况下平衡点附近磁悬浮振子距电磁铁底部位移的变化量，给出了以平衡点为 0 位移，无外加振动情况下的磁悬浮振子位移及功率谱，见图 7.5。

由图 7.5 可见，无外加激振时，平衡点附近磁悬浮振子的最大位移为 3×10^{-4}mm。

大于该振幅的振动信号可以被测量。对于近似等于该振幅的振动信号，则可以采用频谱分析法，利用被测低频振动信号和较高的控制信号将被测信号进行提取。

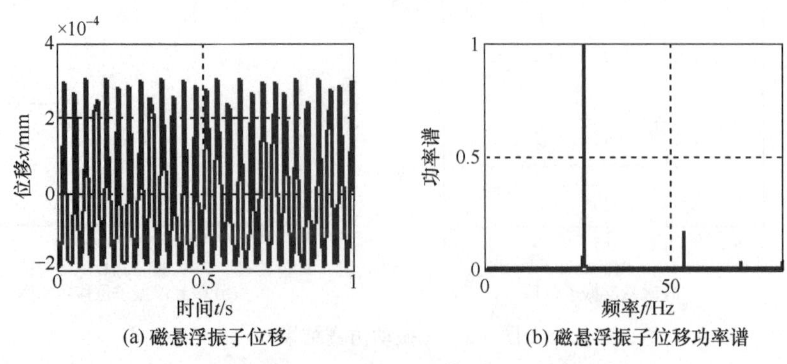

(a) 磁悬浮振子位移　　(b) 磁悬浮振子位移功率谱

图 7.5　无外加振动情况下的磁悬浮振子位移及功率谱

在无振动情况下，实测磁悬浮绝对式振动测量系统磁悬浮振子的位移及功率谱见图 7.6。

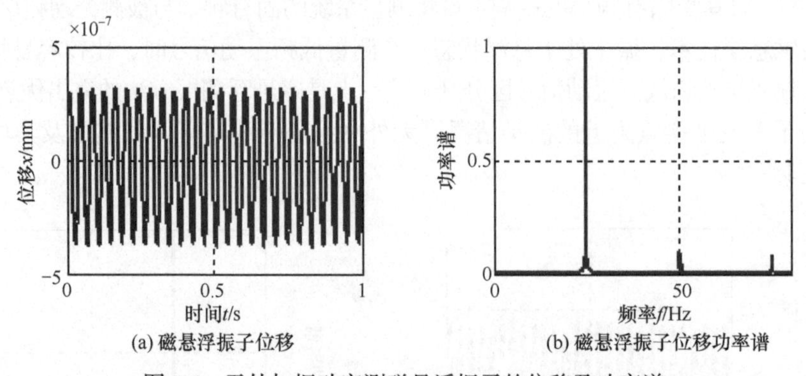

(a) 磁悬浮振子位移　　(b) 磁悬浮振子位移功率谱

图 7.6　无外加振动实测磁悬浮振子的位移及功率谱

图 7.6(a)为实测磁悬浮振子的位移信号，图 7.6(b)为该信号的功率谱。由功率谱分析得到磁悬浮绝对式振动测量系统的固有频率为 25Hz 左右，与理论分析近似相等。可见磁悬浮绝对式振动测量系统的固有振动频率较高，说明磁悬浮绝对式振动测量系统易于实现对低频振动信号的测量，将被测振动信号与系统固有振动信号相分离。可以减小磁悬浮振子的质量，减小超前控制系统 PD 参数，从而提高系统无振动情况下的固有振动频率，以拓宽磁悬浮绝对式振动测量方法测量频率的上限。如果外加振动信号的振动幅度较大，同样可实现较高振动频率的测量。

7.1.3　磁悬浮绝对式振动测量系统的激振响应

图 7.7 为外加 10Hz 正弦振动信号时磁悬浮振子的位移波形及功率谱。

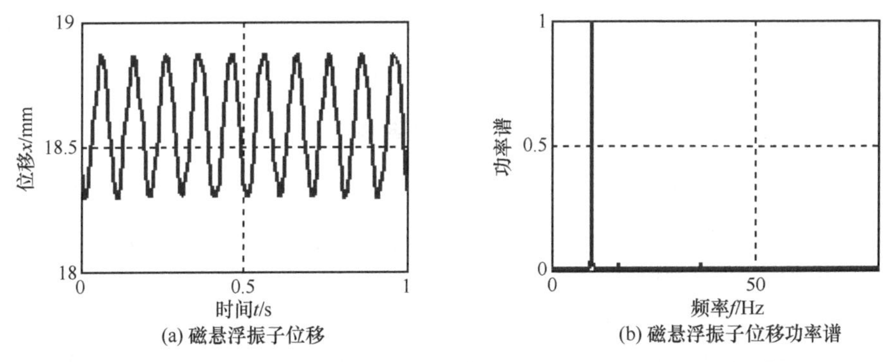

(a) 磁悬浮振子位移　(b) 磁悬浮振子位移功率谱

图 7.7　外加 10Hz 正弦振动信号时磁悬浮振子的位移及其功率谱

由图 7.7 可见，外加 10Hz 的正弦振动信号时，磁悬浮振子位移信号近似正弦波信号，由功率谱分析可知系统主频为 10Hz，此外 17Hz 和 37Hz 左右处分别有两个功率谱很低的频率分布，前者为被测振动信号，后者为系统固有振动信号差频后的信号，因为其幅值很小，所以对振动测量结果的影响较小。另外，可以进一步通过滤除系统固有振动信号的方法以提高系统的测量精度。

为进一步考察外加不同的正弦振动信号时磁悬浮振子的位移波形及功率谱，外加 30Hz 的正弦振动信号，得到的磁悬浮振子的位移及功率谱见图 7.8。

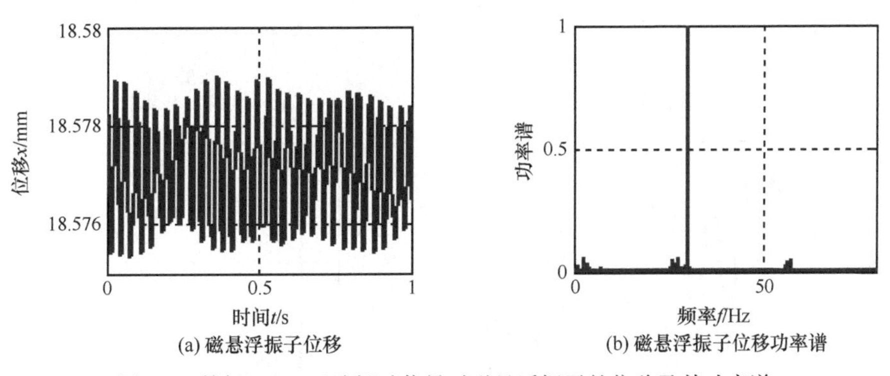

(a) 磁悬浮振子位移　(b) 磁悬浮振子位移功率谱

图 7.8　外加 30Hz 正弦振动信号时磁悬浮振子的位移及其功率谱

由图 7.8 可见，当外加 30Hz 的正弦振动信号时，磁悬浮振子位移信号仍近似为正弦波信号，由功率谱分析可知系统主频为 30Hz，此外小于 10Hz 和 27Hz 左右处有功率谱幅值很低的频率分布，57Hz 左右处有功率谱幅值很低的频率分布，30Hz 为被测振动信号，明显是主频，后者为系统固有振动信号差频后的信号。其幅值很小，对振动测量结果的影响较小。同样，可以进一步通过滤除系统固有振动信号的方法以提高系统的测量精度。

由此可以清楚地看到，虽然系统的固有振动信号仍起一定的作用，但影响已经很小，这样十分有利于对低频振动信号的测量。

7.1.4　磁悬浮绝对式振动测量系统的控制信号分离

由于在外加低频振动信号时，系统的固有频率能够保持在较高的数值范围且其功率谱的幅值很小，这使被测振动信号和系统固有振动信号分离成为可能。

在测量小于系统固有振动频率的振动时，首先将磁悬浮振子的信号进行快速傅里叶变换(fast Fourier transform, FFT)，得到磁悬浮振子的功率谱，然后通过MATLAB 仿真将 27Hz 以上的频谱去掉，再通过 FFT 逆变换将被测的较低频率的振动信号分离出来[2]。

以外加 10Hz 正弦振动信号为例，被测正弦振动信号的提取过程见图 7.9。

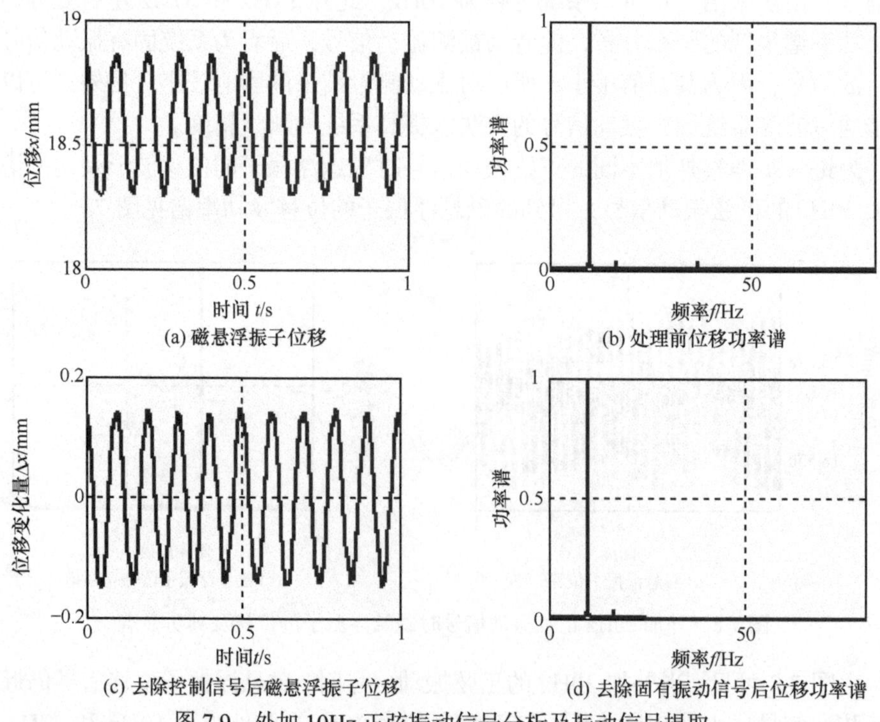

图 7.9　外加 10Hz 正弦振动信号分析及振动信号提取

图 7.9(a)为外加 10Hz 正弦振动信号时位移传感器输出磁悬浮振子的位移信号，图 7.9(b)为处理前磁悬浮振子的功率谱，图 7.9(c)为通过 FFT 逆变换得到的磁悬浮振子的位移信号，该信号即被测的正弦振动信号，图 7.9(d)为去除 27Hz 以上频率成分后的功率谱。

当外加 30Hz 正弦振动信号时的信号提取过程见图 7.10。

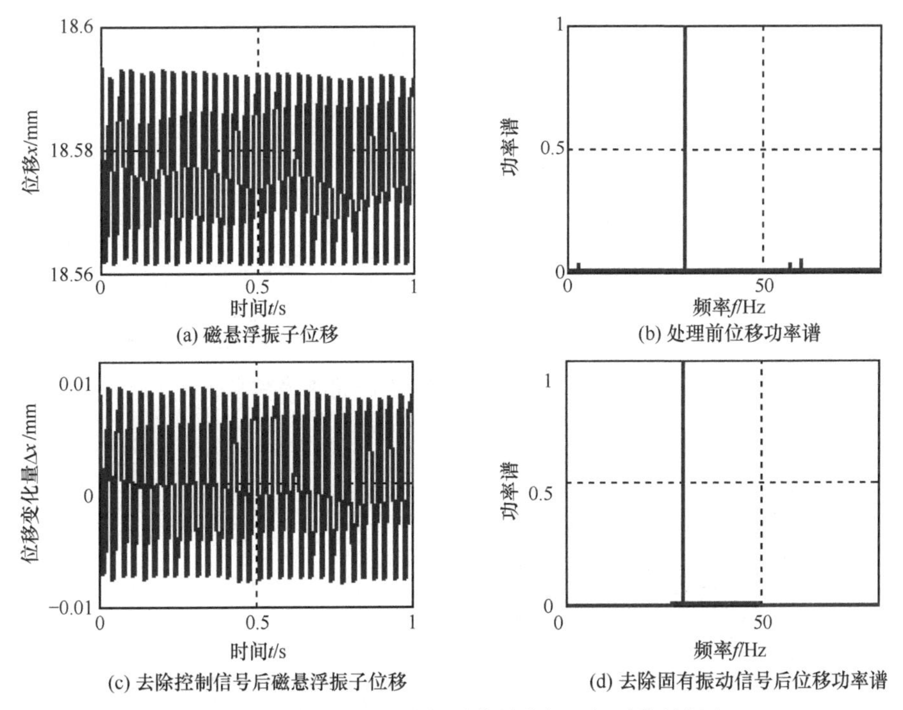

(a) 磁悬浮振子位移　(b) 处理前位移功率谱

(c) 去除控制信号后磁悬浮振子位移　(d) 去除固有振动信号后位移功率谱

图 7.10　外加 30Hz 正弦振动信号分析及振动信号提取

图 7.10(a)为外加 30Hz 正弦振动信号时位移传感器输出磁悬浮振子的位移信号，图 7.10(b)为处理前磁悬浮振子的功率谱，图 7.10(c)为通过 FFT 逆变换得到的磁悬浮振子的位移信号，该信号即被测的正弦振动信号，图 7.10(d)为去除 27Hz 以下频率成分后的功率谱。

因此，对于小于系统固有频率的被测信号将高于系统固有频率的信号滤除，对于大于系统固有频率的被测信号将低于系统固有频率的信号滤除，这样可成功地将被测振动信号与振动测量系统的固有频率进行分离[3]。

7.1.5　振动信号与控制信号的分离实验

将设计的磁悬浮绝对式振动测量系统模型与振动台固接，振动台激振外加 10Hz 振动信号，得到去除固有振动信号后的实测振动波形及其功率谱，见图 7.11。

从实测信号及其功率谱可见，实测得到的振动波形与所加的振动信号相同，由此可见，磁悬浮绝对式振动测量系统可实现对低频振动信号的测量。

为进一步验证分析方法，外加 30Hz 振动信号，得到去除固有振动信号后的实测振动信号及其功率谱见图 7.12。

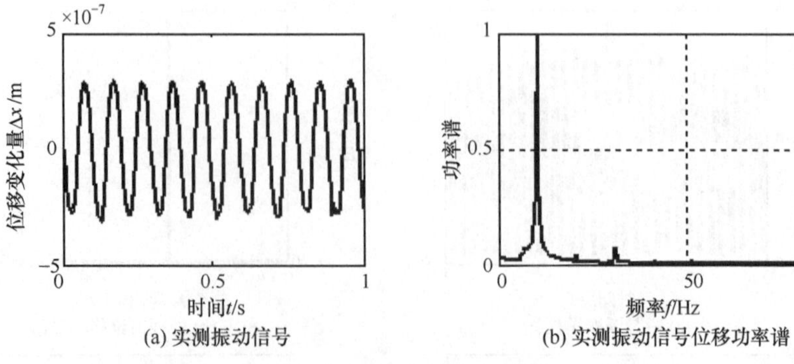

(a) 实测振动信号　　(b) 实测振动信号位移功率谱

图 7.11　外加 10Hz 振动信号的实测信号及功率谱

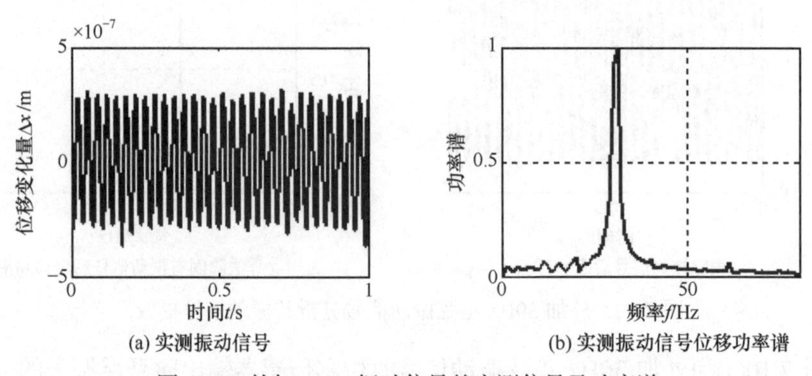

(a) 实测振动信号　　(b) 实测振动信号位移功率谱

图 7.12　外加 30Hz 振动信号的实测信号及功率谱

由图 7.12 可见，磁悬浮绝对式振动测量系统实现了低频振动的测量。

进一步分析得到，磁悬浮绝对式振动测量系统易于实现低频振动测量，最低测量频率可以达到 0.1Hz 左右。

通过仿真分析和实测得到，磁悬浮绝对式振动测量系统的固有频率为 27Hz 左右，适于低频振动信号的测量。

7.2　磁悬浮绝对式振动测量系统的非线性补偿

由于位移传感器输出电压与相对位移信号之间存在着非线性特性，需要通过非线性补偿方法实现系统的线性化。设频率非线性环节特性为

$$f_1 = g_1(f) \tag{7-2}$$

式中，f 为被测频率；f_1 为测量值，存在非线性。设校正环节特性为

$$f_2 = g_2(f_1) \tag{7-3}$$

系统总输出为

$$f_2 = g_2\left[g_1(f)\right] \tag{7-4}$$

现要求整个系统的输出特性为线性，即

$$f_2 = g_2(f_1) = g_2\left[g_1(f)\right] = Kf \tag{7-5}$$

通过这两个环节的特性和总体设计要求可求出校正环节的特性：

$$f_1 = g_1\left(\frac{f_2}{K}\right) \tag{7-6}$$

$$f_2 = Kg_1^{-1}(f_1) \tag{7-7}$$

非线性校正图解见图 7.13。图中第一象限为测试系统的非线性环节的输出特性，第四象限是所要求的传感器线性化输出特性；第二象限为135° 射线，将第二、四象限的交叉点逐点向第三象限投射，即可得到线性化环节的特性曲线[4]。

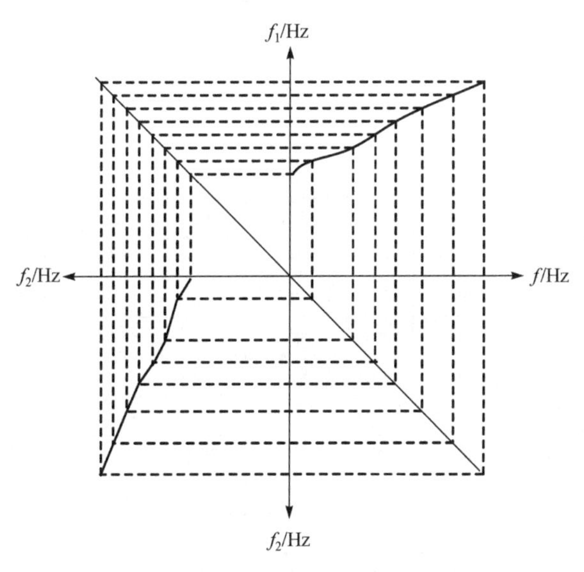

图 7.13　非线性校正图解

如果非线性环节输出特性在时间上是稳定的，则可以统计出非线性误差值或找出非线性误差的规律，从而得到校正值或按照某种校正算法得到所需准确的线性数值。经实验测定，基于磁悬浮振动测试系统输出的非线性特性具有这一线性化的基本要求，即具有时间稳定性。测量数据在工作范围内通过非线性校正算法得到线性化数据。

表 7.1 为磁悬浮绝对式振动测量系统实测频率。设测量值为 f_x，首先判断该值为哪个区段，采用表 7.2 中所示区段的参数值，校正公式为

$$f = f_{0\mathrm{down}} + \frac{f_{0\mathrm{up}} - f_{0\mathrm{down}}}{f_{1\mathrm{up}} - f_{1\mathrm{down}}} \times \left(f_x - f_{1\mathrm{down}}\right) \tag{7-8}$$

式中，$f_{1\mathrm{down}}$ 为所在区间的下限频率；$f_{1\mathrm{up}}$ 为所在区间的上限频率；$f_{0\mathrm{down}}$ 为所在区间校正的下限频率；$f_{0\mathrm{up}}$ 为所在区间校正的上限频率。

表 7.1　磁悬浮绝对式振动测量系统实测频率

振动频率 f_0/Hz	磁悬浮绝对式振动测量系统测量频率 f_1/Hz									
30	29.79	30.03	29.79	30.03	29.79	30.03	30.03	30.03	30.03	30.03
	30.03	30.03	30.27	29.79	30.03	30.03	29.79	29.79	30.27	30.03
40	39.80	40.04	40.04	40.04	40.04	40.28	40.28	40.28	40.28	40.28
	40.28	40.28	40.04	39.80	40.04	40.04	39.80	39.80	40.04	39.80
50	50.29	50.29	50.29	50.29	50.29	50.29	50.05	50.05	50.05	50.05
	50.29	50.29	50.29	50.05	50.05	50.05	50.05	50.05	50.05	50.05
60	60.06	60.06	60.06	59.81	59.81	60.06	60.06	60.06	59.81	60.06
	60.06	60.06	60.06	59.33	59.57	60.06	60.06	60.06	59.81	59.81
70	69.82	70.07	70.07	70.07	70.07	70.07	69.82	70.07	70.07	70.07
	70.07	69.82	70.07	70.07	70.07	69.82	70.07	69.82	70.07	70.07
80	80.08	79.83	80.08	79.83	79.83	79.83	79.83	79.83	80.08	80.07
	80.08	79.83	79.83	79.83	79.83	79.83	80.08	80.08	79.83	79.83
90	90.09	90.09	90.09	90.09	89.84	89.84	89.84	90.09	89.84	90.09
	90.09	89.84	89.60	90.09	89.84	89.84	89.84	90.09	90.09	89.84
100	99.15	99.85	100.10	99.90	100.10	100.10	99.85	100.10	100.10	99.90
	99.85	100.10	100.10	100.10	99.85	100.10	100.10	100.10	100.10	100.10
110	109.86	110.11	110.35	109.86	110.11	110.35	109.86	109.86	109.86	110.11
	110.35	109.86	109.86	110.11	110.11	110.35	110.11	110.11	110.11	110.60
120	119.63	119.87	119.63	119.87	119.63	120.12	119.63	119.87	119.87	119.87
	119.87	119.63	120.12	119.63	119.87	119.63	119.63	119.63	119.87	119.87
130	129.88	130.13	129.88	129.64	129.88	130.37	129.88	129.88	130.37	130.13
	130.1	129.88	130.13	129.88	130.13	129.88	129.88	129.64	130.37	129.88
140	139.16	139.68	140.38	139.89	140.38	139.65	139.89	140.38	139.89	140.14
	140.14	140.38	140.87	139.65	139.65	139.65	139.65	139.40	139.89	139.40
150	149.90	150.88	149.90	150.39	149.90	150.39	150.39	149.41	149.41	149.90
	149.90	149.41	149.90	149.41	149.90	149.90	149.41	149.90	149.41	149.90
160	159.18	159.67	159.67	159.67	159.67	159.67	159.67	159.67	159.67	159.67
	159.67	159.67	159.67	159.18	159.67	160.65	159.67	160.16	159.18	159.67

非线性化校正数据见表 7.2。

表 7.2　非线性化校正数据

区段	区间下限频率 f_{1down}/Hz	区间上限频率 f_{1up}/Hz	校正下限频率 f_{0down}/Hz	校正上限频率 f_{0up}/Hz
1	29.982	50.158	30	50
2	50.158	70.008	50	70
3	70.008	89.953	70	90
4	89.953	110.095	90	110
5	110.095	129.992	110	130
6	129.992	149.876	130	150
7	149.876	170.214	150	170
8	170.214	190.063	170	190

非线性校正程序框图见图 7.14。

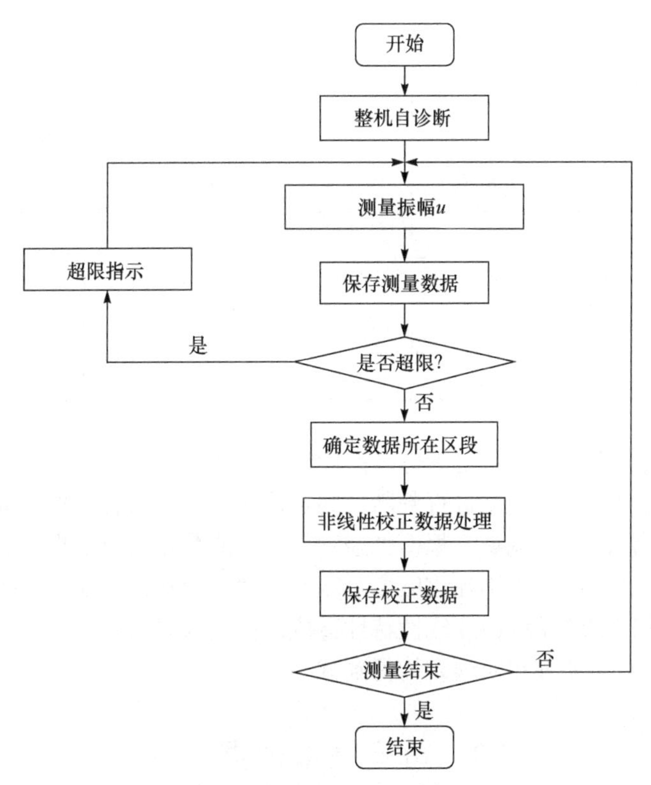

图 7.14　非线性校正程序框图

实测数据经过非线性校正处理前后比较见表 7.3。

表 7.3　实测数据非线性校正处理前后比较

区段	校正前 f_x/Hz	绝对误差 Δf_x/Hz	相对误差 δf_x/%	校正后 f_x'/Hz	绝对误差 $\Delta f_x'$/Hz	相对误差 $\delta f_x'$/%
30	29.785	−0.215	−0.72	29.805	−0.195	−0.65
40	40.283	0.283	0.71	40.211	0.211	0.53
50	50.293	0.293	0.59	50.134	0.134	0.27
60	60.059	0.059	0.10	59.976	−0.024	−0.04
70	70.069	0.069	0.10	70.061	0.061	0.09
80	79.834	−0.166	−0.21	79.853	−0.147	−0.18
90	89.844	−0.156	−0.17	89.891	−0.109	−0.12
100	100.098	0.098	0.10	100.073	0.073	0.07
110	110.352	0.352	0.32	110.255	0.255	0.23
120	120.117	0.117	0.10	120.074	0.074	0.06
130	129.639	−0.361	−0.28	129.645	−0.355	−0.27
140	139.160	−0.84	−0.60	139.221	−0.779	−0.56
150	149.414	−0.586	−0.39	149.535	−0.465	−0.31
160	160.645	0.645	0.40	160.590	0.590	0.37
170	170.41	0.41	0.24	170.193	0.193	0.11
180	180.664	0.664	0.37	180.529	0.529	0.29
190	190.43	0.430	0.23	190.370	0.370	0.19

非线性校正需要对测量范围进行区段划分，测量出每一段端点的实测数据。实际测量时需要对实测数据进行判断，确定该测量数据所在区段。如果实测数据恰好处于该测量区段的端点，根据已经测得的对应数据通过数据标定可以直接获得被测数据。若实测数据不在该区段的端点，通过校正算法对每一个实测点进行拟合运算，使得被测系统由非线性特性造成的测量误差减小。由表 7.3 可见，经过校正后的绝对误差和相对误差均得到减小。

7.3　可变精度数据处理

无论是测量设备还是控制系统的数据采集均需对系统误差进行处理，常用的减小随机误差的方法是对输入量求平均值。但当被测信号产生突变时，因为原始数据是变化前的数据求平均值，这些值与突变数据一起求平均值会影响跟踪被测信号的速度，所以出现了采样精度和响应速度的矛盾。为了解决采样精度和响应速度的矛盾，本节提出可变精度算法，其流程图见图 7.15。

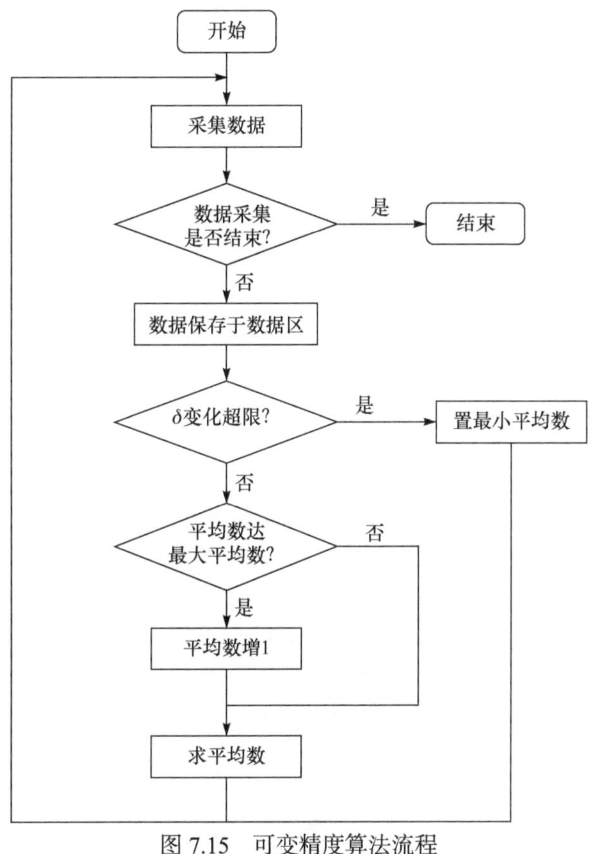

图 7.15　可变精度算法流程

工作原理说明：当磁悬浮振子已达到平衡点的 $\delta < \delta_j$ (δ_j 为规定的超限值)，对一定个数的采样数据求平均值，方法是开辟一个随机储存器(random access memory, RAM)性质的存储区，当测量数据突变时，平均数调整至 1，当被测数据波动比较小时，逐步增加平均点数。

可变精度算法、不可变精度算法与实测结果比较见图 7.16。

图 7.16 中黑色实线为未经处理的磁悬浮振子在水平方向上的实际运动轨迹。在实际测量及控制中为了减小随机误差的影响，需要对实测数据求平均值。虚线为普通求平均得到的曲线，灰色实线为通过可变精度算法得到的曲线。对比可以看出，可变精度算法在被测数据急剧变化时跟踪速度很快、精度低，随时间增加

精度不断提高；不可变精度算法精度始终保持相同，但在被测数据急剧变化时，反应速度慢。

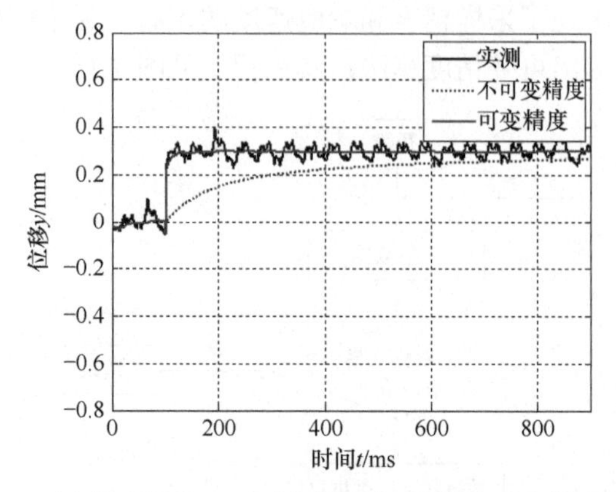

图 7.16　可变精度算法、不可变精度算法测量与实测结果的比较

7.4　本 章 小 结

本章介绍了磁悬浮振动测量系统的信号提取方法，测量信号是从振子位移传感器的输出端通过数据采集系统提取的；分析了测量信号所包含的频率成分，测量信号中除了被测振动信号还有其他信号，通过频率谱分析得出各信号的特征；当被测振动频率高于系统的固有频率时，通过 FFT 获得振子相对位移信号的功率谱，通过编程去除系统的固有振动信号，再经过 FFT 逆变换获得被测绝对式振动信号；阐述了非线性补偿方法，首次提出了可变精度算法，可解决磁悬浮绝对式振动测量系统的测量精度和响应速度的矛盾问题。

参 考 文 献

[1] 江东. 磁悬浮振子绝对式振动测量方法[J]. 仪器仪表学报, 2013, 34(7): 1667-1674.

[2] 江东, 周卫宏, 孔德善, 等. 磁悬浮绝对式振动测量系统信号分析及振动信号的提取[J]. 电机与控制学报, 2017, 21(10): 102-107.

[3] 周品, 何正风, 等. MATLAB 数值分析[M]. 北京: 机械工业出版社, 2009.

[4] 王济, 胡晓. MATLAB 在振动信号处理中的应用[M]. 北京: 中国水利水电出版社, 2006.

第 8 章　磁悬浮绝对式振动测量系统的动态特性分析

磁悬浮绝对式振动测量方法不同于传统的振动测量方法，需要深入了解该方法的动态特性，包括频率测量范围、可测振动信号的幅值、测量灵敏度及幅频特性和减小测量误差的方法等。通过对这些关键性技术指标的深入研究，可以了解磁悬浮技术引进绝对式振动测量的优势，对进一步提高该方法的优势、拓宽该方法的应用领域具有非常重要的意义。本章通过理论分析、仿真和实验研究，确定磁悬浮振动测量系统的性能指标[1]。

8.1　磁悬浮绝对式振动测量系统频率测量范围

本节通过对磁悬浮绝对式振动测量系统的仿真和实验研究，获得磁悬浮绝对式振动测量系统的最低测量频率和最高测量频率（技术指标中，测量频率范围的下限就是最低测量频率，上限是最高测量频率）。

8.1.1　最低测量频率

在磁悬浮绝对式振动测量系统仿真模型中外加振动信号频率为 0.001Hz，加速度分别为 0.01m/s^2 和 2.5m/s^2，输出的位移 y_2 和加速度波形及功率谱见图 8.1 和图 8.2。

由图 8.1 和图 8.2 可见，位移 y_2 的主频率为 0.001Hz，和输入信号频率相同，其他较高频率成分较小，由此得知加速度范围在 0.01～2.5m/s^2 时磁悬浮绝对式振动测量系统可直接进行绝对式振动测量[2]。

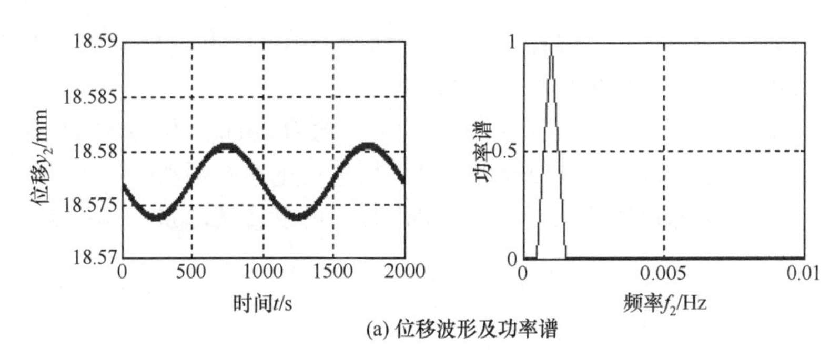

(a) 位移波形及功率谱

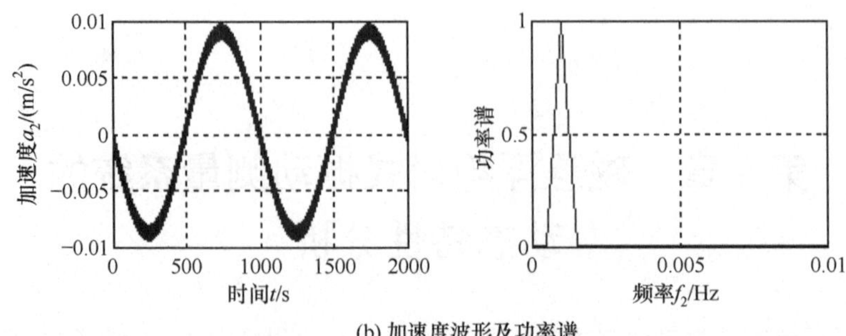

(b) 加速度波形及功率谱

图 8.1　外加振动信号频率为 0.001Hz、加速度为 0.01m/s^2 时的波形及功率谱

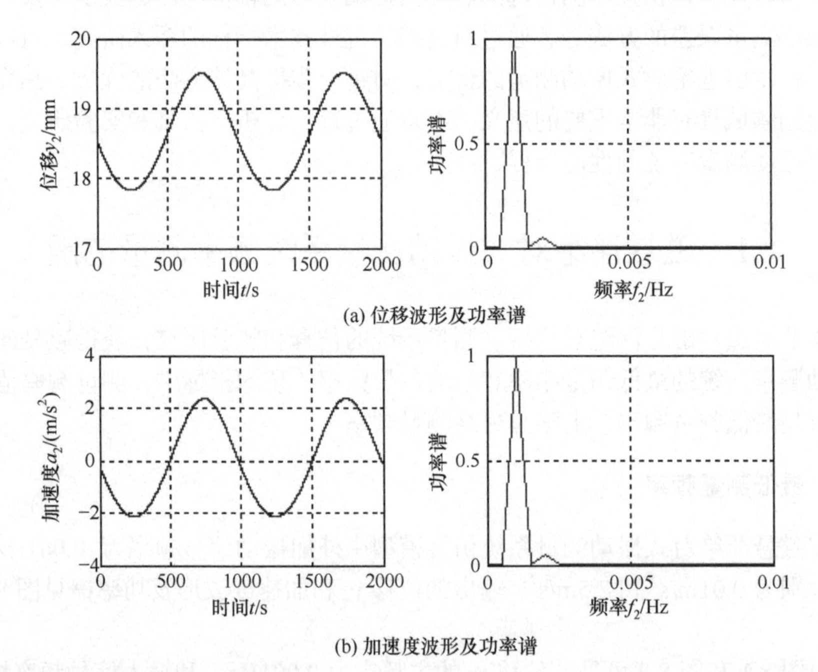

(b) 加速度波形及功率谱

图 8.2　外加振动信号频率为 0.001Hz、加速度为 2.5m/s^2 时的波形及功率谱

8.1.2　最高测量频率

外加振动信号频率为 10Hz，加速度分别为 0.01m/s^2 和 2.5m/s^2，输出的位移 y_2 和加速度波形及功率谱见图 8.3 和图 8.4。

由图 8.3 和图 8.4 可见，获得加速度的主频均为 10Hz，与输入激振加速度的频率相同，且其他较高频率成分较小，可直接进行绝对式振动测量。

总之，当振动加速度为 0.01～2.5m/s^2 时，可以直接测量的频率为 0.001～10Hz。

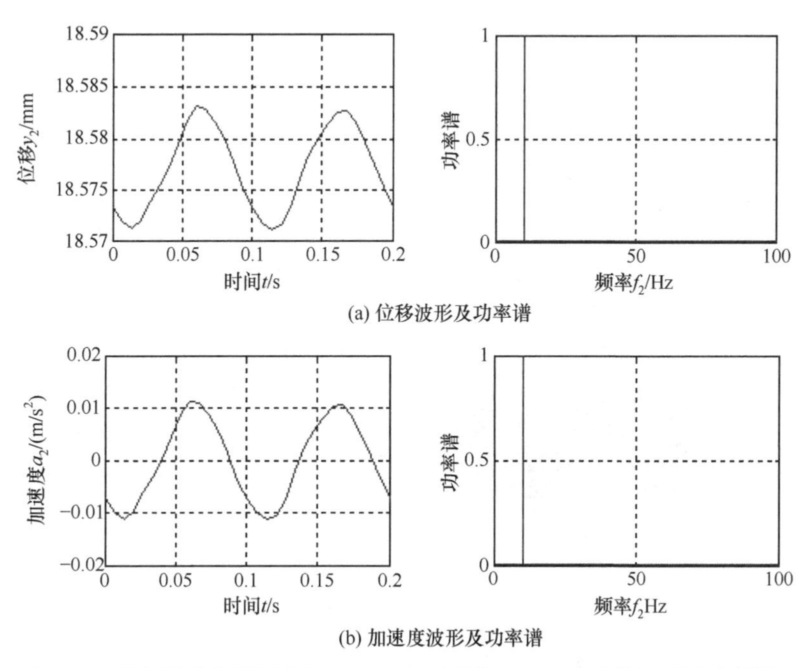

(a) 位移波形及功率谱

(b) 加速度波形及功率谱

图 8.3　外加振动信号频率为 10Hz、加速度为 0.01m/s^2 时的波形及功率谱

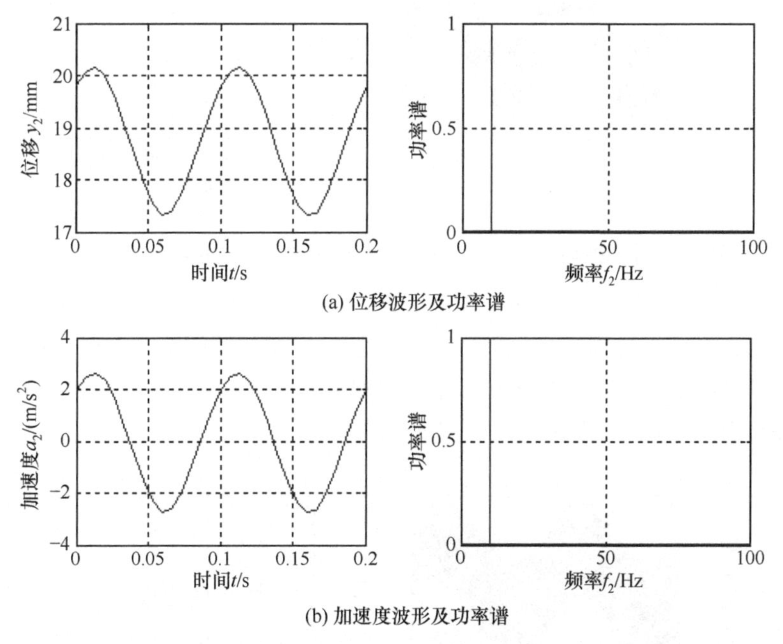

(a) 位移波形及功率谱

(b) 加速度波形及功率谱

图 8.4　外加振动信号频率为 10Hz、加速度为 2.5m/s^2 时的波形及功率谱

8.2 磁悬浮绝对式振动测量系统加速度测量范围拓展

8.2.1 低频加速度测量拓展

为考察测量系统低频应用范围，外加振动信号频率为 0.001Hz，加速度为 0.0005m/s^2 和 0.001m/s^2，输出的加速度波形及功率谱见图 8.5。

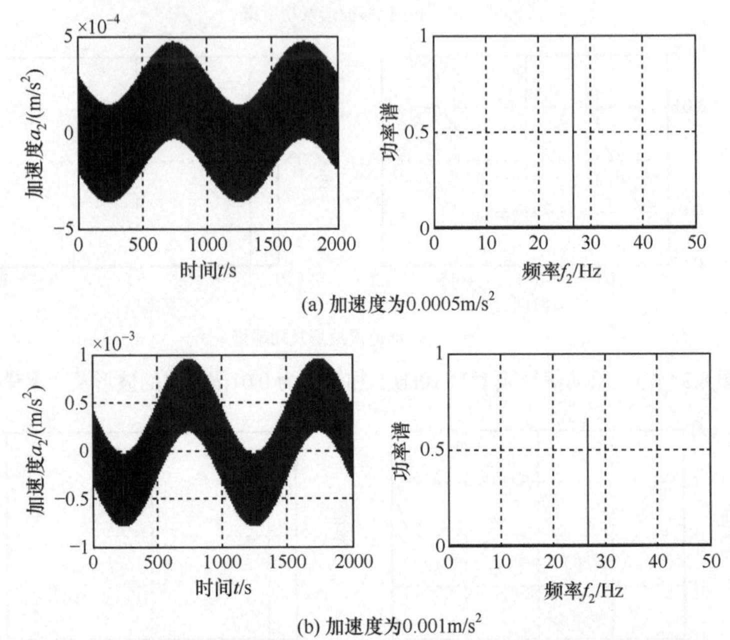

(a) 加速度为0.0005m/s^2

(b) 加速度为0.001m/s^2

图 8.5　外加振动信号频率为 0.001Hz 时的不同加速度波形及功率谱

对更低测量频率研究可知，加速度的主频除了 0.001Hz 外还有一个主频为 27Hz 左右，该频率是测量系统的固有频率。当外加加速度低于 0.0005m/s^2 时，固有频率的影响很大。当系统应用于超低频测量时，可以将系统的固有振动信号滤掉。滤波前后的加速度波形及功率谱见图 8.6。

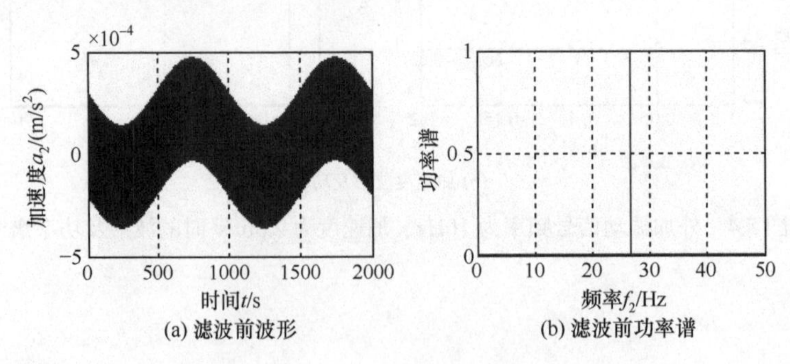

(a) 滤波前波形　　(b) 滤波前功率谱

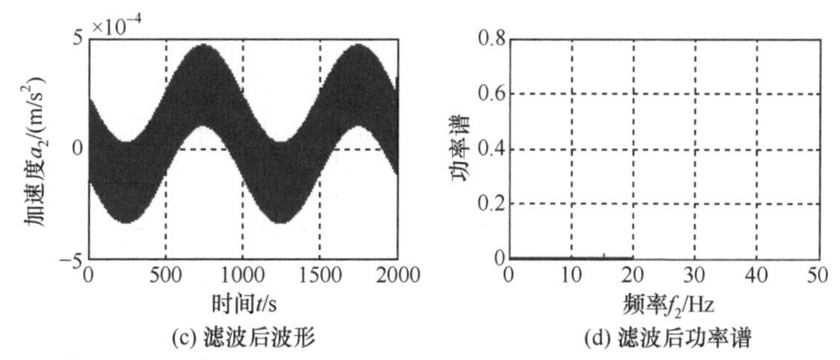

(c) 滤波后波形　(d) 滤波后功率谱

图 8.6　振动信号外加频率为 0.001Hz、加速度为 0.0005m/s² 时的滤波前后波形及功率谱

由图 8.6 可见，通过滤波处理可使测量系统的加速度最低测量频率达到 0.001Hz，加速度达到 0.0005m/s²。

同理，外加振动信号频率为 0.001Hz，加速度为 0.001m/s² 时，固有频率的影响很大。同样将系统的固有振动信号滤掉，滤波前后的加速度波形及功率谱见图 8.7。

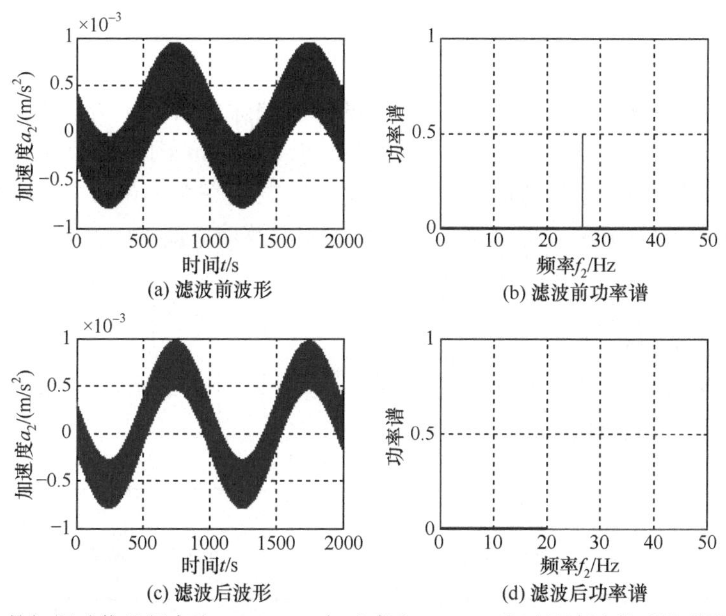

(a) 滤波前波形　(b) 滤波前功率谱

(c) 滤波后波形　(d) 滤波后功率谱

图 8.7　外加振动信号频率为 0.001Hz、加速度为 0.001m/s² 时的滤波前后波形及功率谱

通过滤波处理将系统 27Hz 左右的固有振动信号滤掉，保证了振动测量系统在低频测量的情况下可以测量更低的被测加速度数值。

8.2.2　高频加速度测量拓展

为考察测量系统高频应用范围，外加振动信号频率为 10Hz，加速度为 0.0005m/s² 和 0.001m/s²，加速度波形及功率谱见图 8.8。

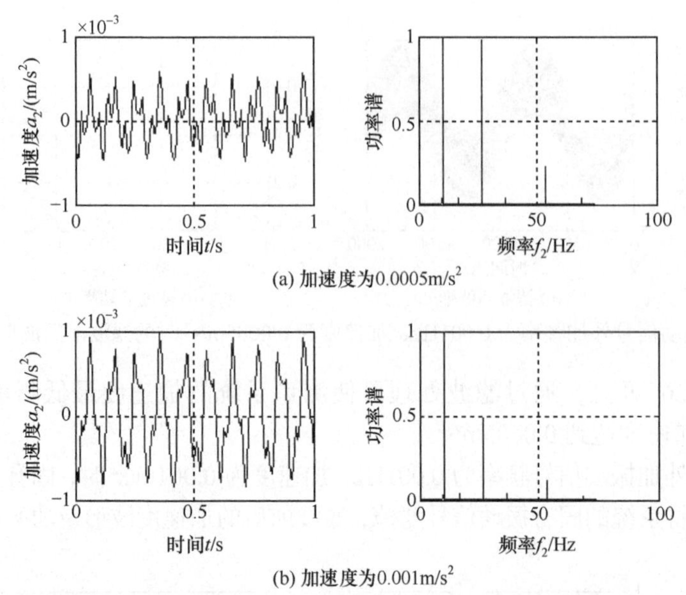

图 8.8　外加振动信号频率为 10Hz 时的不同加速度波形及功率谱

根据对更高测量频率的研究，加速度的主频除了 10Hz 外还有一个主频为 25Hz 左右的系统固有频率。当外加加速度低于 0.0005m/s² 时，固有频率的影响很大，可将系统的固有振动信号滤掉。外加激振频率为 10Hz，加速度分别为 0.0005m/s² 和 0.001m/s²，滤波前后加速度的波形及功率谱见图 8.9 和图 8.10。

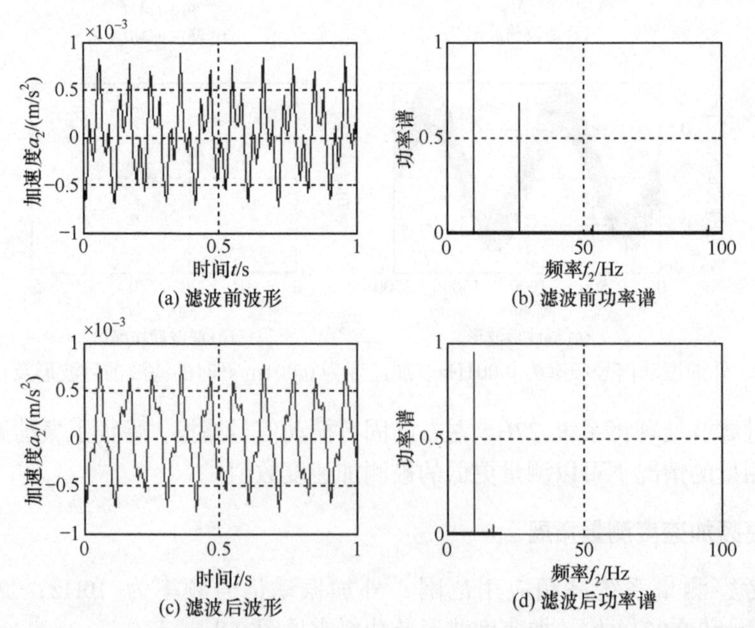

图 8.9　外加振动信号频率为 10Hz、加速度为 0.0005m/s² 时的滤波前后波形及功率谱

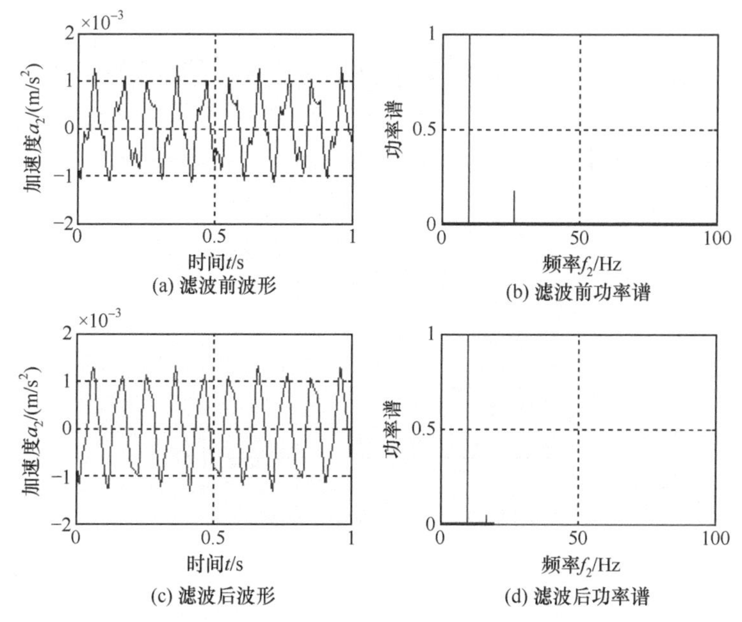

图 8.10　外加振动信号频率为 10Hz、加速度为 0.001m/s² 时的滤波前后波形及功率谱

通过滤波处理将系统 25Hz 左右的固有振动信号滤掉，保证了振动测量系统在高频测量的情况下可以测量更高的被测加速度数值。

通过对磁悬浮绝对式振动测量系统最小和最大频率测量的研究可知，当被测振动信号加速度为 0.01～2.5m/s² 时，可直接进行绝对式振动测量，测量频率范围为 0.001～10Hz。

通过滤波处理将系统的固有振动信号滤除以后，在振动频率为 0.001～10Hz 时，可测量的最低加速度为 0.0005m/s²。

综上，磁悬浮绝对式振动测量系统可以测量的振动频率范围及可测外加振动加速度数值，见图 8.11。

图 8.11 中矩形符号对应的频率和加速度是滤波后可测的绝对式振动值，圆形符号对应的频率和加速度是直接可测的绝对式振动值。如果圆形符号对应的频率和加速度信号也经过滤波，则可滤掉测量系统的固有振动信号，结果会更好。

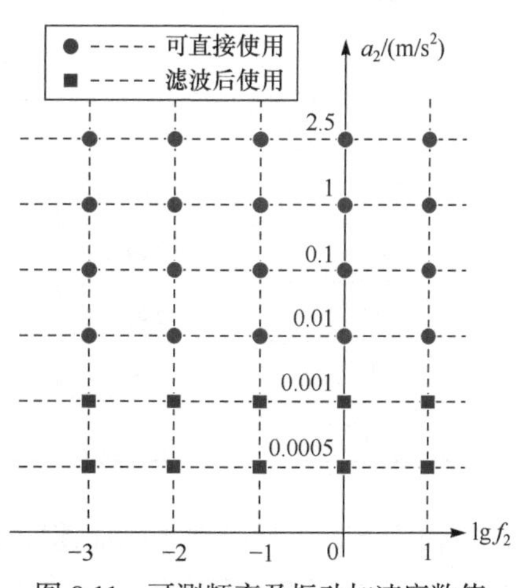

图 8.11　可测频率及振动加速度数值

8.3 磁悬浮绝对式振动测量系统幅频特性

外加振动信号频率为 0.001～10Hz，校正前系统的幅频特性见图 8.12。

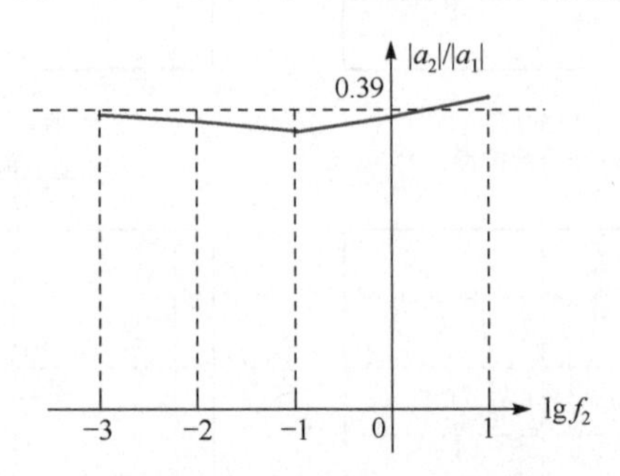

图 8.12 校正前系统的幅频特性

由图 8.12 可见，磁悬浮绝对式振动测量系统输出加速度信号的绝对值与标准加速度信号的绝对值之比约为 0.39。相同频率、不同加速度的输出信号需要放大的倍率不同，可将各输出信号对应频率放大倍率取平均值，见表 8.1。

表 8.1 不同频率放大倍率

输出信号频率 f_2/Hz	0.001	0.01	0.1	1	10
放大倍率	0.3450	0.3432	0.3373	0.3489	0.5754

由各频率点不同加速度取平均值引起的相对误差见表 8.2。

表 8.2 各频率放大倍率相对误差

输出信号加速度 a_2/(m/s^2)	相对误差/%				
	f_2 = 0.001Hz	f_2 = 0.01Hz	f_2 = 0.1Hz	f_2 = 1Hz	f_2 = 10Hz
0.01	4.24	4.26	4.34	4.01	4.17
0.1	3.53	−3.55	−3.60	−3.68	0.27
1	−2.43	−2.44	−2.48	−2.42	−1.52
2.5	1.72	1.73	1.73	2.09	−3.92

由表 8.2 可见，由不同加速度放大倍率取平均值引起的相对误差绝对值小于 5%。对于频率值不在上述点的倍率，按照函数插值法进行补偿，见图 8.13。

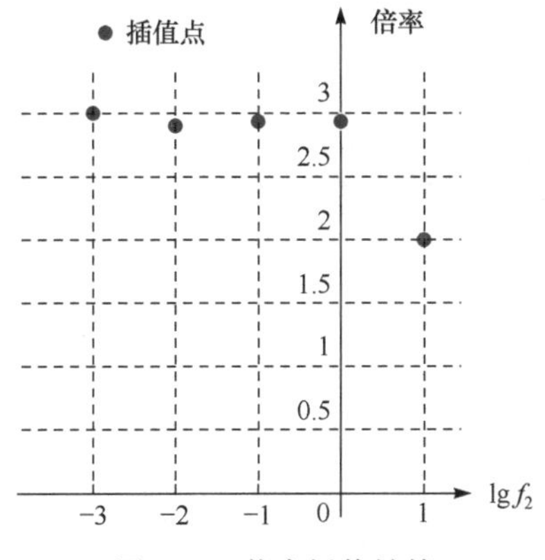

图 8.13　倍率插值补偿

通过函数拟合后，经过倍率放大后测量系统的幅频特性见图 8.14。

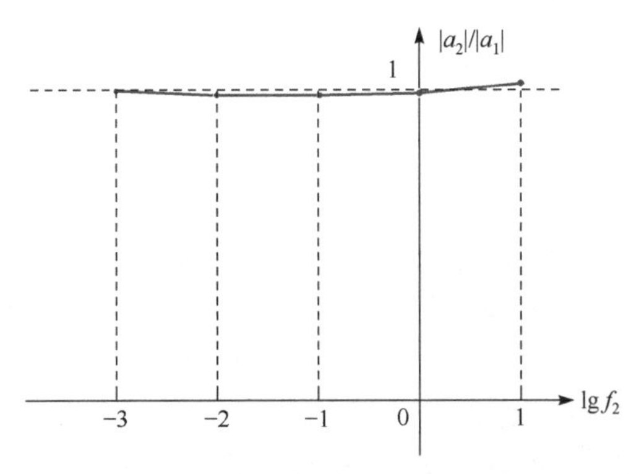

图 8.14　补偿后系统的幅频特性

由此可见，振动测量系统原有的幅频特性较差，通过函数拟合的算法对实测值进行拟合补偿，补偿后系统的幅频特性得到了改善。由图 8.14 可见，经过倍率差值补偿后得到的测量系统的幅频特性接近于 1，测量系统的幅频特性较为理想。

8.4　实验结果及分析

通过激振器外加振动信号加速度为 0.02m/s^2、频率为 0.8Hz，磁悬浮绝对式振动测量系统测得的加速度波形和功率谱见图 8.15。

由图 8.15(b)可见，除了被测振动信号的低频成分之外，还有一个 37Hz 左右测量系统的固有频率。通过 MATLAB 滤波程序将固有振动信号滤除后的波形及功率谱见图 8.16。

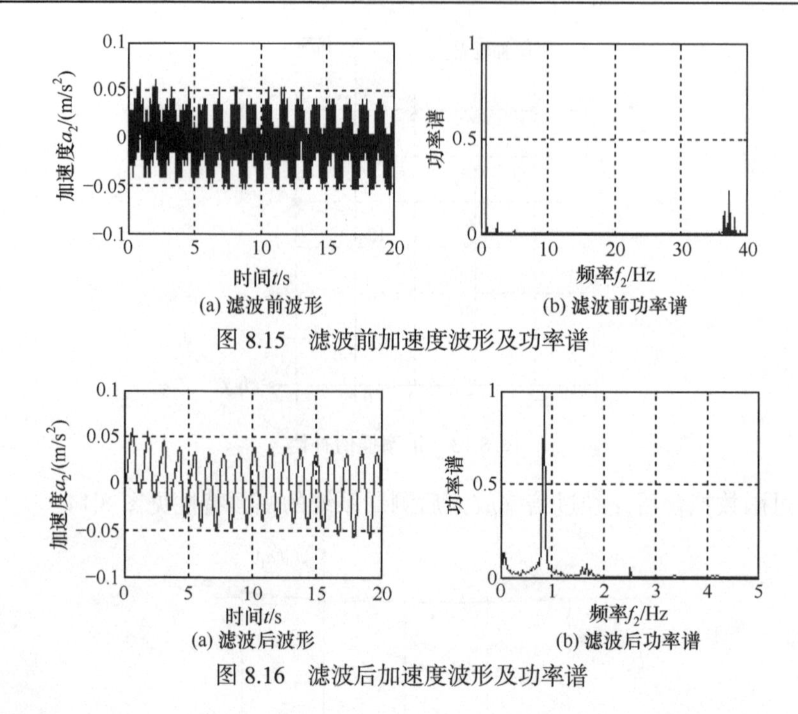

图 8.15　滤波前加速度波形及功率谱

图 8.16　滤波后加速度波形及功率谱

由图 8.16 可见，滤除测量系统固有频率后，输出频率主频为 0.8Hz，与外加振动信号相同。进一步减小振子的质量可以提高系统的固有频率，从而进一步提高测量频率上限。

由此，可得到如下结论：

(1) 磁悬浮绝对式振动测量方法的优点是可测量低频率和小加速度数值的振动；

(2) 直接进行测量，被测振动频率可达 0.001～10Hz，被测振动加速度可达 0.01～2.5m/s^2；

(3) 滤波后，可实现被测振动频率为 0.001～10Hz，被测振动加速度为 0.0005～2.5m/s^2；

(4) 通过函数拟合后系统的幅频特性较好，在测量范围内，相同的被测振动信号加速度数值与输出信号的加速度数值较为接近；

(5) 根据磁悬浮绝对式振动测量方法的分析结果，设计时可进一步改变系统参数，拓宽振动测量的低频范围和减小被测振动信号的加速度数值。

8.5　光电位移传感器与动态特性的关系

8.5.1　光电位移传感器工作原理

磁悬浮绝对式振动测量系统采用光电测量原理实现振子的相对位移测量，光电位移传感器工作原理见图 8.17。

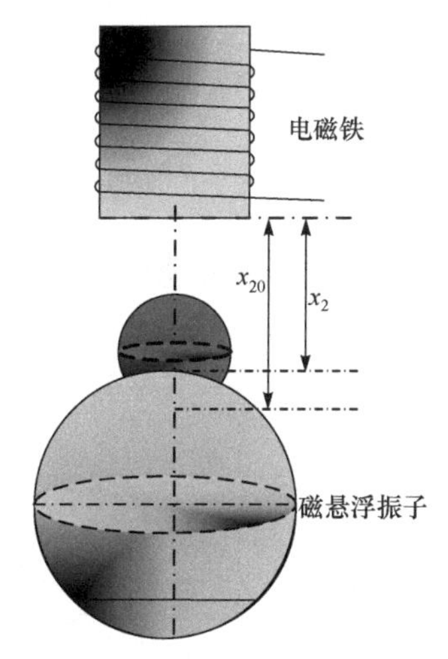

图 8.17　光电位移传感器工作原理

图 8.17 为光电位移传感器的截面图。其中，小圆形为红外光电位移传感器接收到的光线截面，大圆形为磁悬浮振子截面。图中可见磁悬浮振子接收了部分红外光。很明显，磁悬浮振子向上运动时接收的光线越来越多，反之越来越少。

磁悬浮振子的位移与接收红外光面积的关系见表 8.3。

表 8.3　振子位移与接收红外光面积的关系

振子位移 h/mm	接收红外光面积 s/mm^2	振子位移 h/mm	接收红外光面积 s/mm
0.00	19.6350	2.75	8.6487
0.25	19.2744	3.00	7.4101
0.50	18.6300	3.25	6.1947
0.75	17.8167	3.50	5.0166
1.00	16.8797	3.75	3.8967
1.25	15.8476	4.00	2.8367
1.50	14.7417	4.25	1.8767
1.75	13.5794	4.50	1.0396
2.00	12.3756	4.75	0.3739
2.25	11.1441	5.00	0.0000
2.50	9.8976		

设接收红外光的圆形半径为 r，磁悬浮振子的半径为 R，振子位移为 h。两个圆形交叉点与接收红外光的圆心角为 $2\theta_1$，则 θ_1 为

$$\theta_1 = \arccos\left(\frac{r-h}{r}\right) \tag{8-1}$$

可得接收红外光面积与振子位移的关系为

$$s=R^2\pi + r^2\pi - R^2\theta_1 - r^2\theta_1 + \frac{1}{2}R^2\sin(2\theta_1) + \frac{1}{2}r^2\sin(2\theta_1) \tag{8-2}$$

由式(8-2)得到接收红外光面积与振子位移曲线见图 8.18。

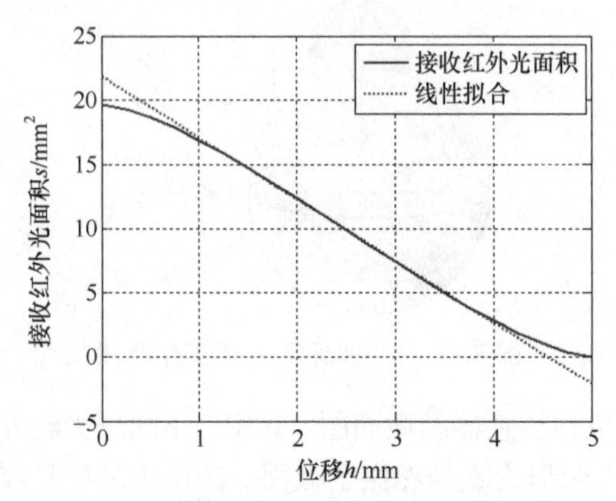

图 8.18 接收红外光面积与振子位移关系

图 8.18 中的实线为振子位移与接收红外光面积的关系，可见中间部分振子位移与接收红外光面积近似呈线性关系；虚线为通过最小二乘法对曲线线性拟合得到的直线。

根据计算得到拟合直线的误差，见表 8.4。

表 8.4 位移传感器相对误差

位移 h/mm	相对误差 δ/%	位移 h/mm	相对误差 δ/%
1.00	−0.3640	2.75	−0.5569
1.25	0.3485	3.00	−1.1223
1.50	0.7436	3.25	−1.5589
1.75	0.8681	3.50	−1.6334
2.00	0.7600	3.75	−0.9435
2.25	0.4560	4.00	1.2029
2.50	−0.0021		

振子位移 h 与振子至电磁铁底部距离 x_2 的关系为

$$h = x_{20} - x_2 \tag{8-3}$$

振子至电磁铁底部距离 x_2 与接收红外光面积 s 的关系见图 8.19。

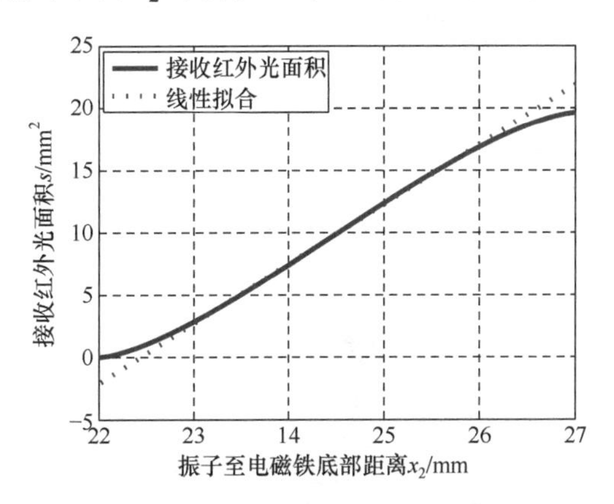

图 8.19　接收红外光面积与振子至电磁铁底部距离关系

图 8.19 中，实线为振子至电磁铁底部距离 x_2 和接收红外光面积 s 的关系，虚线为最小二乘法拟合的直线。

位移传感器的输出电压与接收红外光面积成正比，因此位移传感器的输出电压 u_o 与振子至电磁铁底部距离 x_2 也成正比。设输出电压对位移的灵敏度为 S_u，实测得到该测量灵敏度为

$$S_u = \frac{\Delta U}{\Delta x} = 0.77\text{V/mm} \tag{8-4}$$

由此可得到位移传感器的输出电压与振子至电磁铁底部距离的关系，见图 8.20。

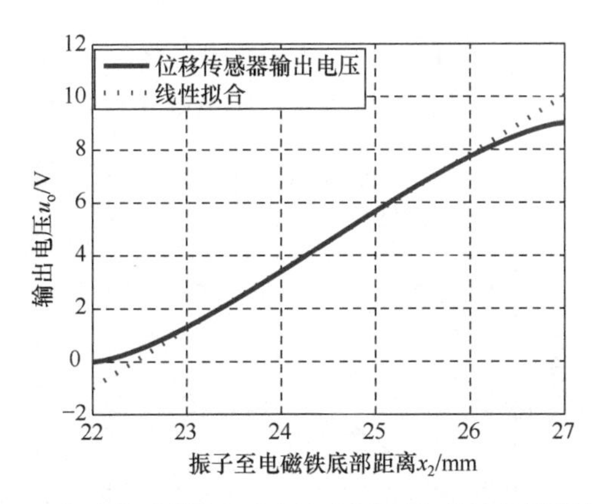

图 8.20　位移传感器输出电压与振子至电磁铁底部距离关系

由图 8.20 可见，振子至电磁铁底部距离 x_2 在 23～26mm 与输出电压 u_o 近似呈线性关系，该区间为最佳线性工作区。稳定工作区在 22～27mm，即接收红外光圆形直径区间，超出此范围振子将失衡。

8.5.2　扩大振子动态范围设计

为了扩大振子工作区间，在振子上方加装一个椭圆体避光物体，见图 8.21。当振子位移达到红外光圆形直径时只遮挡一半红外光。

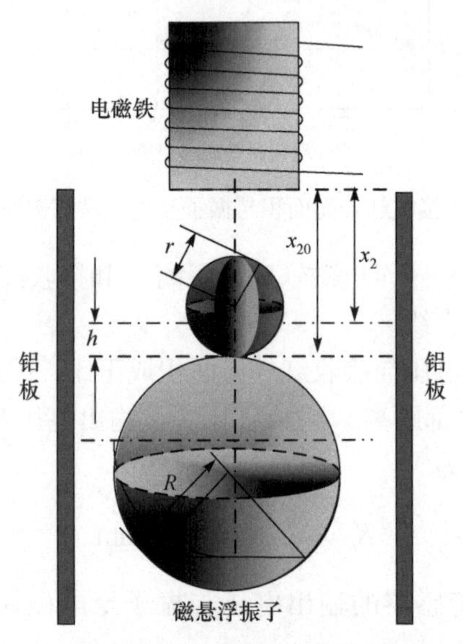

图 8.21　扩大振子动态范围

采用图 8.21 方式工作时，振子的动态范围扩大至 0～2r。扩大振子动态范围设计得到的振子至电磁铁底部距离与位移传感器输出电压的关系见图 8.22。

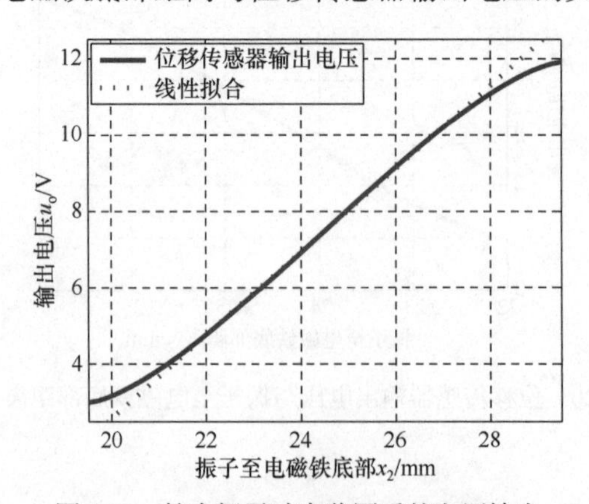

图 8.22　扩大振子动态范围后的电压输出

由图 8.22 可见，位移传感器的工作区间扩大至19.5～29.5mm，线性工作区为21.5～27.5mm，振子的动态范围扩大了一倍。

振子动态范围扩大将使位移传感器的灵敏度降低一半。可以将红外光电位移传感器测量电路的放大倍数提高一倍，这样灵敏度将与式(8-4)相同，保持不变。

8.6　控制电路与灵敏度的关系

振子的悬浮状态由控制电路实现，光电位移传感器将测得的振子位移信号输入控制器，由于受重力作用振子的运动速度较快，控制电路应具有超前控制的功能，系统采用 PD 控制方式。控制电路有两种工作方式：单边工作方式和双边工作方式。

8.6.1　单边工作方式

单边工作方式控制电路见图 8.23。单边工作方式控制电路使用单极性电源，该方式的控制电路设备易于携带，可实现野外现场的振动测量。该控制方式中，电磁铁对于振子的磁力只有磁吸力，当振子与电磁铁之间的距离特别近时将会失衡，使振动测量系统无法正常工作。

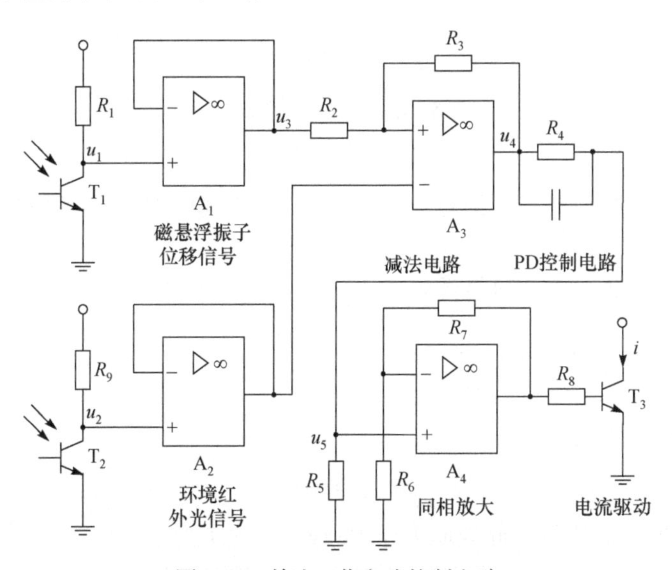

图 8.23　单边工作方式控制电路

8.6.2　双边工作方式

双边工作方式采用双极性电源。与单边工作方式的不同点是双边工作方式电流驱动部分改用互补对称功率放大电路实现电磁铁的电流控制，见图 8.24。

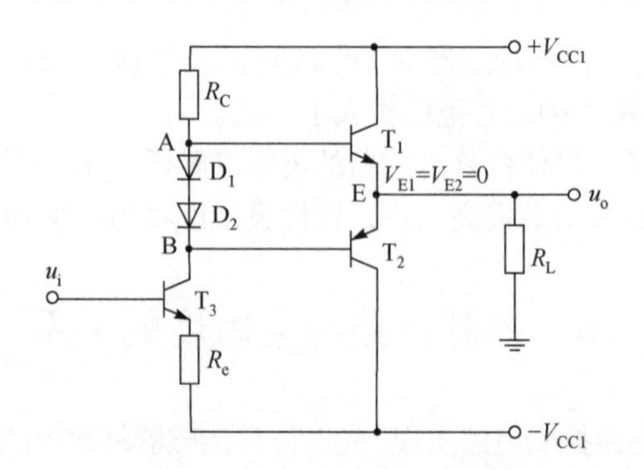

图 8.24　双边工作方式控制电路

双边工作方式电磁铁电流是双向的，当振子距离电磁铁过近时电磁铁的电流将反向，振子所受磁力将变为斥力，以保持振子的悬浮状态。双边工作方式也可设计成单极性电源和双极性电源。采用单极性电源，互补对称功率放大电路中要通过电容实现负载电流方向的改变，但不能工作在直流静态工作方式，故低频特性较差。

根据电路理论中乙类工作状态及理想条件，功率三极管的极限参数按式(8-5)选取：

$$\begin{cases} P_{\mathrm{CM}} \geqslant 0.2P_{\mathrm{OM}} \\ U_{(\mathrm{BR})\mathrm{CEO}} \geqslant 2U_{\mathrm{CC}} \\ I_{\mathrm{CM}} \geqslant U_{\mathrm{CC}} / R_{\mathrm{L}} \end{cases} \tag{8-5}$$

双边工作方式使磁悬浮绝对式振动测量系统抗冲击能力得到提高，稳定性得到加强。

根据磁力计算方法，磁悬浮绝对式振动测量系统振子所受磁力为

$$f_{\mathrm{C}}(i,x_2) = \frac{i^2}{6665{x_2}^3 + 1648{x_2}^2 - 71.96x_2 + 0.7326} \tag{8-6}$$

振子所受重力为

$$f_{\mathrm{Z}} = mg \tag{8-7}$$

式中，m 为振子的质量，此处取为0.198kg；g 为重力加速度。

根据控制电路理论，控制器电流与振子位移随时间的变化率函数关系为

$$\Delta i(t) = c_1 \Delta x2(t) + c_2 \frac{\mathrm{d}\Delta x2(t)}{\mathrm{d}t} \tag{8-8}$$

根据牛顿第二定律，振子的动力学方程为

$$f_{\mathrm{C}}(i,x_2)-f_{\mathrm{Z}}=m\frac{\mathrm{d}^2x_2}{\mathrm{d}t^2} \tag{8-9}$$

将振子所受磁力以及重力和电流表达式代入振子动力学方程，得到

$$\frac{\mathrm{d}^2\Delta x_2(t)}{\mathrm{d}t^2}+179.09\frac{\mathrm{d}\Delta x_2(t)}{\mathrm{d}t}+14054.21\Delta x_2(t)=-\frac{\mathrm{d}^2\Delta x_1(t)}{\mathrm{d}t^2} \tag{8-10}$$

根据振动测试理论可得到磁悬浮振子的固有角频率为 $\omega_{\mathrm{n}}=118.7\mathrm{rad/s}$，固有频率为 $f_{\mathrm{n}}=18.89\mathrm{Hz}$，振动测试系统的阻尼率为 $\xi=0.76$。

8.7　磁悬浮绝对式振动测量系统灵敏度

调节振动台输出振动信号的振幅为 0.05mm、角频率为 100rad/s，见图 8.25。

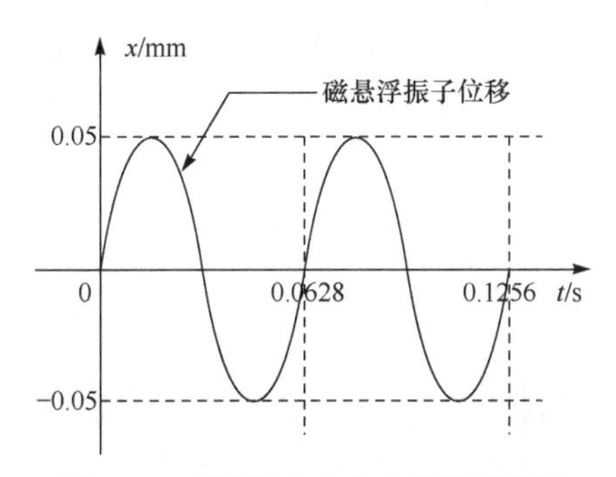

图 8.25　实测振动台输出的振动信号

位移为

$$x=A_{\mathrm{m}}\sin(\omega t)=0.05\sin(100t)\mathrm{mm} \tag{8-11}$$

速度为

$$v=\omega A_{\mathrm{m}}\sin\left(\omega t+\frac{\pi}{2}\right)=100\times0.05\times10^{-3}\sin\left(100t+\frac{\pi}{2}\right)\mathrm{m/s} \tag{8-12}$$

最大速度为

$$v_{\mathrm{m}}=5\mathrm{mm/s} \tag{8-13}$$

通过运算放大器放大后，红外光电位移传感器灵敏度为 $C_{\mathrm{I}}=3\mathrm{V/mm}$[3]，实测振动幅度为 0.05mm，此时光电位移传感器输出电压为 $V_{\mathrm{o}}=150\mathrm{mV}$。

速度灵敏度为

$$S_{\mathrm{v}}=\frac{V_{\mathrm{o}}}{v_{\mathrm{m}}}=30\mathrm{mV/(mm/s)} \tag{8-14}$$

普通的振动速度传感器的速度灵敏度为20mV/(mm/s)，磁悬浮绝对式振动测量系统的速度灵敏度高于一般振动速度传感器的速度灵敏度。

磁悬浮绝对式振动测量系统的加速度为

$$a = \omega^2 A_{\mathrm{m}} \sin(\omega t + \pi) = 0.5\sin\left(100t + \frac{\pi}{2}\right)\mathrm{m/s^2} \tag{8-15}$$

最大加速度为

$$a_{\mathrm{m}} = 0.5\mathrm{m/s^2} \tag{8-16}$$

振动加速度灵敏度为

$$S_{\mathrm{a}} = \frac{V_{\mathrm{o}}}{a_{\mathrm{m}}} = 300\mathrm{mV/(m/s^2)} \tag{8-17}$$

一般加速度传感器的加速度灵敏度低于100mV/(m/s²)(如某型号的加速度传感器的加速度灵敏度为40mV/(m/s²))，可见本书设计的振动测量系统灵敏度较高。

图 8.26 为磁悬浮绝对式振动测量系统加速度计算示意图。

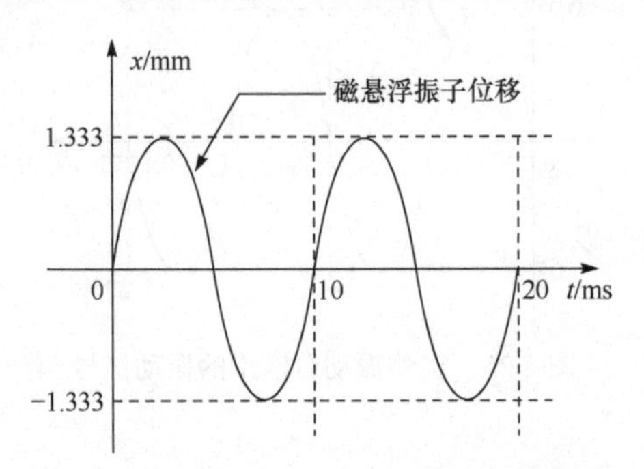

图 8.26　磁悬浮绝对式振动测量系统加速度计算图

被测频率为 100Hz，角频率为 $\omega = 628.32\mathrm{rad/s}$，输出电压为 4V，振幅为1.333mm，加速度为

$$a = \omega^2 A_{\mathrm{m}} \sin(628.32t + \pi) = 526.38\sin\left(628.32t + \frac{\pi}{2}\right)\mathrm{m/s^2} \tag{8-18}$$

最大加速度为

$$a_{\mathrm{m}} = 526.38\mathrm{m/s^2} \approx 52.6g \tag{8-19}$$

当被测振动频率较低时磁悬浮绝对式振动测量系统的波形较好，功率谱较好，幅值较高，振动速度测量灵敏度高，最大加速度值较高。

8.8　磁悬浮绝对式振动测量系统误差分析

8.8.1　幅值分析

振动传感器的输出幅值是传感器的重要参数之一，将设计的磁悬浮绝对式振动测量系统的输出电压幅值与普通振动速度传感器的输出电压幅值进行比较。在振动频率为 30～210Hz 时每隔 20Hz 改变一次激振器振动信号频率，分别测量磁悬浮绝对式振动测量系统的输出电压幅值和普通振动速度传感器的输出电压幅值，每个频率分别测量 18 次，实测结果见表 8.5。

表 8.5　输出电压幅值比较

振动频率 f_0/Hz	传感器类型	输出电压幅值/mV								
30	普通	455	457	457	459	455	457	458	454	455
	磁悬浮	4910	4900	4910	4910	4900	4900	4900	4890	4900
	普通	455	455	455	457	457	457	456	456	456
	磁悬浮	4900	4890	4890	4900	4900	4910	4900	4910	4890
50	普通	438	439	438	437	437	438	438	438	435
	磁悬浮	4870	4860	4870	4870	4860	4880	4870	4870	4870
	普通	437	437	437	437	435	437	437	436	436
	磁悬浮	4860	4870	4870	4870	4860	4870	4860	4870	4870
70	普通	420	419	419	419	419	419	421	420	420
	磁悬浮	4790	4800	4790	4790	4790	4790	4780	4790	4780
	普通	420	420	421	420	419	420	420	420	420
	磁悬浮	4790	4780	4790	4790	4790	4790	4790	4780	4790
90	普通	400	399	398	401	399	398	399	399	400
	磁悬浮	4590	4580	4580	4580	4570	4590	4590	4590	4590
	普通	400	398	399	399	398	397	400	399	399
	磁悬浮	4580	4580	4590	4590	4580	4590	4590	4590	4580
110	普通	373	372	371	372	372	372	373	372	372
	磁悬浮	4230	4220	4230	4230	4220	4230	4230	4220	4230
	普通	372	373	372	371	371	371	371	372	373
	磁悬浮	4230	4220	4230	4230	4230	4240	4230	4230	4230

续表

振动频率 f_0/Hz	传感器类型	输出电压幅值/mV								
130	普通	348	347	346	347	347	347	347	347	348
	磁悬浮	3730	3720	3730	3730	3730	3720	3730	3730	3730
	普通	347	348	348	347	347	347	347	349	347
	磁悬浮	3730	3730	3710	3720	3730	3730	3730	3720	3720
150	普通	330	329	331	329	329	329	330	331	330
	磁悬浮	3210	3220	3210	3220	3220	3210	3210	3220	3210
	普通	330	330	330	330	329	330	331	330	329
	磁悬浮	3200	3210	3210	3200	3210	3210	3210	3220	3220
170	普通	310	309	311	310	309	309	309	309	308
	磁悬浮	2720	2720	2720	2710	2720	2720	2700	2710	2710
	普通	310	309	309	308	310	309	310	311	309
	磁悬浮	2710	2700	2710	2710	2720	2710	2720	2720	2700
190	普通	280	279	281	279	279	281	280	280	280
	磁悬浮	2220	2230	2210	2220	2220	2230	2210	2230	2220
	普通	280	279	278	278	279	279	280	280	279
	磁悬浮	2220	2210	2220	2220	2220	2230	2200	2230	2230
210	普通	270	269	271	271	271	272	270	271	270
	磁悬浮	1970	1980	1990	1960	1950	1960	1970	1980	1980
	普通	270	269	270	269	269	269	269	270	270
	磁悬浮	1960	1980	1990	1950	1960	1970	1960	1960	1950

由表 8.5 可以看出，磁悬浮绝对式振动测量系统的输出电压幅值高于普通振动速度传感器的输出电压幅值，与激振器的输出位移振动信号的幅值比近似于 1，因此，它的系统灵敏度高。此外，通过对磁悬浮绝对式振动测量系统的信号幅值的测量和比较，还可以进一步获得其幅频特性和相频特性。

8.8.2　频率分析

在振动频率为 30～160Hz 时每隔 10Hz 改变一次激振器振动信号频率，分别测量磁悬浮绝对式振动测量系统的输出频率和某型号振动速度传感器的输出频率，每个频率分别测量 20 次。磁悬浮绝对式振动测量系统实测频率见表 8.6。普通振动速度传感器实测频率结果见表 8.7。

表 8.6　磁悬浮绝对式振动测量系统实测频率

振动频率 f_0/Hz	磁悬浮绝对式振动测量系统实测频率 f_1/Hz									
30	29.79	30.03	29.79	30.03	29.79	30.03	30.03	30.03	30.03	30.03
	30.03	30.03	30.27	29.79	30.03	30.03	29.79	29.79	30.27	30.03
40	39.80	40.04	40.04	40.04	40.04	40.28	40.28	40.28	40.28	40.28
	40.28	40.28	40.04	39.80	40.04	40.04	39.80	39.80	40.04	39.80
50	50.29	50.29	50.29	50.29	50.29	50.29	50.05	50.05	50.05	50.05
	50.29	50.29	50.29	50.05	50.05	50.05	50.05	50.05	50.05	50.05
60	60.06	60.06	60.06	59.81	59.81	60.06	60.06	60.06	59.81	60.06
	60.06	60.06	60.06	59.33	59.57	60.06	60.06	60.06	59.81	59.81
70	69.82	70.07	70.07	70.07	70.07	70.07	69.82	70.07	70.07	70.07
	70.07	69.82	70.07	70.07	70.07	69.82	70.07	69.82	70.07	70.07
80	80.08	79.83	80.08	79.83	79.83	79.83	79.83	79.83	80.08	80.07
	80.08	79.83	79.83	79.83	79.83	79.83	80.08	80.08	79.83	79.83
90	90.09	90.09	90.09	90.09	89.84	89.84	89.84	90.09	89.84	90.09
	90.09	89.84	89.60	90.09	89.84	89.84	89.84	90.09	90.09	89.84
100	99.15	99.85	100.10	99.90	100.10	100.10	99.85	100.10	100.10	99.90
	99.85	100.10	100.10	100.10	99.85	100.10	100.10	100.10	100.10	100.10
110	109.86	110.11	110.35	109.86	110.11	110.35	109.86	109.86	109.86	110.11
	110.35	109.86	109.86	110.11	110.11	110.35	110.11	110.11	110.11	110.60
120	119.63	119.87	119.63	119.87	119.63	120.12	119.63	119.87	119.87	119.87
	119.87	119.63	120.12	119.63	119.87	119.63	119.63	119.63	119.87	119.87
130	129.88	130.13	129.88	129.64	129.88	130.37	129.88	129.88	130.37	130.13
	130.1	129.88	130.13	129.88	130.13	129.88	129.88	129.64	130.37	129.88
140	139.16	139.68	140.38	139.89	140.38	139.65	139.89	140.38	139.89	140.14
	140.14	140.38	140.87	139.65	139.65	139.65	139.65	139.40	139.89	139.40
150	149.90	150.88	149.90	150.39	149.90	150.39	150.39	149.41	149.41	149.90
	149.90	149.41	149.90	149.41	149.90	149.90	149.41	149.90	149.41	149.90
160	159.18	159.67	159.67	159.67	159.67	159.67	159.67	159.67	159.67	159.67
	159.67	159.67	159.67	159.18	159.67	160.65	159.67	160.16	159.18	159.67

表 8.7　普通振动速度传感器实测频率

振动频率 f_0/Hz	普通振动速度传感器实测频率 f_2/Hz									
30	29.54	29.91	29.66	29.42	29.42	29.79	29.79	29.79	29.79	29.79
	29.79	30.03	30.03	30.03	29.79	30.03	30.03	30.03	29.79	29.79
40	39.43	39.67	39.67	39.67	39.55	39.55	39.43	39.43	39.55	39.55
	39.43	39.67	39.67	39.67	39.67	40.04	40.04	40.04	39.80	39.80
50	49.81	49.93	49.93	49.81	49.81	49.68	49.68	49.81	49.81	49.93
	49.93	49.93	49.81	49.81	49.81	49.68	49.68	49.81	50.05	50.05
60	59.94	59.94	60.06	60.06	60.06	59.81	59.81	59.81	59.94	59.94
	59.57	59.69	59.69	59.69	59.81	59.81	59.81	59.94	59.94	60.06
70	69.82	69.82	69.95	69.95	69.82	70.07	70.07	69.95	69.95	69.95
	69.82	69.82	69.95	69.95	70.07	70.07	69.82	69.95	69.82	69.95
80	79.96	79.96	79.83	79.83	79.96	79.96	80.08	80.08	80.08	79.96
	79.96	80.08	79.83	79.96	80.08	80.08	79.96	79.83	79.96	79.96
90	89.48	89.48	89.72	89.72	89.72	89.84	89.84	89.97	89.97	89.97
	89.97	89.84	89.97	89.84	89.97	89.72	89.84	89.72	89.72	89.97
100	99.37	99.37	99.49	99.49	99.37	99.85	99.85	99.85	99.73	99.73
	99.85	99.98	99.98	99.73	99.73	99.73	99.85	99.98	99.85	99.85
110	109.62	109.62	109.62	109.50	109.50	109.74	109.74	109.74	109.62	109.62
	109.50	109.50	109.74	109.62	109.50	109.74	109.74	109.62	109.62	109.62
120	119.75	119.75	120.00	120.00	120.00	119.63	119.75	119.63	119.63	120.00
	119.63	120.00	119.63	120.00	119.75	119.75	119.75	120. 00	119.63	120.00
130	129.88	129.88	130.13	129.88	130.13	129.40	129.40	129.64	129.64	129.88
	129.88	129.40	129.64	129.64	129.88	129.64	129.40	129.88	129.88	129.88
140	139.89	139.65	139.65	139.89	139.65	139.89	139.89	140.14	140.14	140.14
	139.89	139.65	140.14	139.89	139.89	140.38	140.14	139.89	139.65	139.89
150	149.90	149.90	149.66	149.90	149.90	150.15	150.15	149.66	149.90	149.90
	149.90	150.15	150.15	149.90	149.90	149.66	149.66	150.15	149.90	149.66
160	159.67	159.91	159.67	159.91	160.16	160.16	159.91	159.67	159.91	159.67
	159.91	159.67	159.91	160.16	160.16	160.16	159.67	159.91	159.67	159.67

根据表 8.6 给出的磁悬浮绝对式振动测量系统实测数据，可知设计的振动测量系统的均方根偏差σ为

$$\sigma=\sqrt{\frac{\sum(f_i-Q)^2}{n}} \tag{8-20}$$

式中，f_i为单次测量频率；Q为真值；n为测量次数。

由均方根偏差估计值得到标准偏差：

$$\sigma_{\mathrm{s}}=\sqrt{\frac{\sum\left(f_i-\overline{f_i}\right)^2}{n-1}} \tag{8-21}$$

式(8-21)为贝塞尔(Bessel)公式。$\overline{f_i}$为n次测量频率的平均值(这里$n=10$)，置信概率$P_{\mathrm{a}}=95\%$，查拉普拉斯函数表，$2\phi(t)=0.95$，$t=1.96$，误差限为$\pm\, t\sigma_{\mathrm{s}}/\sqrt{n}$，置信概率$P_{\mathrm{a}}=95\%$的测量结果上、下限为$\overline{f_i}\pm\, t\sigma_{\mathrm{s}}/\sqrt{n}$。

磁悬浮绝对式振动测量系统与普通振动速度传感器的绝对误差和相对误差比较见图 8.27 和图 8.28。

由图 8.27 和图 8.28 可以看出，磁悬浮绝对式振动测量系统的绝对误差和相对误差有正有负，而普通振动速度传感器的绝对误差和相对误差基本为负，即普通振动速度传感器的测量频率低于标准激振器的频率，存在系统误差，误差产生的原因是速度传感器存在机械间隙误差、摩擦和弹簧弹性部件的干扰，使得仪器内部线圈的运动受到一定的限制。而磁悬浮绝对式振动测量系统由于用磁悬浮振子作为惯性质量块，悬浮于空中不与任何物体相接触，不存在机械间隙和机械摩擦对惯性质量块运动的限制，质量块的运动不受限制，较为灵活。

概率$P_{\mathrm{a}}=95\%$的置信区间特性见图 8.29。

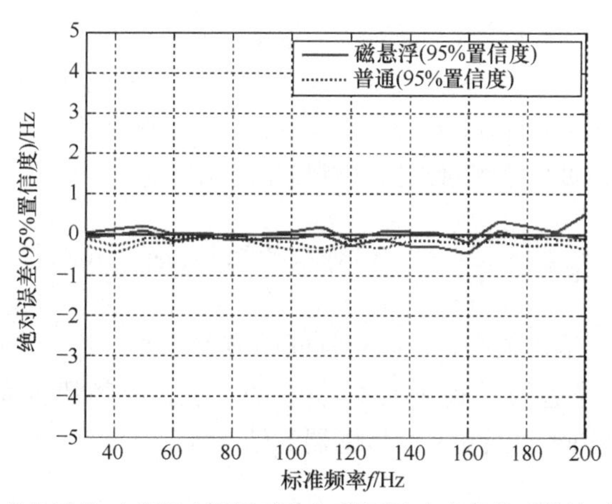

图 8.27　磁悬浮绝对式振动测量系统与普通振动速度传感器绝对误差比较

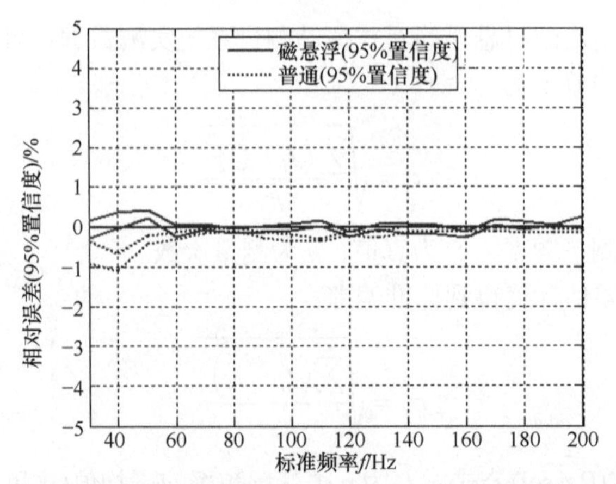

图 8.28　磁悬浮绝对式振动测量系统与普通振动速度传感器相对误差比较

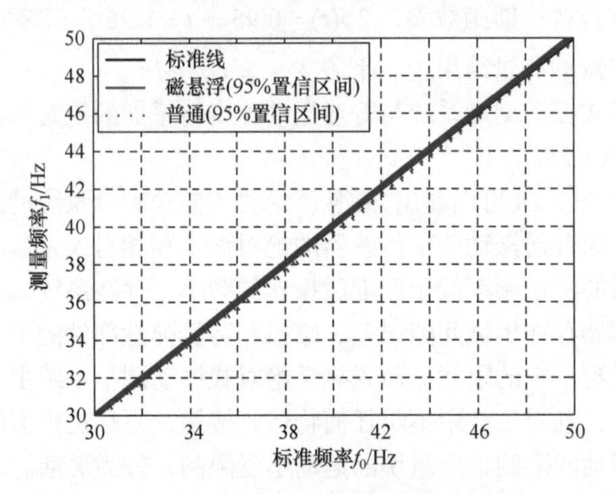

图 8.29　概率为 95%的置信区间特性

由图 8.29 同样可以看出，普通振动速度传感器的95% 置信区间分布在标准激振器频率之下，即普通振动速度传感器实测频率一般低于外界激振器的频率。

表 8.6 中，磁悬浮绝对式振动测量系统在 20～200Hz 频段的最大绝对误差为 0.85Hz 。由此得到磁悬浮绝对式振动测量系统精度为

$$\xi_{\mathrm{H}}=\frac{\left|(\Delta y_{\mathrm{H}})_{\max}\right|}{Y_{\mathrm{FS}}}\times 100\%=\frac{0.85}{200}\times 100\%=0.43\% \tag{8-22}$$

式中，$\left|(\Delta y_{\mathrm{H}})_{\max}\right|$ 为输出值在正、反行程间的最大差值；Y_{FS} 为满量程输出值。

表 8.7 中，普通振动速度传感器在 20～200Hz 频段的最大绝对误差为 0.781Hz ，由此得到普通振动速度传感器的精度为

$$\xi_H = \frac{|(\Delta y_H)_{max}|}{Y_{FS}} \times 100\% = \frac{0.781}{200} \times 100\% = 0.39\% \tag{8-23}$$

通过计算结果对比还可以看出，磁悬浮绝对式振动测量系统的随机误差比普通振动速度传感器大，也说明了磁悬浮绝对式振动测量系统的灵敏度较高。为进一步提高磁悬浮绝对式振动测量系统精度，可以采用硬件屏蔽措施，将测量装置安装于密闭的空间之内以消除环境干扰或采用软件滤波等方法，从而改进测量系统的性能。

8.9　磁悬浮绝对式振动测量系统技术指标

通过理论分析和数据处理,可得磁悬浮绝对式振动测量系统的工作特性如下：

(1) 当被测振动信号加速度为 0.01～2.5m/s^2 时，可直接进行振动测量，测量频率范围为 0.001～10Hz；

(2) 通过滤波处理将系统的固有振动信号滤除以后，在外加振动信号频率为 0.001～10Hz 时，可测被测振动信号最低加速度为 0.0005m/s^2；

(3) 当外加振动信号频率为 0.001～10Hz 时，输出信号加速度绝对值与输入信号加速度绝对值之比约为 0.39；

(4) 由不同加速度放大倍率取平均值引起的相对误差绝对值小于 5%；

(5) 对于频率值不在实测校准点的倍率，按照函数插值法进行补偿，经过倍率差值后得到的测量系统的幅频特性接近于 1；

(6) 振子至电磁铁底部距离在 23～26mm 时与位移传感器的输出电压近似为线性关系；

(7) 采用椭圆体避光物体扩大振子工作区间，位移传感器的工作区间扩大至 19.5～29.5mm，线性工作区为 21.5～27.5mm，振子的动态范围扩大了一倍，振子动态范围扩大将使位移传感器的灵敏度降低一半，可以将红外光电位移传感器测量电路的放大倍数提高一倍，这样灵敏度将保持不变。

磁悬浮绝对式振动测量系统的技术指标如下：

(1) 光电位移传感器线性工作区最大相对误差为 1.64%；

(2) 测量加速度为 0.0005～0.001m/s^2；

(3) 测量频率为 0.001～10Hz；

(4) 振子线性区为 21.5～27.5mm；

(5) 振动加速度灵敏度 $S_I = V_o / a_m = 300\text{mV/(m/s}^2)$；

(6) 最大加速度 $a_m = 526.38\text{m/s}^2 \approx 52.6g$；

(7) 振动测量系统精度为 0.43%；

(8) 交流电源电压为 220V；

(9) 便携式直流工作电压±12V 或直流单电源 12V；

(10) 最小工作电流为 20mA。

8.10 本章小结

本章阐述了磁悬浮绝对式振动测量系统的频率特性及拓展频率测量范围的措施；对光电测量灵敏度进行了分析，并给出了提高系统抗冲击能力的方法；对系统的测量灵敏度和测量误差进行了分析，最后给出了磁悬浮绝对式振动测量系统的工作特性和技术指标。

参考文献

[1] Kong D S, Jiang D, Liu X K, et al. Research on subway acceleration measurement method based on magnetic levitation technology[C]. IEEE 12th International Conference on Electronic Measurement & Instruments, Yangzhou, 2017: 197-203.

[2] Jiang D, Yang J X, Jiang D, et al. The design of photo-electricity vibration measuring system based on LabVIEW[C]. International Conference on Mechanic Automation and Control Engineering, Wuhan, 2010: 5216-5219.

[3] Jiang D, Liu X K, Wang D Y, et al. Analysis of sensitivity and errors in maglev vibration test system[J]. Instrumentation, 2016, 3(1): 70-78.

第 9 章　磁悬浮绝对式振动测量的应用

不同于传统的振动测量方法，采用磁悬浮绝对式振动测量方法时需要深入了解该方法在实际应用中的运行状况。本章采用磁悬浮绝对式振动测量系统对公路平整度进行测量，对地铁机车不同状态下的振动进行测量，对不同状态下的人行过街天桥振动进行测量，对电梯加速度进行测量，对大型基建设备工作时对周围建筑物产生的振动进行测量。获取测量数据后进行分析以了解磁悬浮绝对式振动测量方法的动态特性，包括频率测量范围、可测振动信号的幅值、测量灵敏度等，对于进一步拓宽该方法的应用领域具有非常重要的意义。通过实际应用验证得出，磁悬浮绝对式振动测量方法的主要优点是可测振动信号的频率较低、可测振动加速度的数值较小。

9.1　公路平整度测量

将磁悬浮绝对式振动测量方法用于公路路面平整度测量，可对车辆减震性能进行测量和研究，对由路段的沉陷、车辙、波浪等引起的车辆振动进行研究。

为了保证行人及车辆安全，在容易引发交通事故的路段，如企业、学校、住宅小区的入口处设置汽车减速带以提醒驾驶员注意并进行减速。减速带一般为条状、点状的凸出于路面的设施。材质一般采用金属或橡胶等并涂有黄色与黑色相间的标志。减速带又分窄减速带和宽减速带两种。减速带的设置虽然提高了安全性，但也对车辆行驶造成了影响。因此，应当对汽车通过减速带时产生的振动进行测量并与汽车在平坦路面行驶时产生的振动信号进行比较分析。

9.1.1　平坦路面行驶测量波形及分析

测量前将机载式振动测量系统安装在小型车悬挂系统中，通过螺栓刚性固定。路面平整度测量实验时汽车以 60km/h 匀速行驶。由于汽车的减震性不同，实测时，汽车对路面沉陷等引起的振动强度不同，测量前需针对 25mm 沉陷进行定标。

一般小型车减震性良好，实际测量时车体本身的震动和静止状态下的震动与路面沉陷引起振动强度相差较大，振动幅度较小，不会影响路面沉陷等测量[1]。

实测汽车在平坦路面行驶时的振动波形见图 9.1。

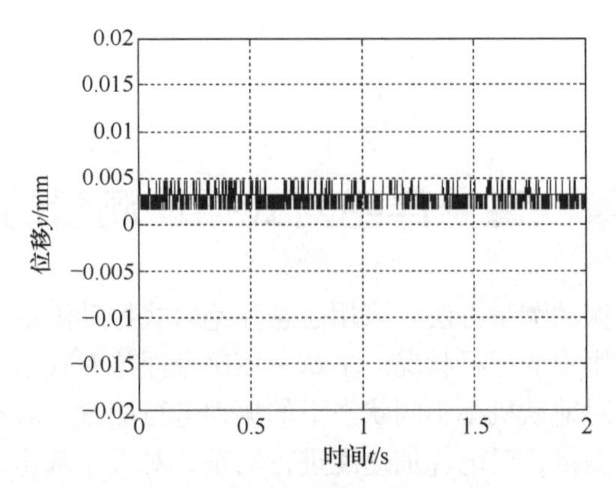

图 9.1　平坦路面行驶振动波形

由图 9.1 可见，当汽车行驶在平坦路面时，振动波形比较平稳，波动很小。汽车在平坦路面行驶过程中测量的振动波形功率谱和低频功率谱细节见图 9.2。

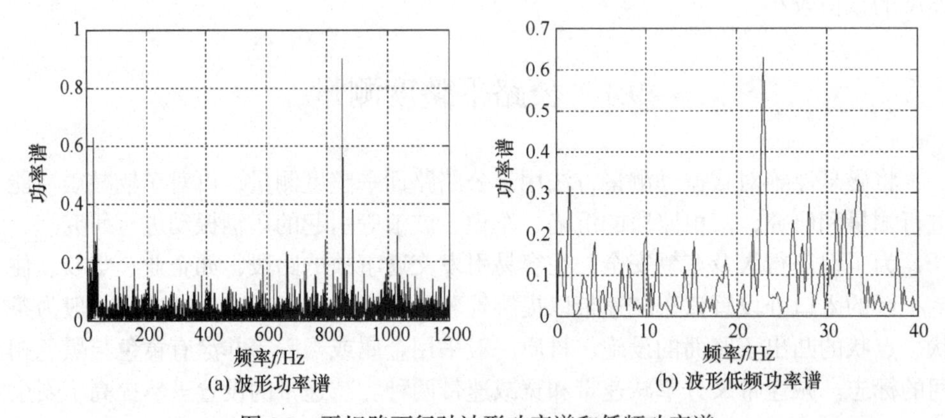

图 9.2　平坦路面行驶波形功率谱和低频功率谱

由图 9.2(a)可见，功率谱的分布较宽，整体较均匀，相对来看高频成分含量较大，峰值出现在 850Hz 左右；由图 9.2(b)可知，低频功率谱分布较均匀，较大的峰值出现在 22Hz 左右。

汽车在平坦路面行驶的振动波形相轨迹见图 9.3。

由图 9.3 可见，当汽车在平坦路面行驶时，磁悬浮绝对式振动测量系统振子的振幅较小，振动波形的变化速度也较小，均在较小的范围内呈几个相似的变化。

总之，平坦路面行驶时汽车的振动较小，产生的振动速度也较小。此时，乘客的舒适度比较高，运输的货物也相对较安全。

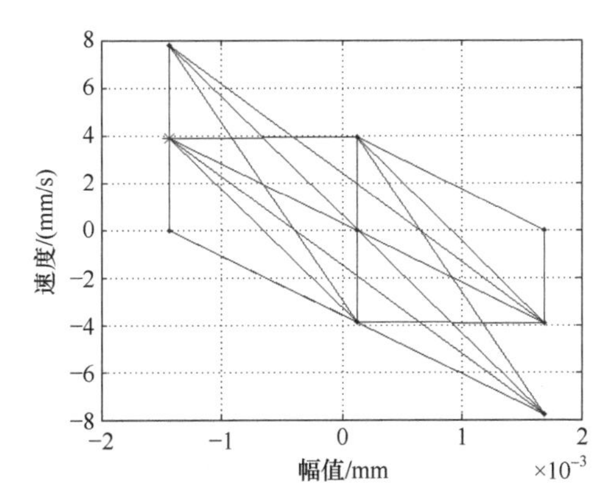

图 9.3　平坦路面行驶振动波形相轨迹

对汽车在平坦公路行驶振动信号的数据成分进行分析，利用小波分析的方法对汽车在平坦路面行驶振动信号进行 5 层小波分解，得到逼近信号和细节信号，见图 9.4。

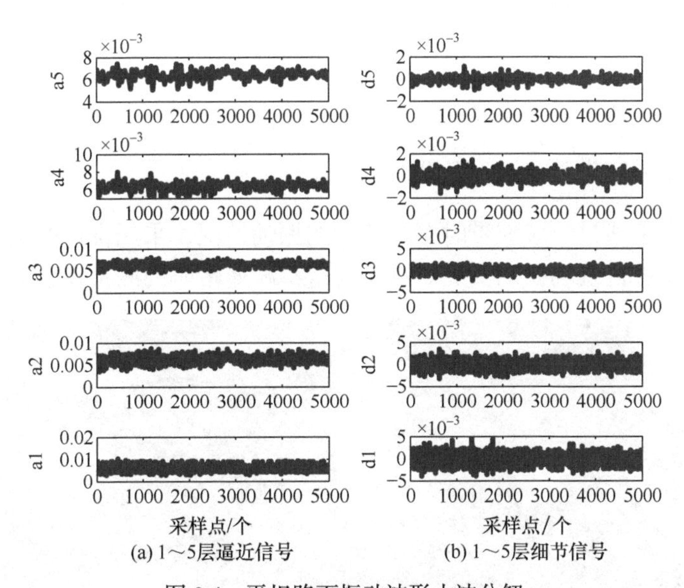

(a) 1～5层逼近信号　　(b) 1～5层细节信号

图 9.4　平坦路面振动波形小波分解

图 9.4 中，图(a)纵坐标表示小坡重构的低频系数，图(b)纵坐标表示小坡重构的高频系数。可见，汽车在平坦路面行驶时的振动信号中细节 d3～d5 的峰-峰值较小，d2 和 d1 的峰-峰值较大，因此，其主要的频率成分在相对高频部分。第 1 层 a1 提取了原始数据曲线的形状，说明汽车在平坦路面行驶时的振动信号频率中主要包含较高的频率值。由汽车在平坦路面行驶时的振动信号较高频率成分的 a1 信号可以看出，振动信号的幅值较小，因此，在该路

段行驶的汽车比较平稳，乘客舒适度较高，该路段的平整度状况良好，该路段为优质路段，无须进行检修。

汽车在平坦路面行驶的振动波形低频重构，见图 9.5。

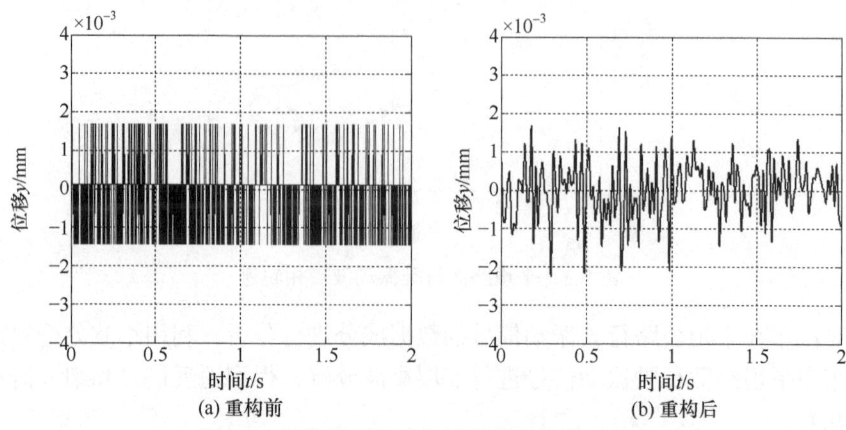

图 9.5　平坦路面振动波形低频重构前后对比

由图 9.5 可见，平坦路面对汽车行驶造成的振动波形幅值非常小，乘客舒适度较高，该路段无须进行检修。

9.1.2　通过窄减速带测量波形及分析

为了解汽车通过窄减速带时车辆产生的振动情况，采用设计的磁悬浮绝对式振动测量系统进行现场振动实测。汽车通过窄减速带时的测量现场见图 9.6。

图 9.6　汽车通过窄减速带时的测量现场

图 9.7 为汽车通过窄减速带时测得的振动波形。

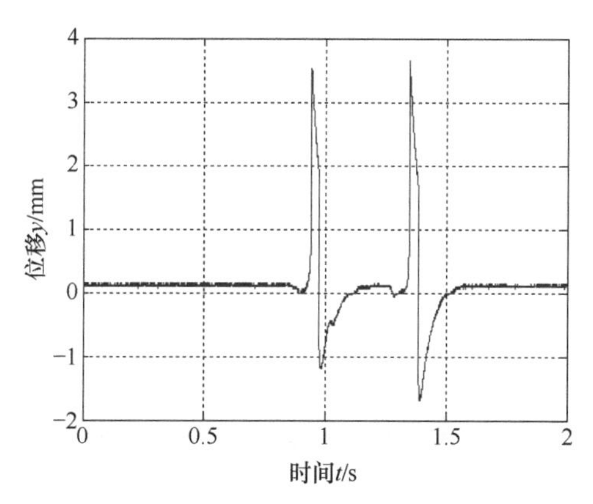

图 9.7　汽车通过窄减速带时振动波形

由图 9.7 可见，当汽车通过窄减速带时，振动波形的波动较大。图 9.8 为汽车通过窄减速带时的波形功率谱及低频功率谱部分的细节。

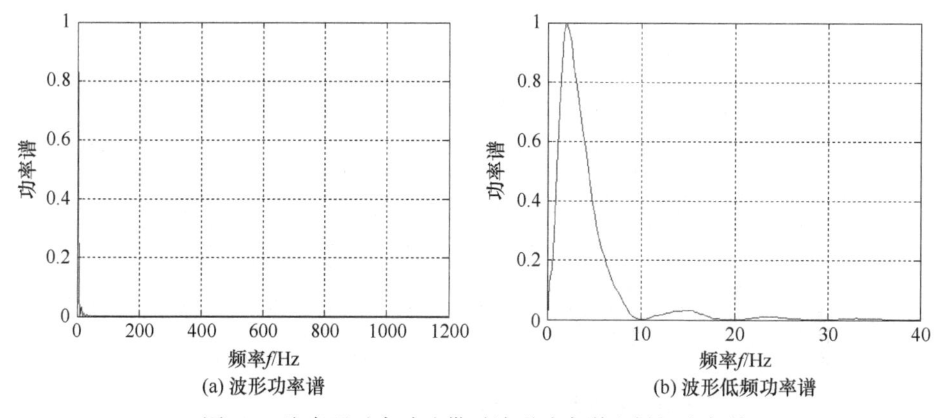

图 9.8　汽车通过窄减速带时波形功率谱和低频功率谱

由图 9.8(a)可见，功率谱的高频分量小，低频分量大；由图 9.8(b)可知，低频功率谱分布中的峰值出现在 2Hz 左右。

汽车通过窄减速带行驶时的振动波形相轨迹见图 9.9。

由图 9.9 可见，磁悬浮绝对式振动测量系统振子的振幅较大，其速度也较大，相轨迹出现了两个具有相似变化规律的剧烈变化。

总之，汽车通过窄减速带时的振动较大，而且产生的振动速度也较大。此时，乘客的舒适度不高，对运输的货物也有一定的影响。

对汽车通过窄减速带振动信号的数据成分进行分析，利用小波分析的方法对该振动信号进行 5 层小波分解，得到逼近信号和细节信号，见图 9.10。

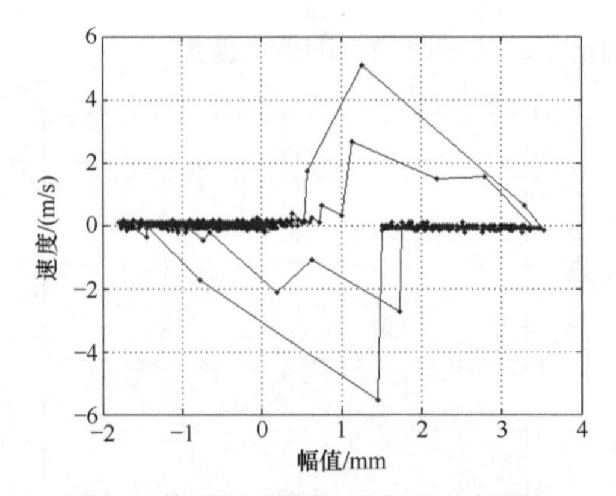

图 9.9　汽车通过窄减速带时波形相轨迹

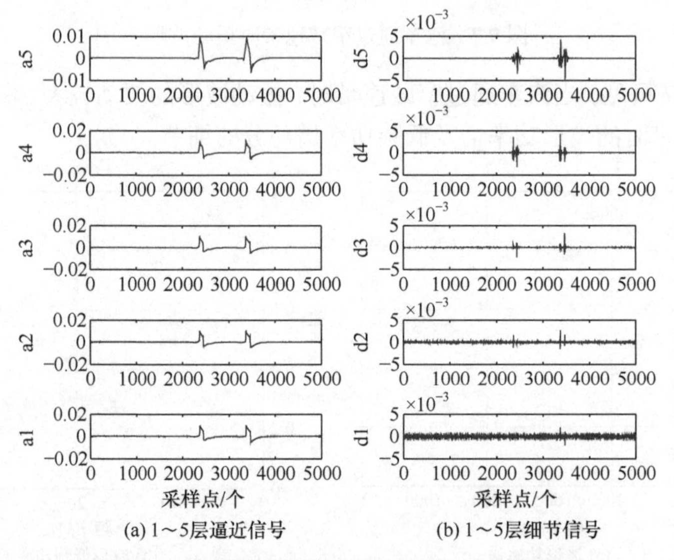

(a) 1～5层逼近信号　　(b) 1～5层细节信号

图 9.10　汽车通过窄减速带时振动波形小波分解

由图 9.10 可见，汽车通过窄减速带时的振动信号中细节 d1 至 d3 的峰-峰值较小，d4 和 d5 的峰-峰值较大，因此，其主要的频率成分在相对低频部分，而细节信号 d5 含有的信息不多；对 a4 和 a5 信号的幅值进行比较，a4 信号的幅值较大，第 4 层的 a4 能够较好地提取原始数据曲线的形状，说明汽车通过窄减速带时的振动信号频率中主要包含较低的频率值。由汽车 a4 信号可以看出，振动信号的幅值较大，因此，在该路段行驶的汽车颠簸较大，乘客舒适度较低。

汽车通过窄减速带时的振动波形低频重构，见图 9.11。

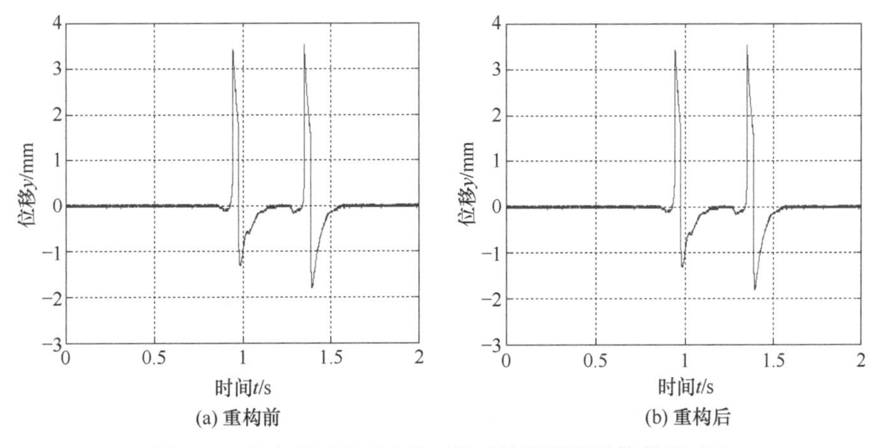

图 9.11　汽车通过窄减速带时振动波形低频重构前后对比

由图 9.11 可见，窄减速带对汽车行驶造成的振动波形幅值较大，乘客舒适度较低。不到万不得已或者在人行过街天桥附近尽量不要安装窄减速带，以使车辆能够平稳行驶。

9.1.3　通过宽减速带测量波形及分析

为了使汽车产生的振动较缓，一般采用较宽的减速带，汽车在通过宽减速带时产生的振动频率要比通过窄减速带时产生的振动频率小很多。采用设计的磁悬浮绝对式振动测量系统对汽车通过宽减速带产生的振动进行现场实测。汽车通过宽减速带时的测量现场见图 9.12。

图 9.12　汽车通过宽减速带时的测量现场

图 9.13 为汽车通过宽减速带时测得的振动波形。

由图 9.13 可见，当汽车通过宽减速带时，振动波形的幅值较大。图 9.14 为汽车通过宽减速带时的波形功率谱及低频功率谱部分的细节。

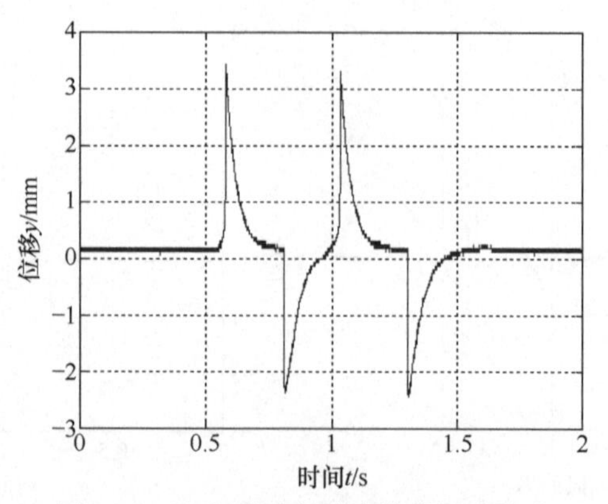

图 9.13　汽车通过宽减速带时振动波形

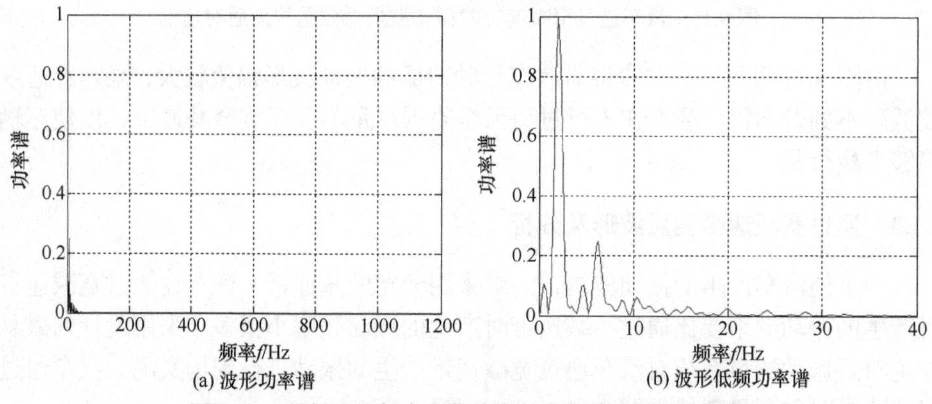

(a) 波形功率谱　(b) 波形低频功率谱

图 9.14　汽车通过宽减速带时波形功率谱和低频功率谱

由图 9.14(a)可见，功率谱的高频分量小，低频分量大；由图 9.14(b)可知，低频功率谱分布中的峰值出现在 2Hz 左右。

汽车通过宽减速带时的振动波形相轨迹见图 9.15。

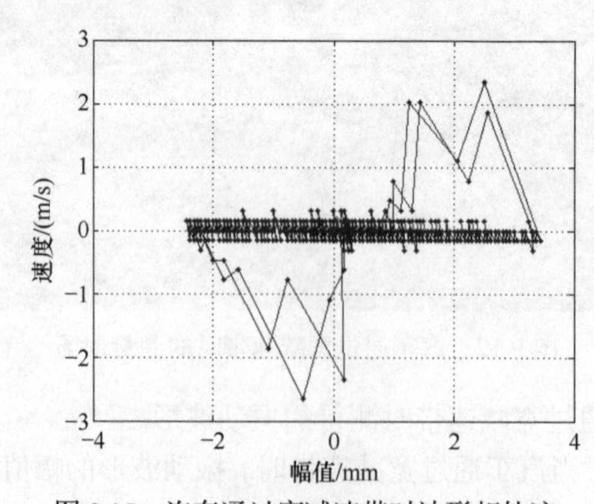

图 9.15　汽车通过宽减速带时波形相轨迹

由图 9.15 可见，磁悬浮绝对式振动测量系统振子的振幅较大，其速度也较大，但比通过窄减速带时的速度变化要小一些，相轨迹出现了两个变化规律相似的剧烈变化。与汽车通过窄减速带相比，汽车通过宽减速带时振子的波动范围更大，但振子的速度变化较小，体现出汽车的短期振动颠簸没有通过窄减速带时更剧烈。

对汽车通过宽减速带时振动信号的数据成分进行分析，利用小波分析方法对该振动信号进行 5 层小波分解，得到逼近信号和细节信号，见图 9.16。

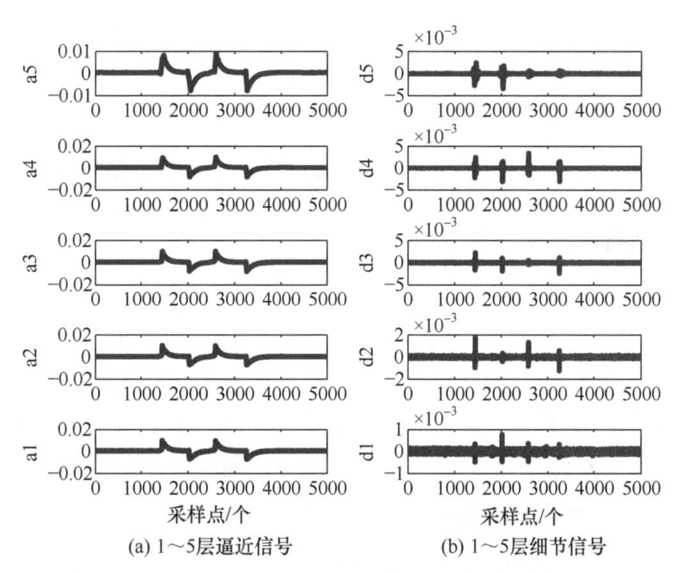

图 9.16　汽车通过宽减速带时振动波形小波分解

由图 9.16 可见，汽车通过宽减速带时的振动信号细节 d1～d5 中，d4 的峰-峰值较大，因此，其主要的频率成分在相对低频部分，而细节信号 d4 含有的信息最多。第 4 层的 a4 很好地提取了原始数据曲线的形状，说明汽车在通过宽减速带时的振动信号频率中主要包含较低的频率值。由汽车通过宽减速带时的振动信号较低频率成分的 a4 信号可以看出，振动信号的幅值较大，因此，在该路段行驶的汽车颠簸较大，乘客舒适度较低。

汽车通过宽减速带行驶时的振动波形低频重构，见图 9.17。

图 9.17 为汽车通过宽减速带时振动波形进行的低频重构。可见宽减速带对汽车行驶造成的振动波形幅值较大，乘客舒适度较低。不到万不得已或者在人行过街天桥附近尽量不要安装宽减速带，以使车辆能够平稳行驶。一定采样频率下，汽车通过窄减速带或宽减速带的两个主要振动波形之间的时间间隔反映了车辆行驶的速度。

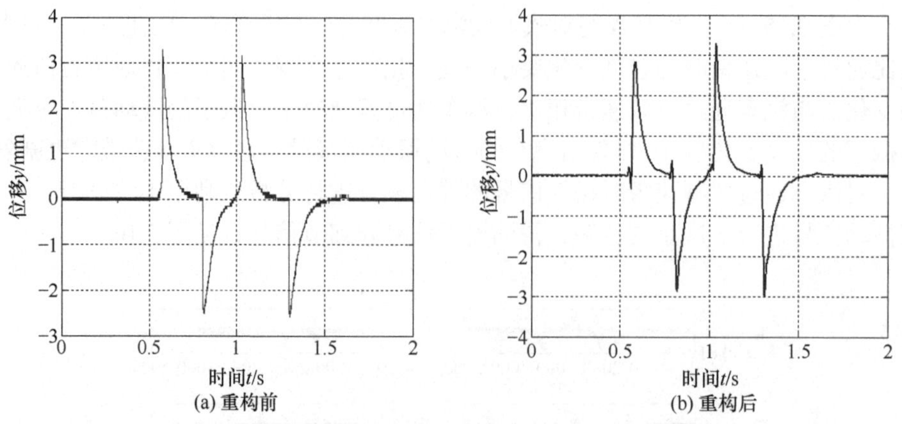

图 9.17　汽车通过宽减速带时振动波形低频重构前后对比

9.1.4　市区路面行驶测量波形及分析

市区内车辆较为密集，经常因为各种管道施工、地铁建设、高架桥建设等不得不对道路进行施工，施工完成后再对破坏的路面进行修补。这样可能会形成个别衔接点的突变而使车辆行驶时产生振动。夜晚重型货车进入市区，这也会对市内的道路造成一定的破坏。为了能够快速对市区道路的质量进行检测，采用设计的磁悬浮绝对式振动测量系统对车辆通过市区路面时产生的振动进行现场实测。汽车在市区路面行驶时测得的振动波形见图 9.18。

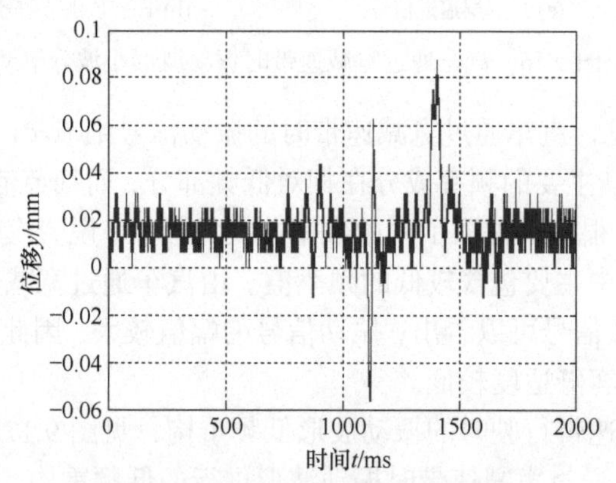

图 9.18　汽车通过市区路面时振动波形

由图 9.18 可见，汽车在市区行驶中的某些时刻产生了较大的振动，为了考察其频率成分，对测得的振动数据进行功率谱分析。图 9.19 为汽车在市区行驶中某段时间内的波形功率谱及低频功率谱部分的细节。

图 9.19 中低频成分比重大，高频成分比重小，峰值在 3Hz 、12Hz 、17Hz 、22Hz 左右，说明该段路面比较颠簸。

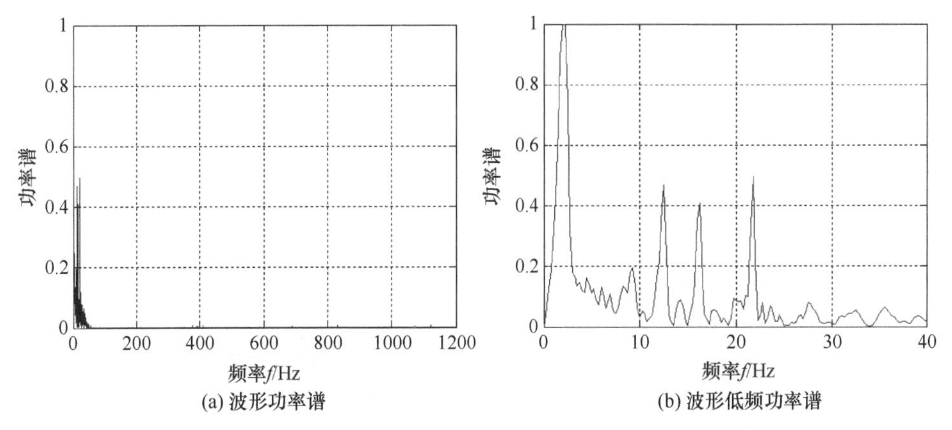

(a) 波形功率谱　　(b) 波形低频功率谱

图 9.19　汽车在市区路面行驶时振动波形功率谱和低频功率谱

汽车在市区路面行驶时的振动波形相轨迹见图 9.20。

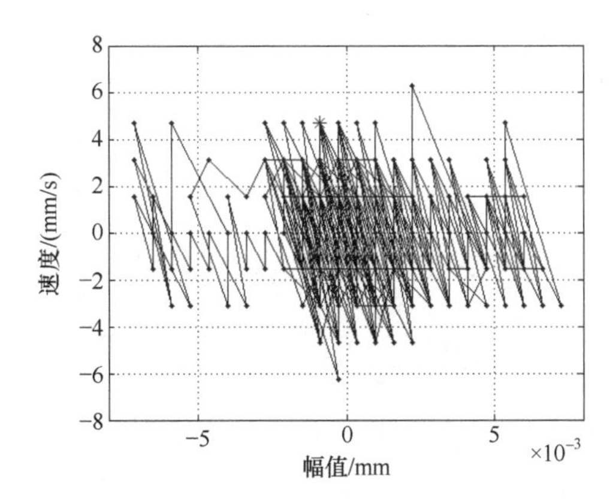

图 9.20　汽车在市区路面行驶时振动波形相轨迹

由图 9.20 可见，此时磁悬浮绝对式振动测量系统振子的振幅略高于汽车在平坦路面行驶的振幅，但远小于通过窄减速带和宽减速带的振幅，其速度变化与汽车在平坦路面行驶相似，远小于汽车通过窄减速带和宽减速带的速度变化，相轨迹出现了多个相似变化规律的较小的振动变化过程，需在振动点处对路面进行适当的修补。

对汽车在市区路面行驶的振动信号数据进行分析，利用小波分析的方法对该振动信号进行 5 层小波分解，得到逼近信号和细节信号，见图 9.21。

由图 9.21 可见，汽车在市区路面行驶时的振动信号中细节 d1 和 d2 的峰-峰值较大，d3 和 d4 的峰-峰值较小，d5 的峰-峰值又略较大，因此，其主要的频率成分在相对高频部分，当然也含有一定的低频分量，相比较而言其频率分布较为丰富，而细节信号 d1 含有的信息最多，可见第 1 层的 a1 很好地提取了原始数据曲线的形状，说明汽车在市区路面行驶时的振动信号频率中主要包含较高的频率值。在该路段行驶的汽车颠簸不大，乘客舒适度尚可。

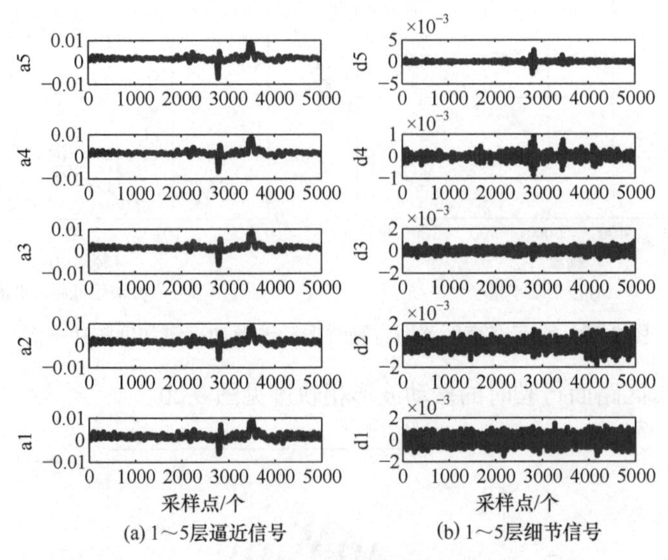

(a) 1～5层逼近信号　(b) 1～5层细节信号

图 9.21　汽车在市区路面行驶时振动波形小波分解

汽车在市区路面行驶的振动波形低频重构，见图 9.22。

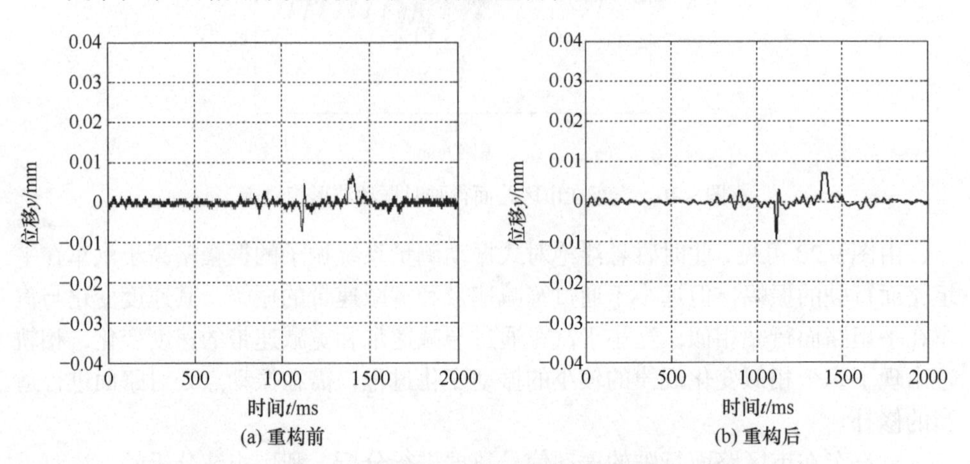

(a) 重构前　(b) 重构后

图 9.22　汽车在市区路面行驶时振动波形低频重构前后对比

由图 9.22 可见，市区路面对汽车行驶造成的振动波形幅值一般，虽有颠簸但因其幅值很小，对乘客和运载货物的影响较小，乘客的舒适度尚可。

9.1.5　长途路面行驶振动波形及分析

对于长途路面的质量检测采用传统的测量方法效率较低，可利用汽车行驶中的振动测量来对长途路面进行检测以诊断路面可能存在问题的路段。对测得的振动波形进行分析，以确定路段可能存在的问题，这样可以大大提高测量速度，并可实现长途路段的日常监测，减少护路人员的工作量。采用设计的磁悬浮绝对式振动测量系统对汽车在长途路面行驶时产生的振动进行现场实测。长途路面行驶测得的振动波形见图 9.23。

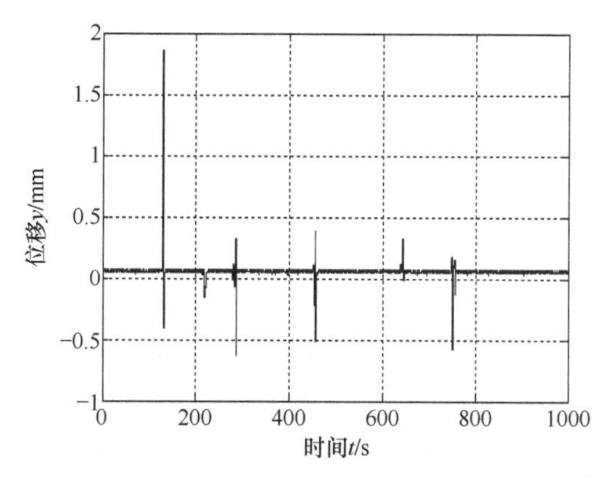

图 9.23　汽车在长途路面行驶振动波形

由图 9.23 可见，汽车在长途路面行驶中的某些时刻产生了较大的振动，为了考察其频率成分，对测得的振动数据进行功率谱分析。图 9.24 为汽车在长途路面行驶时的波形功率谱及低频功率谱部分的细节。

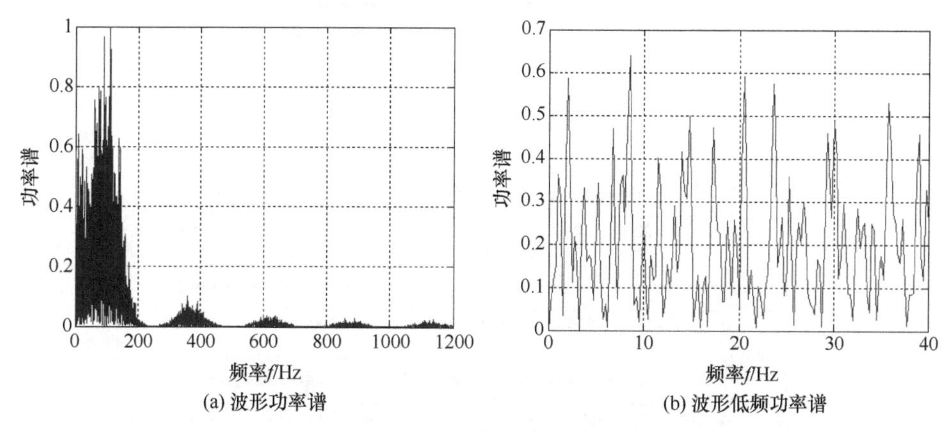

图 9.24　汽车在长途路面行驶时振动波形功率谱和低频功率谱

图 9.24 中低频成分比重较大，峰值主要分布在 100Hz 附近，说明个别路段比

较颠簸。

汽车在长途路面行驶时的振动波形相轨迹见图 9.25。

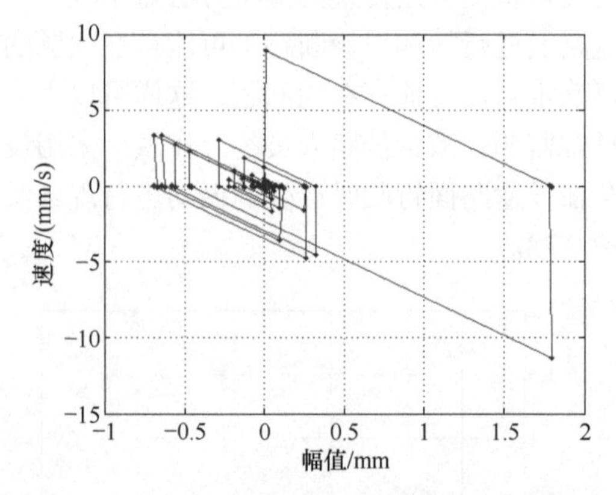

图 9.25　汽车在长途路面行驶时振动波形相轨迹

由图 9.25 可看出，在某几个时刻存在 6 次左右大幅度的颠簸过程，通过设定测量值上限实现超限报警并做相应的测量记录。超限时启动全球定位系统(global positioning system, GPS)，实现不平路段定位。磁悬浮绝对式振动测量系统振子的振幅较大，其速度也较大，相轨迹出现了多个剧烈变化的时间点，需要对产生振动处的路面进行修补。

对汽车在长途路面行驶过程中的振动信号数据进行分析，利用小波分析方法对该振动信号进行 5 层小波分解，得到逼近信号和细节信号，见图 9.26。

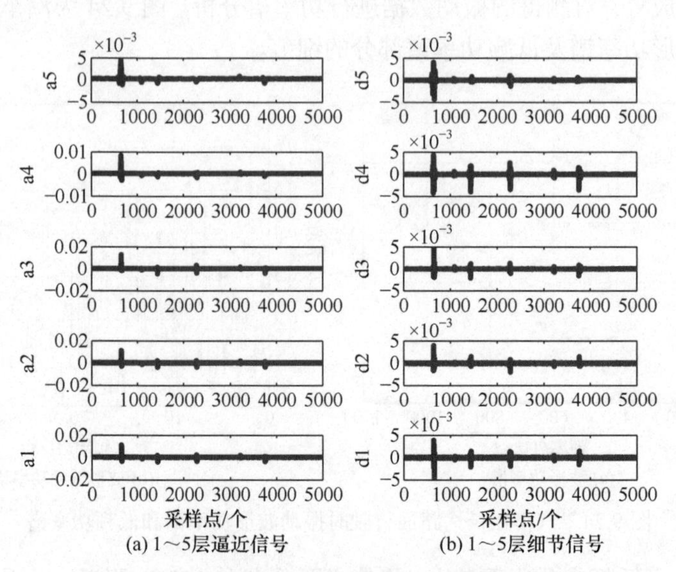

图 9.26　汽车在长途路面行驶时振动波形小波分解

由图 9.26 可见，汽车在长途行驶过程中产生的振动信号中细节 d1 和 d4 的峰-峰值较大，d2、d3 和 d5 的峰-峰值偏小，其中 d4 的细节比 d1 更加丰富，含有更多的信息，因此其主要的频率成分在相对低频部分，当然也含有一定的高频分量，相比较而言较低频率分布更为丰富一些，因此，第 4 层的 a4 较好地提取了原始数据曲线的形状，说明汽车在长途路面行驶时的振动信号频率中既包含较高的频率值，又包含较低的频率值，其影响均不能忽略。汽车在长途路面行驶时的振动波形低频重构，见图 9.27。

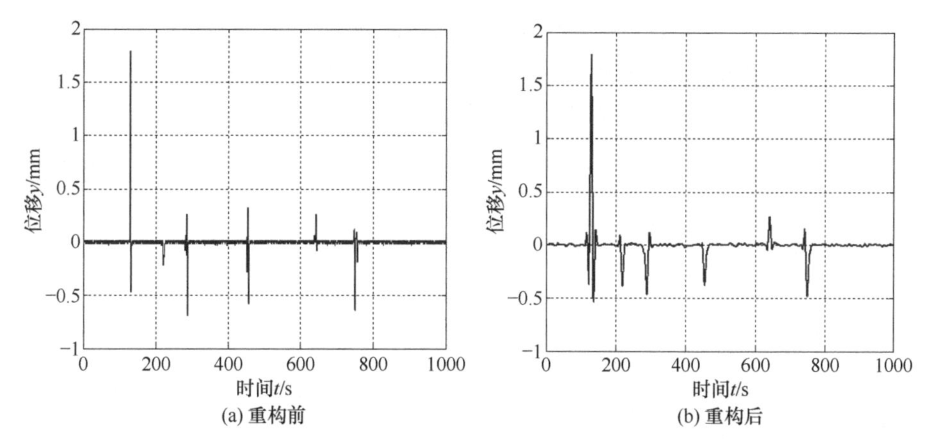

图 9.27　汽车在长途路面行驶时振动波形低频重构前后对比

由图 9.27 可见，长途路面对汽车造成的振动在个别区段幅值较高，体现出振动的低频危害较大，需要对这些路段进行仔细检查，确定出现问题的具体部位并加以修补。汽车在长途路面行驶过程中振动信号的高频分量也不能够忽视，这可能与汽车车辆本身的减震系统有关，需要检查车辆的减震系统。

为了实现路面故障点的精确定位，在磁悬浮绝对式振动测量系统中引入 GPS 定位模块可以大大提高路面故障的定位效率和定位精度，便于对整个路段进行全程规划，制订维护方案以及对该路段有全面的了解和进行质量评定，而且便于维修人员快速准确地找到需要施工的具体位置。采用 GPS 进行汽车振动测量实验的过程，见图 9.28。

由图 9.28 可知，振动超限点 A 位于(E：126.616503，N：45.710774)，振动超限点 B 位于(E：126.624941，N：45.714980)。

基于磁悬浮绝对式振动测试系统公路路面平整度测量方法，通过功率谱分析对路面平整度进行诊断，结论如下。汽车在平坦路面行驶时振动波形幅度小，频谱分布宽，高频成分大，相轨迹分析显示磁悬浮绝对式振动测量系统振子的幅值较小，振动信号的变化速度也较小[2]；当汽车通过窄减速带和宽减速带时振动波形幅值大，低频成分大，高频成分小，相轨迹分析显示通过窄减速带比通过宽减

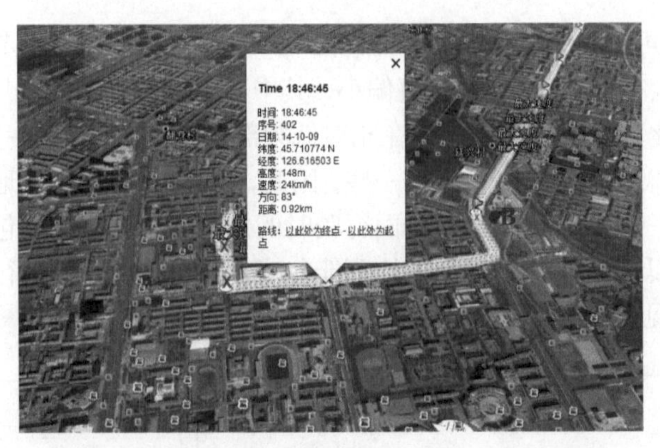

图 9.28　汽车行驶时振动超限点及其 GPS 定位图

速带振子的幅值要小，但振动信号的变化速度较大，说明汽车通过窄减速带的颠簸更大；当汽车在市区内行驶时振动波形幅值大，低频成分大，高频成分小，由相轨迹分析可知汽车经历了几次大的颠簸，可看出颠簸的程度；当汽车在长途路面行驶时有几处振动波形幅值大，低频成分大，有几处高频成分也比较大，由相轨迹分析可知汽车经历了几次大的颠簸，可看出颠簸的程度。磁悬浮绝对式振动测量系统结合 GPS 可实现路面有较大振动处的位置坐标定位，为路面的及时检修提供了技术支持。

9.2　地铁机车振动测量

对城市轨道交通的轨道平整度测量及对乘车舒适度的评定可通过对轨道机车运行时的振动测量加以实现。机载式轨道机车运行时的振动测量属于绝对式振动测量，一般利用振子的惯性加以实现。测量时仪器模型要与机车刚性固定，当振动频率较高时振子相对不动，通过测量振子的相对位移实现绝对式振动测量。传统绝对式振动测量方法一般采用弹簧部件进行测量，它通过电磁感应得到振动的速度信息或通过压电效应得到振动的加速度信息，对测量数据进行一次积分或二次积分运算才可获得振动的位移信号。因为弹簧部件的固有频率会影响振动信号的低频成分测量，一般采用较大质量的振子，增加仪器的体积等。而磁悬浮绝对式振动测量技术中，因振子与定子的磁极相反，振子悬浮于空中，测量时机械摩擦系数近于 0，所以测量的灵敏度高于传统的测量方法。

9.2.1　地铁机车匀速平稳运行时的测量波形及分析

当地铁机车匀速平稳运行时，在地铁机车上采用磁悬浮绝对式振动测量系统测得的振动波形，见图 9.29。

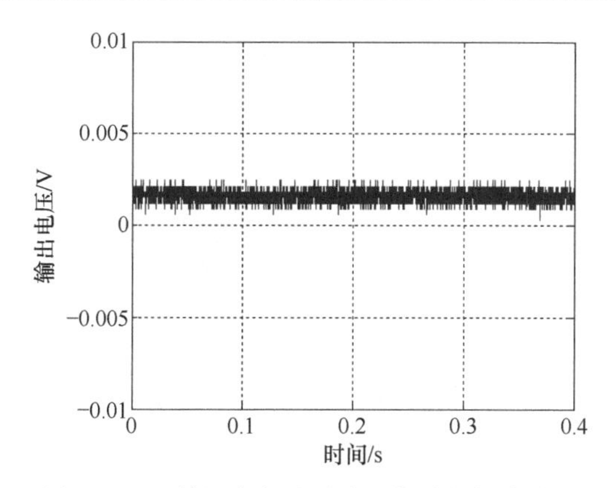

图 9.29　地铁机车匀速平稳运行时的振动波形

由图 9.29 可见，当地铁机车匀速平稳运行时，地铁机车上测得的振动波形比较平稳，振动信号的波动很小。为了考察地铁机车匀速平稳运行时测得的振动信号所含的频率成分，对测得的振动数据进行功率谱分析得到地铁机车匀速平稳运行时的波形功率谱及低频功率谱部分的细节，见图 9.30。

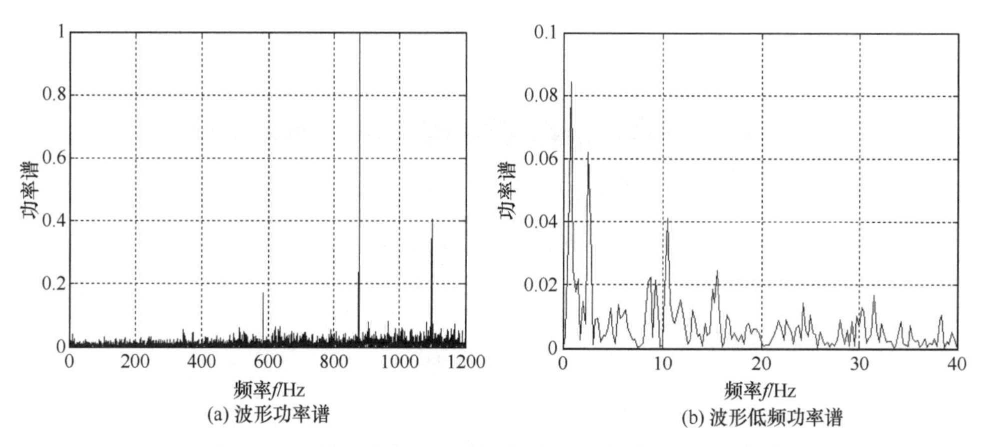

图 9.30　地铁机车匀速平稳运行波形功率谱和低频功率谱

由图 9.30 可知，地铁机车匀速平稳运行时振动波形的频谱分布较宽，其中高频分量较高，低频部分的频率分布较小。

进一步，采用相轨迹分析方法，得到地铁机车匀速平稳运行时的振动波形相轨迹见图 9.31。

由图 9.31 可见，当地铁机车匀速平稳运行时，磁悬浮绝对式振动测量系统振子的振幅较小，测得的振动信号的变化速度也较小，均在较小的范围内呈相似规律变化。

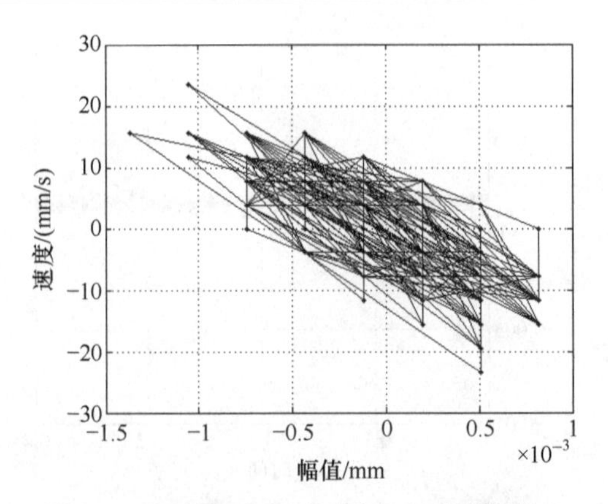

图 9.31　地铁机车匀速平稳运行波形相轨迹

总之，地铁机车匀速平稳运行时机车的振动幅值较小，而且产生振动信号的变化速度也较小。此时，乘客的舒适度比较高[3]。

为进一步获得不同状况下测量信号的特征，对测得的振动加速度信号采用多尺度一维小波分解函数进行分析。地铁机车匀速平稳运行振动信号的一维单尺度小波分解，见图 9.32。

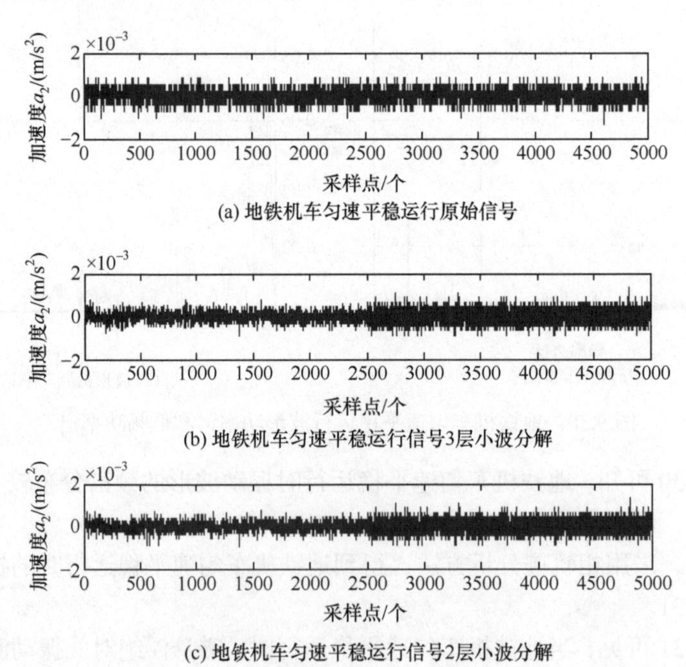

图 9.32　地铁机车匀速平稳运行振动信号一维单尺度小波分解

图 9.32 中，机车匀速平稳运行时加速度的 3、2、1 层高频系数较大，而

低频分量不明显。一般来说，振动低频分量人体感应较为敏感，对人体影响较大，平稳匀速运行时低频分量小，因此，乘客感觉舒适，同时这也体现出地铁轨道的状况良好。

地铁机车上测得的机车平稳运行无剧烈振动波形低频重构，见图 9.33。

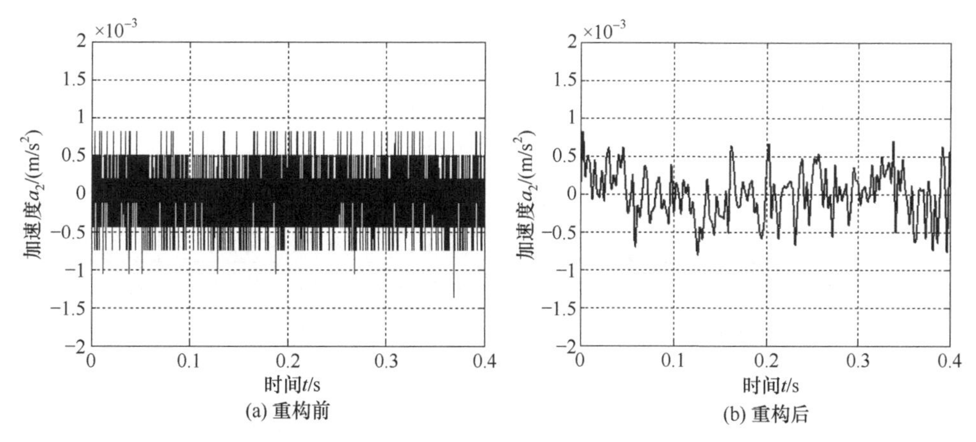

图 9.33　地铁机车匀速平稳运行无剧烈振动波形低频重构前后对比

由图 9.33 可见，地铁机车匀速平稳运行时其振动频率的幅值是较小的，频率分布较为均匀，说明机车运行状况良好。

9.2.2　地铁机车匀速有振动运行时的测量波形及分析

地铁机车在匀速运行时产生的振动能够快速高效地反映轨道存在故障的路段，以便快速准确地对故障路段进行诊断和定位，提高检测的效率，且实时监测可以避免事故的发生。地铁机车匀速有振动运行时测得的两组波形见图 9.34。

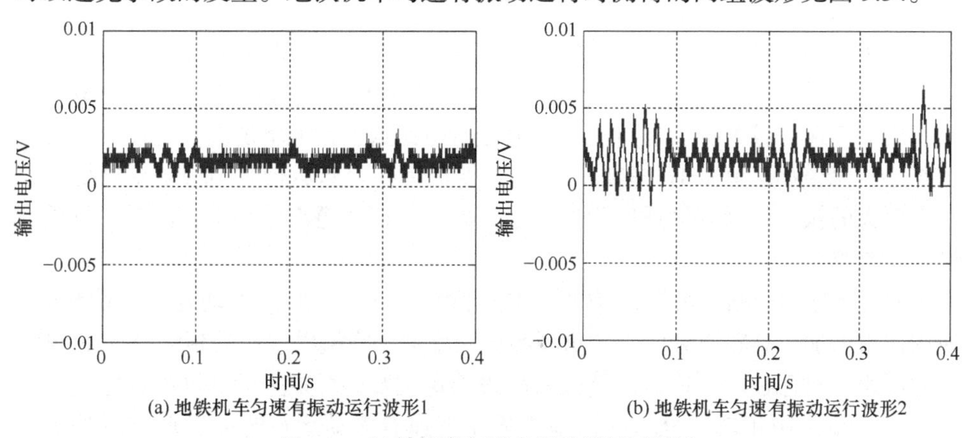

图 9.34　地铁机车匀速有振动运行时波形

由图 9.34 可见，与地铁机车平稳运行的振动波形相比，地铁机车匀速有振动运行的振动幅值波动较大。为了解地铁机车匀速有振动运行时的各频率分布情况，对测得的两组振动波形进行功率谱及低频功率谱部分的细节分析，见图 9.35。

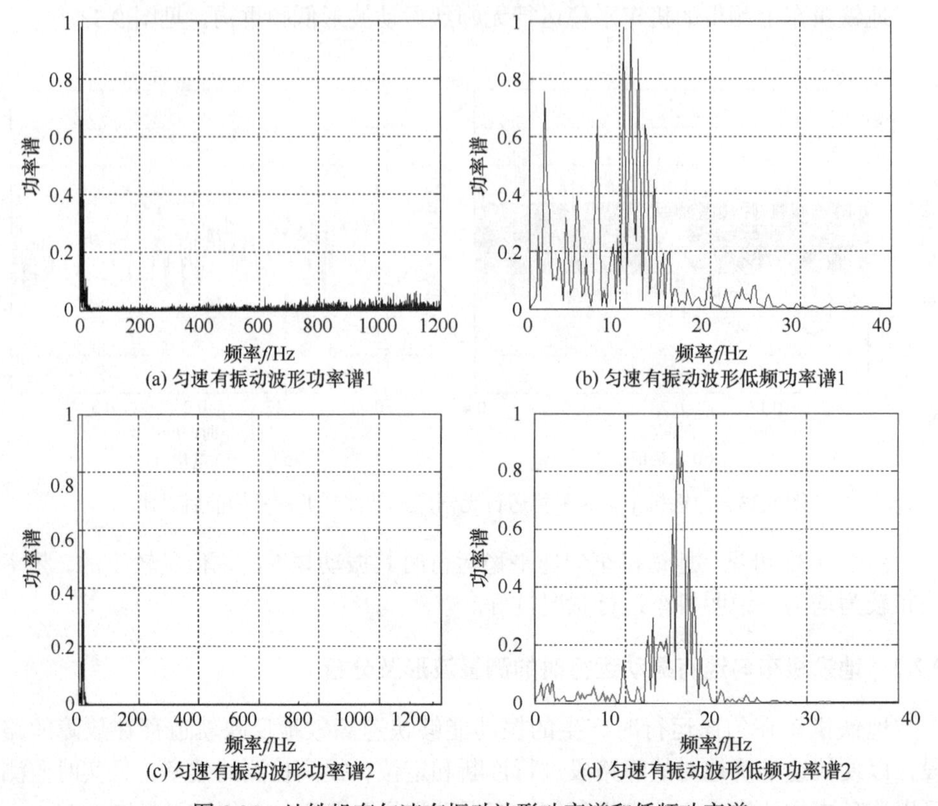

(a) 匀速有振动波形功率谱1　　(b) 匀速有振动波形低频功率谱1

(c) 匀速有振动波形功率谱2　　(d) 匀速有振动波形低频功率谱2

图 9.35　地铁机车匀速有振动波形功率谱和低频功率谱

由图 9.35(a)和(b)可见，地铁机车匀速有较大振动运行时低频成分所占比重大大增加，高频成分所占比重较小，峰值出现在11Hz 左右；由图 9.35(c)和(d)可见，地铁机车匀速有较大振动运行时低频成分所占比重也大大增加，高频成分所占比重减小，峰值出现在16Hz 左右，说明地铁机车在匀速运行时出现了幅度更大、频率更大的振动，乘客舒适度不好，地铁该段地铁轨道不够平整，需要进行重点检查及维修。

通过上述测量结果可知，当机车匀速有较大振动运行时，振动波形的低频成分所占比重增加，高频成分所占比重减小。功率谱中峰值出现在低频段11～16Hz 。由此可用于对存在较大振动的路段故障诊断定位及进行乘坐舒适度的评定。

进一步采用相轨迹分析法对地铁机车匀速有振动运行时的波形进行分析，见图 9.36。

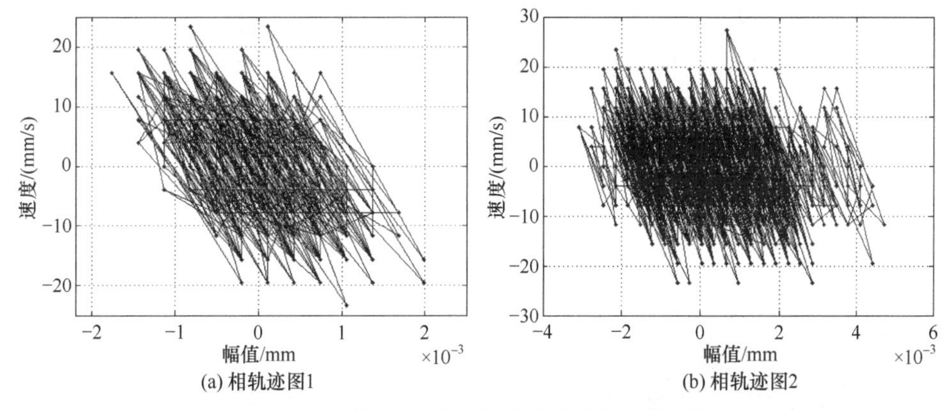

图 9.36　地铁机车匀速有振动运行时的波形相轨迹

图 9.36(a)为地铁机车匀速有振动波形 1 的相轨迹，信号波形的幅值近似等于匀速无振动时的 2 倍，但速度变化范围比较小；图 9.36(b)为地铁机车匀速有振动波形 2 的相轨迹，可见机车有振动时相轨迹 2 的振动幅度比相轨迹 1 大，信号波形的幅值近似等于匀速无振动时的 4 倍，振动信号幅值的变化范围比较大，说明第二种情况的颠簸程度比第一种情况更大，乘客舒适度更差。

由此可见，通过相轨迹图可以十分方便地对有振动和无振动状态进行判定，易于发现轨道平整度较差的区段。

地铁机车上测得的有振动信号 1 的一维单尺度小波分解，见图 9.37。

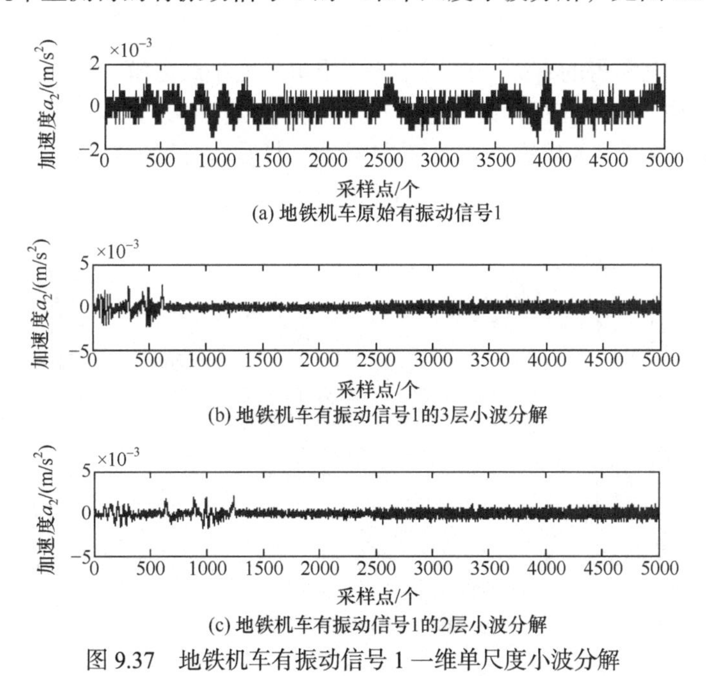

图 9.37　地铁机车有振动信号 1 一维单尺度小波分解

图 9.37 中，机车有振动时加速度的 3、2、1 层低频系数较大。人体会有较敏感反应，机车振动对人体影响较大，需要对地铁轨道的该路段需要进行重点检查、维修，对可能与该频率产生共振的部件进行深入研究。

地铁机车上测得的机车有振动信号 1 的波形低频重构，见图 9.38。

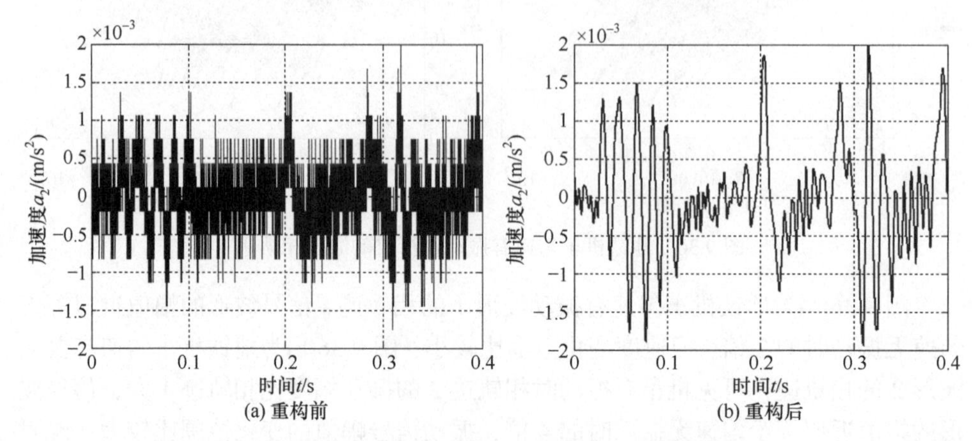

(a) 重构前　(b) 重构后

图 9.38　地铁机车有振动信号 1 波形低频重构前后对比

由图 9.38 可见，有振动时其振动频率的幅值较大，不同区段出现了相同的频率。由此，可以准确判断存在问题的地铁轨道的位置。进一步可通过模态分析等方法，分析出产生该振动频率的可能故障原因，并采取有针对性的检查和维修。

地铁机车上测得的有振动信号 2 的一维单尺度小波分解，见图 9.39。

图 9.39 中，机车有振动时加速度的 3、2、1 层低频系数较大。人体会有较敏感反应，机车振动对人体影响较大，同样需要对地铁轨道的该路段进行重点检查、维修，对可能与该频率产生共振的部件进行深入研究。

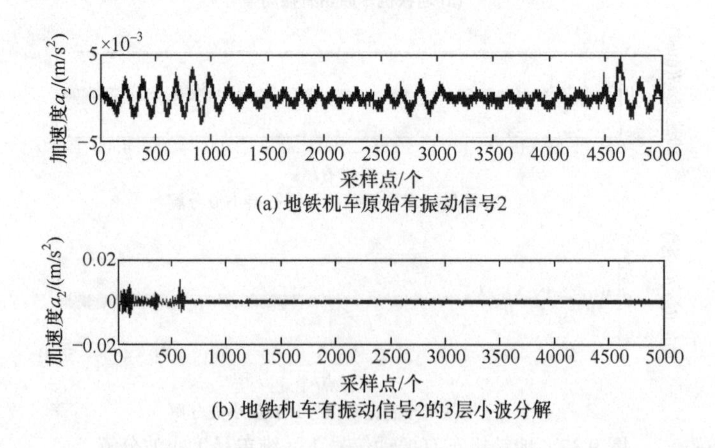

(a) 地铁机车原始有振动信号2

(b) 地铁机车有振动信号2的3层小波分解

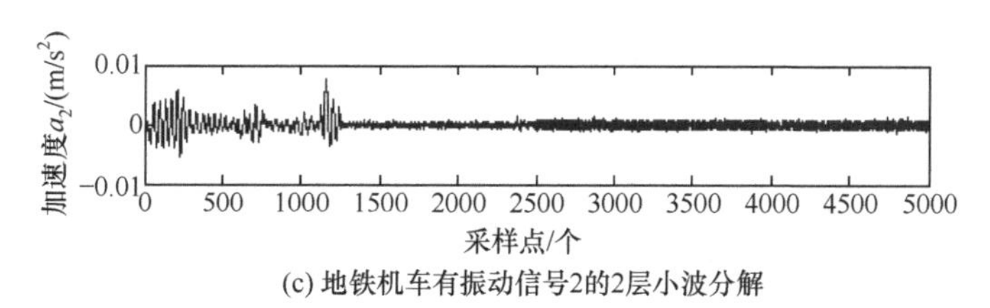

(c) 地铁机车有振动信号2的2层小波分解

图 9.39　地铁机车有振动信号 2 一维单尺度小波分解

地铁机车上测得的机车有振动信号 2 的波形低频重构，见图 9.40。

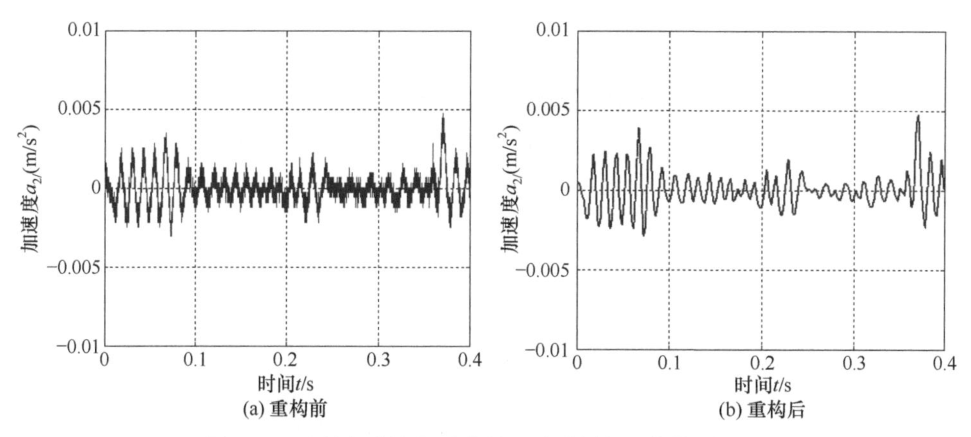

图 9.40　地铁机车有振动信号 2 波形低频重构前后对比

由图 9.40 可见，有振动时其振动频率的幅值较大，不同区段出现了相同的频率。由此，可以准确判断存在问题的地铁轨道的位置。进一步可通过模态分析等方法，分析出产生该振动频率的可能故障原因，并采取有针对性的检查和维修。

9.2.3　地铁机车减速运行时的振动波形及分析

与铁路列车运行不同的是，城市轨道交通地铁机车运营时会频繁地存在启动、加速和减速过程。当机车欲进站减速制动运行时在地铁机车上测得的振动波形见图 9.41。

由图 9.41 看出，地铁机车减速运行时虽然振动变化的速率不大，但振动波形波动的幅度较大。为了更清楚地了解振动波形的频率成分，得到地铁机车减速运行的波形功率谱和低频功率谱细节，见图 9.42。

从功率谱看，地铁机车减速运行时高频成分近于零，低频成分较大，峰值出现在低频段，为1Hz 左右，机车出现剧烈晃动。

由此可知，机车在减速刹车过程中出现了大幅振动，功率谱在低频段出现了单一峰值，该振动是由刹车造成的，与轨道是否平整无关。

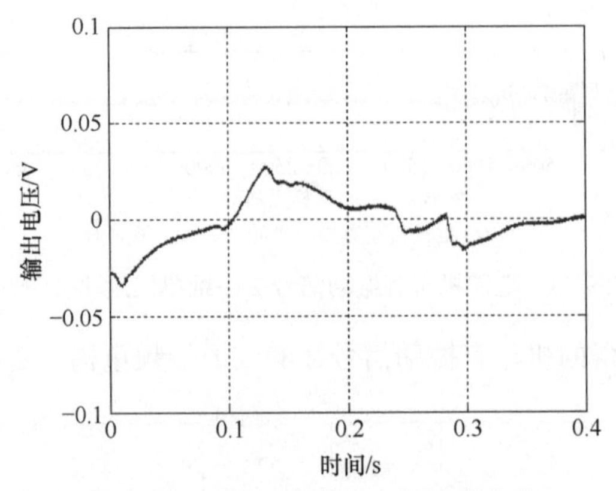

图 9.41　地铁机车减速运行振动波形

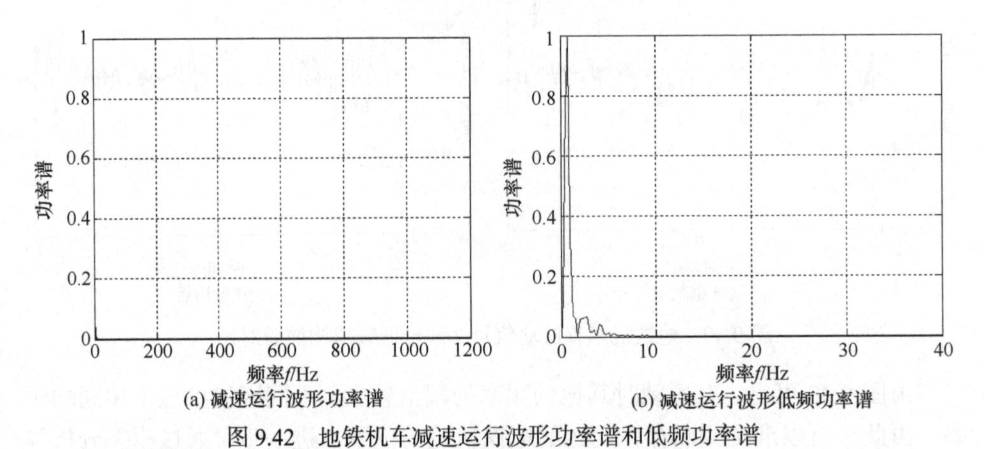

图 9.42　地铁机车减速运行波形功率谱和低频功率谱

采用相轨迹分析法对地铁机车减速运行时的振动波形进行分析，见图 9.43。

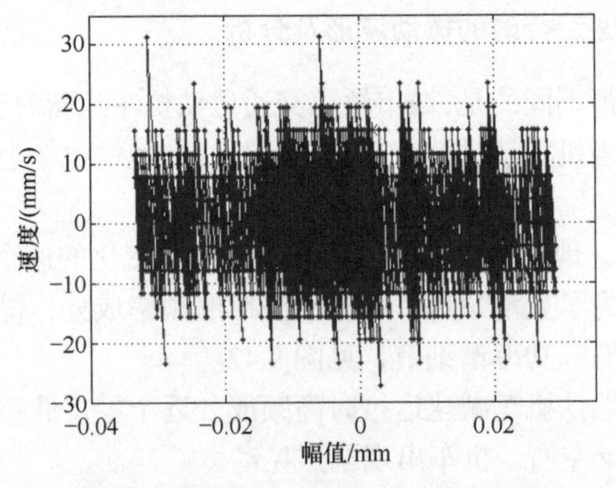

图 9.43　地铁机车减速运行波形相轨迹

由图 9.43 可见，磁悬浮振子的波动幅值更大，信号波形的幅值近似等于匀速无振动时的 30 倍，速度变化与匀速无振动时相似；相比来说，速度变化相似，但波动很剧烈，说明机车出现了剧烈晃动，乘客舒适度非常差。因为机车的晃动是由制动造成的，与轨道情况无关，对于轨道故障的判定来说属于无效测量。因此，刹车阶段无法对轨道平整度进行检测，需要在夜间不载客运营情况下，中间地铁站不停车地连续运行，实现地铁轨道平整度的测量。但振动测量数据对于机车的制动功能来说是有效的，可以及时发现减速期间是否存在刹车故障。

地铁机车上测得的减速运动时信号的一维单尺度小波分解，见图 9.44。

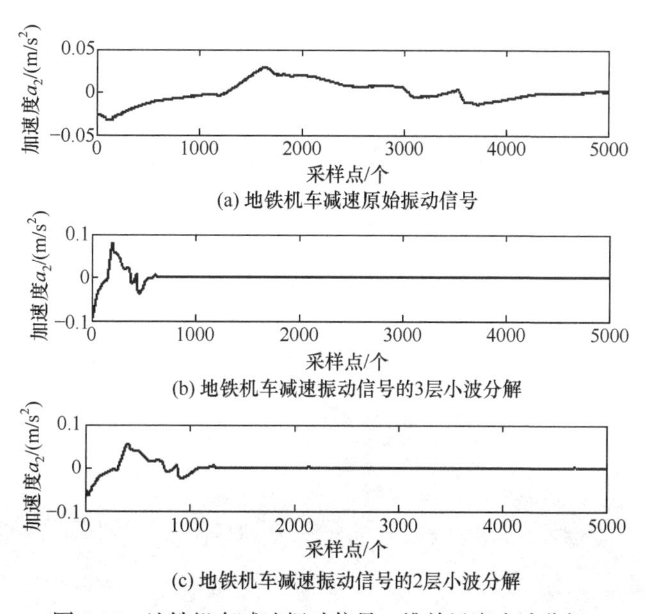

(a) 地铁机车减速原始振动信号

(b) 地铁机车减速振动信号的3层小波分解

(c) 地铁机车减速振动信号的2层小波分解

图 9.44　地铁机车减速振动信号一维单尺度小波分解

图 9.44 中，机车减速运行时加速度的 3、2、1 层低频系数很大。人体会有较大的颠簸和晃动，造成乘客舒适度下降。该情况属于运行过程中的正常状况，与地铁轨道的工作状况无关。当地铁正常运行时，频繁地加速出站和减速进站，且与一般铁路机车相比较，加速度变化量比较大，这对地铁站台的冲击也较大。而在载客运行时，需要加减速，因此采用该种测量方法不能在正常运行时进行，需要在夜间停止运营期间，由起点至终点匀速运行机车，进行连续振动测量，方可对站台附近的轨道状况进行检查。

地铁机车上测得的机车进站时减速振动波形低频重构，见图 9.45。

由图 9.45 可见，减速运行时其振动信号幅值非常大。此种情况属于正常工作状况，因此，不具有轨道故障检测的功能，但可实现对司机减速操作流程的检查和机车制动装置的故障测量，以减小因机车减速运行造成的振动影响。

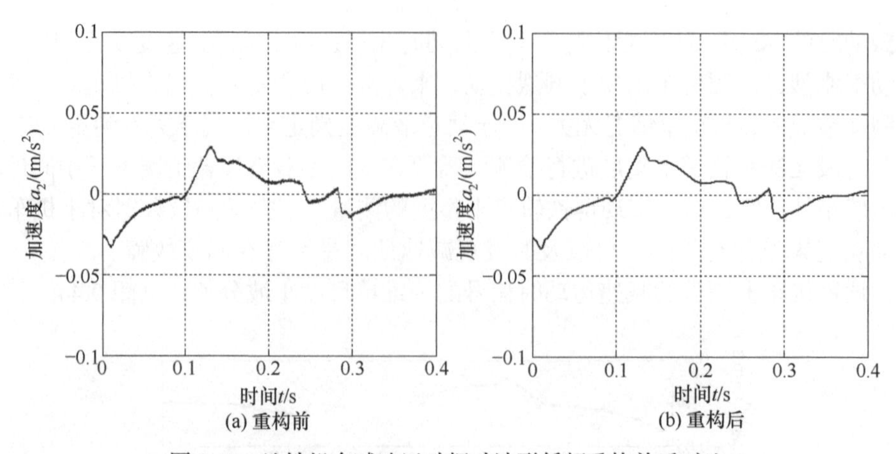

图 9.45　地铁机车减速运动振动波形低频重构前后对比

9.2.4　地铁站台机车进站时的振动波形及分析

地铁机车进站时会对地铁站台产生一定的振动，该振动也将对地铁站附近的建筑物产生振动。对于因地铁机车进站时产生的振动测量也有其实际意义。当机车进站时，在地铁站台地面对机车振动进行测量，见图 9.46。

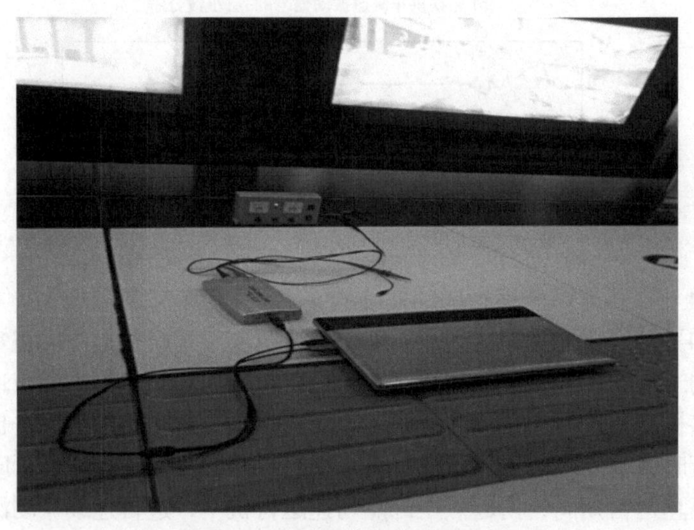

图 9.46　地铁站台振动测量现场

测得的机车进站引起的站台振动信号的波形见图 9.47。

由图 9.47 可见，当机车减速进站时在站台上测得的振动信号有明显的振动波产生。为了更清楚地了解振动波形的频率成分，对地铁机车进站时站台测得的振动波形进行功率谱和低频功率谱细节分析，见图 9.48。

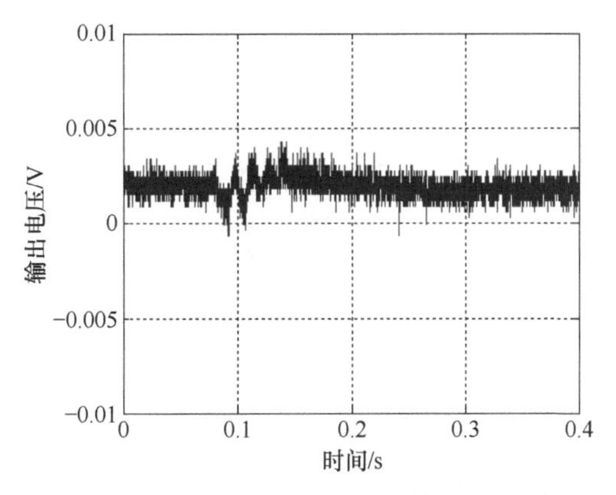

图 9.47　地铁机车进站时站台测得的振动波形

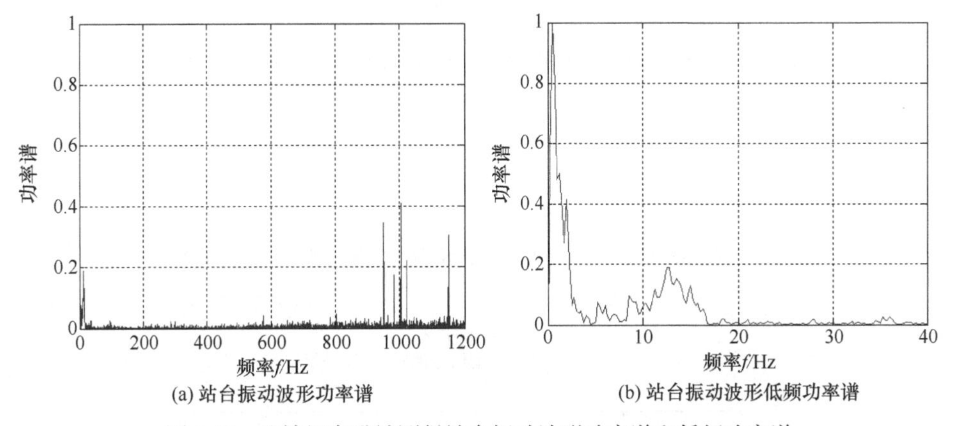

图 9.48　地铁机车进站测得站台振动波形功率谱和低频功率谱

由功率谱看，低频成分幅值较大，高频成分也有一定的幅值，其中峰值出现在低频段1Hz左右，这一频率与在机车上测得的进站刹车减速运行时产生的振动频率相同，说明其是由同一振源引起的振动；此外，还有一个频率在13Hz左右较小的低频峰值，该频率与地铁机车匀速有振动运行测得的两个振动波形的低频分量的频率数值相近。

地铁机车减速进站时在地铁站台测得的振动波形相轨迹分析，见图 9.49。

由图 9.49 可见，当地铁机车进站时在地铁站台测得的振动波形的相轨迹与地铁机车匀速有振动运动时在机车上测得的振动波形相轨迹相似，但速度变化较为剧烈，速度变化样式较丰富，也与机车减速运行时在机车上测得的振动波形相轨迹相似，只是振动幅值较小。说明机车进站时在地铁站台上产生的振动幅度较小，规律相同，但对等待候车乘客的影响不大，可以被忽略。

当地铁机车进站时在地铁站台上测得的振动信号的一维单尺度小波分解，见图 9.50。

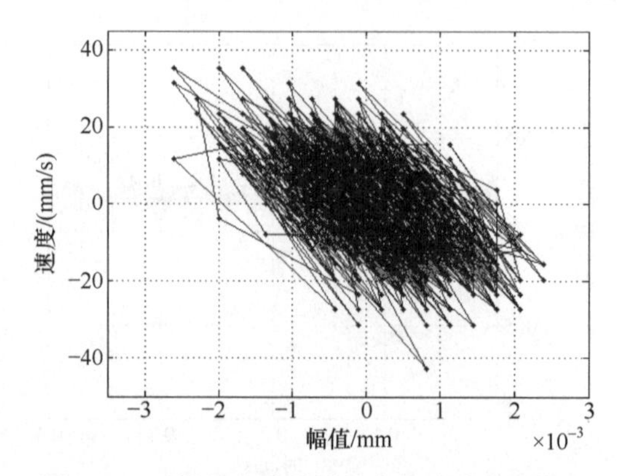

图 9.49　地铁机车进站时站台振动波形相轨迹

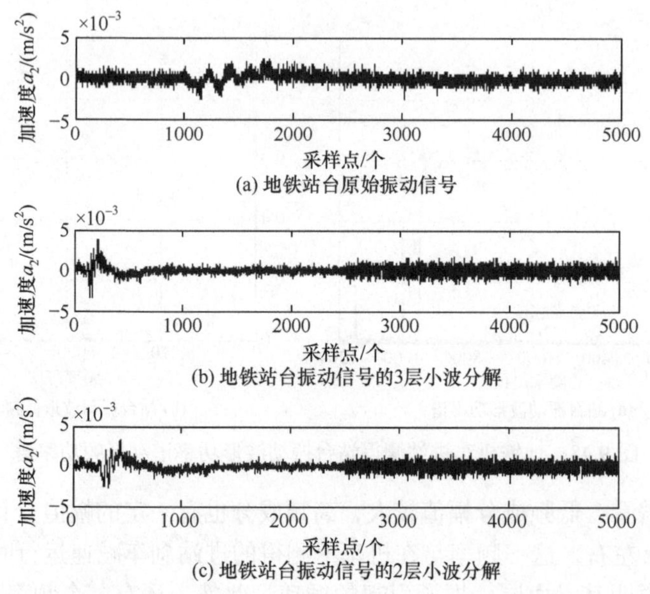

(a) 地铁站台原始振动信号

(b) 地铁站台振动信号的3层小波分解

(c) 地铁站台振动信号的2层小波分解

图 9.50　地铁站台振动信号一维单尺度小波分解

由图 9.50 可见，当机车进站时低频成分较高，与在机车匀速有振动运行时的情况类似。

当地铁机车进站时在地铁站台上测得的振动波形低频重构，见图 9.51。

由图 9.51 可见，机车在进站减速过程中，对地铁站台产生了低频振动，其振动幅值较大，且在前面部分的振动频率与在机车上测得的匀速有振动运行时的频率相同。说明在进站过程中，该路段的铁轨出现一定问题，该故障原因可能与匀速运行过程有振动的原因相同，可进行对比检查和维修。

总之，通过磁悬浮绝对式振动测量系统对地铁机车的几种运行情况实测分析可以得出：

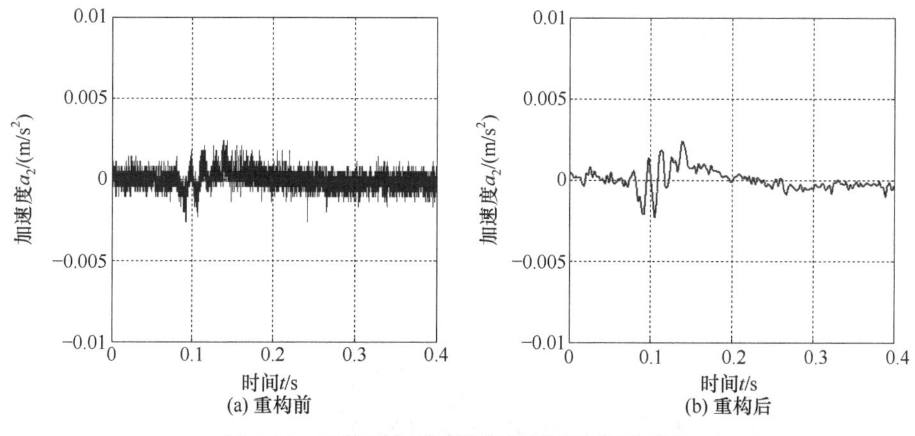

图 9.51　地铁站台振动波形低频重构前后对比

(1) 机车匀速平稳运行时振动波形幅度小，频谱分布宽，高频成分占比较大；

(2) 机车匀速有振动运行时振动波形幅值较大，低频成分所占比重增大，高频成分所占比重减小，由功率谱分析得出，频率峰值出现在低频段，由此可判定需修整该路段；

(3) 机车在进入站台减速运行时，振动波形幅度大，低频成分所占比重增大，高频成分所占比重减小，频率峰值进一步降低，减速运行所造成的振动应与路段不平整进行区分，如要测定站台附近路段是否平整，需匀速通过站台进行振动测量；

(4) 对机车进站时刹车造成的地面振动测量与在机车上测得的机车刹车时振动频率峰值相同，但另有一个幅值较小的功率谱，频率与匀速有振动运行时机车振动的频率相同；

(5) 通过对测量波形的相轨迹分析可以得到机车和站台的振动幅值及速度变化的规律，为地铁轨道的检修提供依据，同时机车进站对地铁站台产生的振动影响有所了解。

9.3　人行过街天桥振动测量

虽然人行过街天桥振动测量可采用相对式振动测量方法，但该测量方法需要不动参考点，通过光电效应等方法测量桥梁的振动波形，一般安装比较复杂且受环境因素影响较大。绝对式振动测量方法无需不动参考点，将振动测量设备置于被测人行过街天桥的桥面上即可。本节将磁悬浮绝对式振动测量方法应用于人行过街天桥的振动测量，通过实时监测人行过街天桥的振动情况可及时发现人行过街天桥存在的安全隐患，以便能够及时维修，避免桥梁坍塌等事故的发生。

9.3.1 人行过街天桥自由振动波形及分析

采用磁悬浮绝对式振动测量系统进行人行过街天桥的振动测量，只需将测量设备置于被测人行过街天桥的中央。人行过街天桥测量现场见图 9.52。

图 9.52 人行过街天桥测量现场

无人经过人行过街天桥时，人行过街天桥处于自由振动状态。在人行过街天桥桥面采用磁悬浮绝对式振动测量系统测得人行过街天桥自由振动状态下的振动波形，见图 9.53。

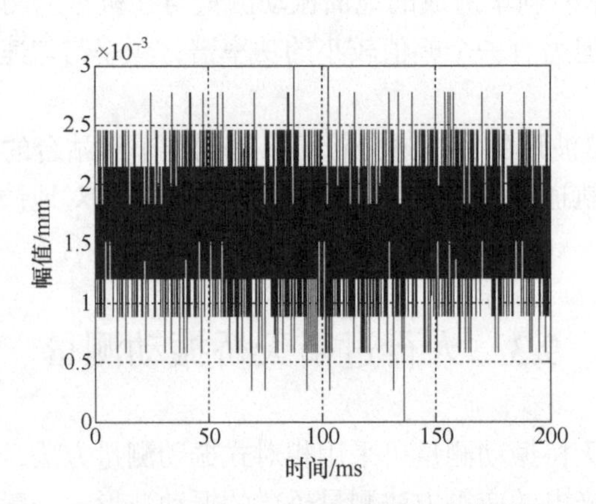

图 9.53 人行过街天桥自由振动波形

由图 9.53 可见，人行过街天桥处于自由振动状态下振动波形的波动幅度小。为了解无人经过人行过街天桥时，人行过街天桥自由振动状态下的频率分布，对测得的振动波形进行功率谱和功率谱的低频细节分析，见图 9.54。

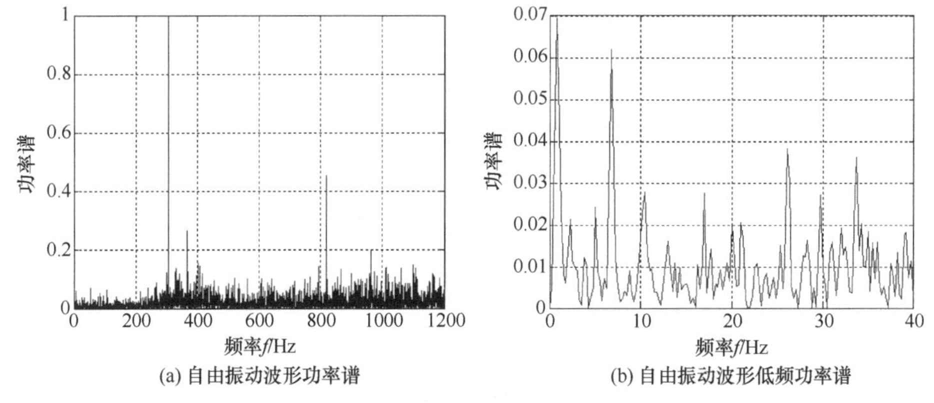

图 9.54 人行过街天桥自由振动波形功率谱和低频功率谱

由图 9.54 可见，人行过街天桥自由振动状态下振动波形中的低频功率谱幅度小，而且分布比较均匀[4]。人行过街天桥自由振动状态下的振动波形相轨迹见图 9.55。

由图 9.55 可见，人行过街天桥自由振动状态下振子的振动幅值及速度幅值变化范围较小，分布面积较小，说明人行过街天桥的振动比较小。

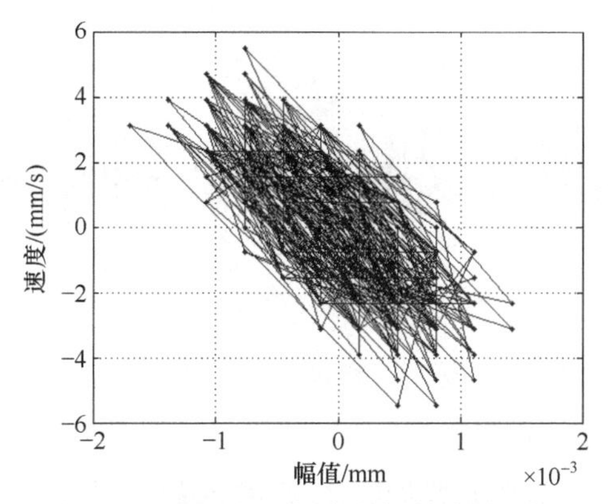

图 9.55 人行过街天桥自由振动波形相轨迹

为进一步获得不同状况下人行过街天桥自由振动状态下信号的特征，对测得的振动加速度信号采用单尺度一维小波分解函数进行分析。人行过街天桥自由振动状态下振动信号的单尺度一维小波分解，见图 9.56。

由图 9.56 可知，人行过街天桥自由振动状态下测得加速度的 3、2、1 层高频系数较大，而低频分量不明显，波动也较小。此时人行过街天桥无人通过，可以对人行过街天桥的自由振动频率进行研究，自由振动频率是由桥梁结构和材料决定的。

采用小波重构方法对无人通过时人行过街天桥自由振动状态下的波形进行重

构，见图 9.57。

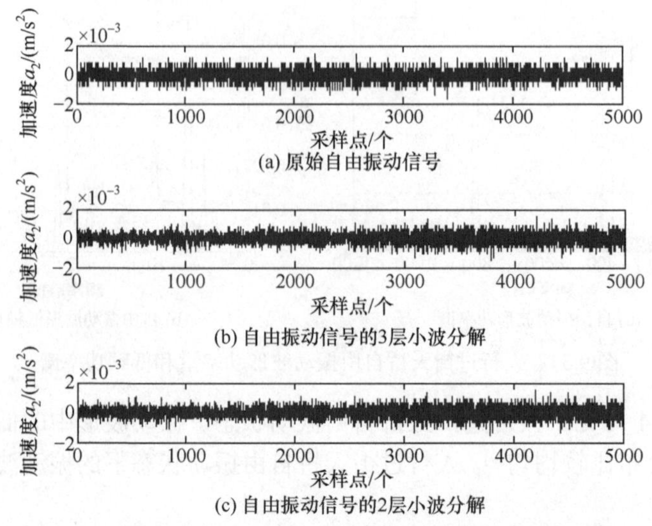

图 9.56　人行过街天桥自由振动信号一维单尺度小波分解

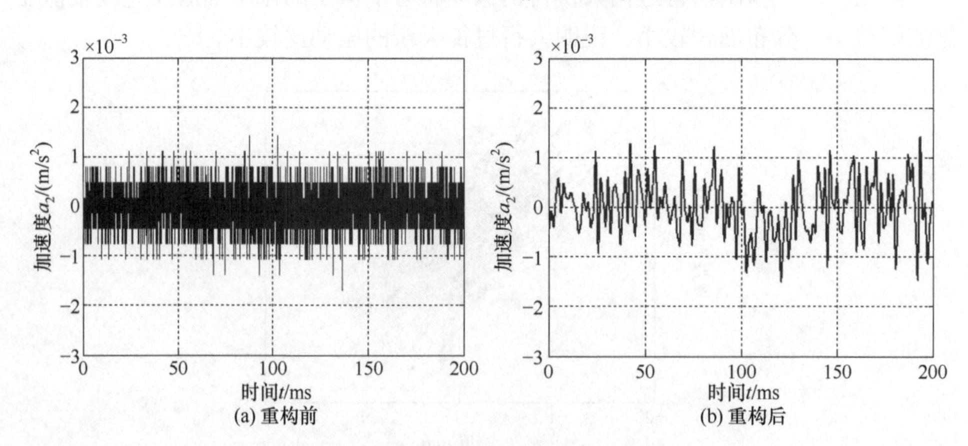

图 9.57　人行过街天桥自由振动波形低频重构前后对比

由图 9.57 可见，无人通过时人行过街天桥自由振动频率的幅值较小，频率分布较为均匀。

9.3.2　桥下有车经过时人行过街天桥振动波形及分析

为了考察桥下有车经过时产生的振动对人行过街天桥的影响，在人行过街天桥桥面采用磁悬浮绝对式振动测量系统测得桥下有车经过时人行过街天桥的振动波形，见图 9.58。

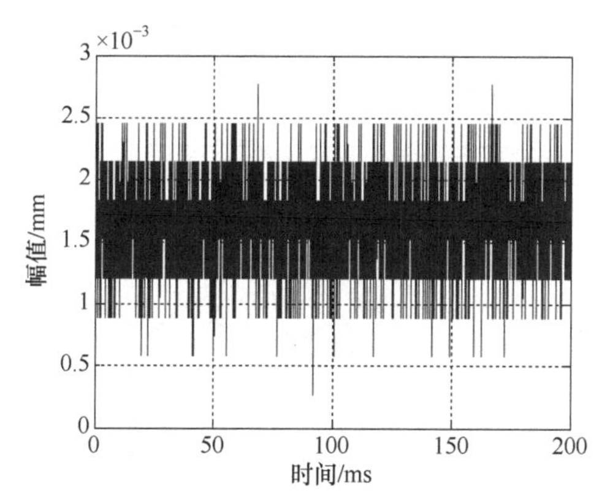

图 9.58　桥下有车经过时人行过街天桥的振动波形

由图 9.58 可见，桥下有车经过时测得的人行过街天桥的振动波形波动幅度仍较小，说明桥下车辆经过对桥面的振动影响不大。对桥下有车经过时的振动波形进行功率谱分析和低频功率谱细节分析，见图 9.59。

由图 9.59 可见，桥下有车经过时测得的人行过街天桥振动波形低频部分的功率谱幅度仍较小，分布也较为均匀，说明桥下车辆经过引起的人行过街天桥的振动较小，可以忽略不计。桥下有车经过时人行过街天桥的振动波形相轨迹见图 9.60。

由图 9.60 可见，桥下有车经过时测得的人行过街天桥振动波形相轨迹分布面积仍较小，振子的振动幅值和振动速度数值较小，因此，桥下车辆经过对人行过街天桥的影响很小。

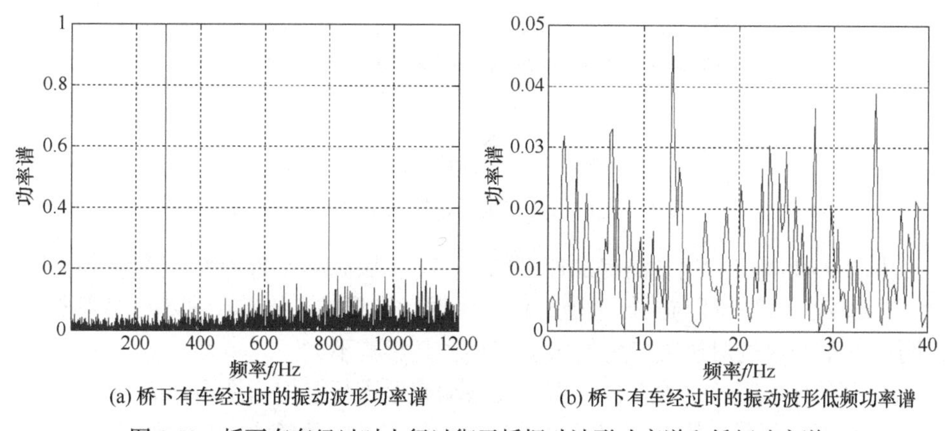

图 9.59　桥下有车经过时人行过街天桥振动波形功率谱和低频功率谱

为研究桥下有车通过时产生的振动对桥梁本身的影响，对桥下有车通过时的振动信号进行一维单尺度小波分解，见图 9.61。

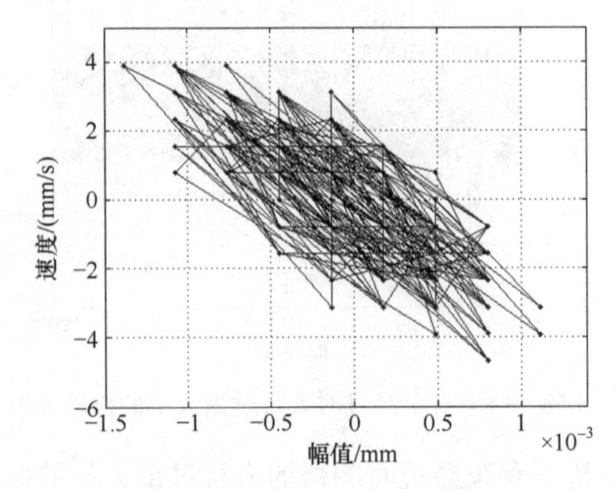

图 9.60　桥下有车经过时人行过街天桥振动波形相轨迹

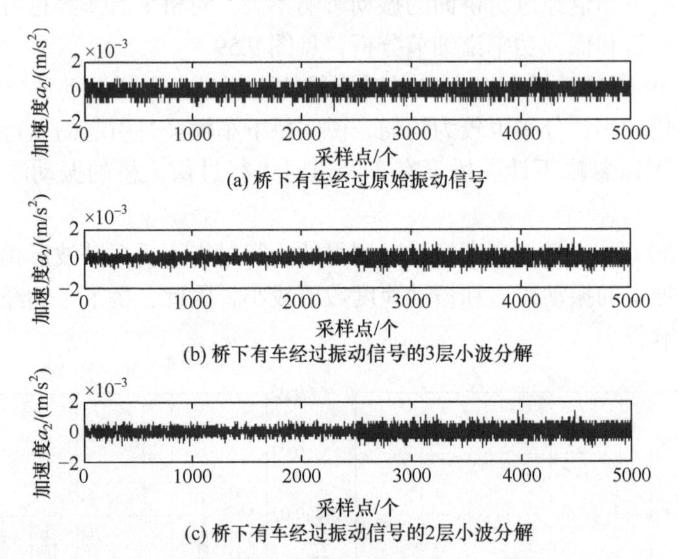

(a) 桥下有车经过原始振动信号

(b) 桥下有车经过振动信号的3层小波分解

(c) 桥下有车经过振动信号的2层小波分解

图 9.61　桥下有车经过时人行过街天桥振动信号一维单尺度小波分解

由图 9.61 可以看出，测得加速度的 3、2、1 层高频系数较大，低频分量不明显，波动较小。该特征与人行过街天桥自由振动波形的一维单尺度小波分解相似，说明桥下车辆通过对桥梁产生的振动较小，其影响不大。

对桥下有车经过时的人行过街天桥振动波形进行重构，见图 9.62。

由图 9.62 可见，桥下有车经过时其振动频率的幅值较小，与无人经过人行过街天桥自由振动波形相似。说明桥下车辆经过产生的振动对桥梁本身的振动影响较小，可忽略。

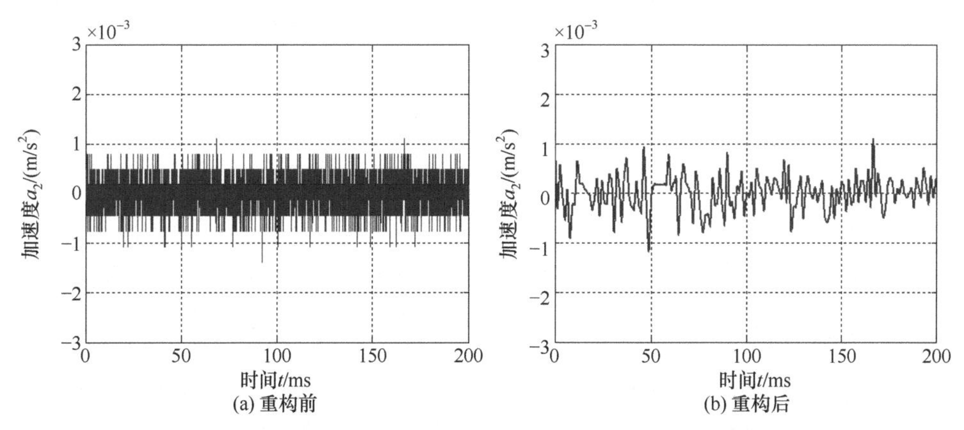

图 9.62　桥下有车经过时人行过街天桥振动波形低频重构前后对比

9.3.3　单人通过人行过街天桥振动波形及分析

为了了解单人通过人行过街天桥的振动情况，当单人通过人行过街天桥时，采用磁悬浮绝对式振动测量系统在人行过街天桥桥面进行测量，测得的振动波形见图 9.63。

由图 9.63 可见，单人通过时测得的人行过街天桥振动波形的波动幅度较大，说明单人通过人行过街天桥对桥面的振动有明显的影响，其振动频率与桥面有共振作用，因此加大了桥面的振动。为了解单人通过人行过街天桥时人行过街天桥的振动频率分布，对测得的振动波形进行功率谱分析和低频功率谱细节分析，见图 9.64。

由图 9.64 可见，单人通过人行过街天桥时测得的振动波形功率谱幅值较大，且低频分量占比较大。可见，单人通过人行过街天桥时的振动频率与桥面有低频共振现象，加大了桥面的振动。

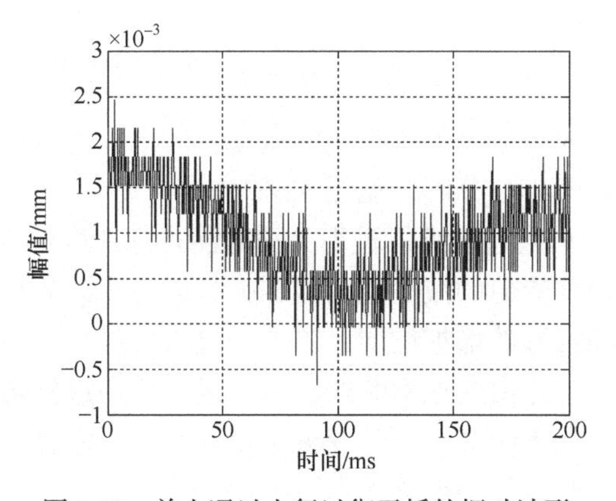

图 9.63　单人通过人行过街天桥的振动波形

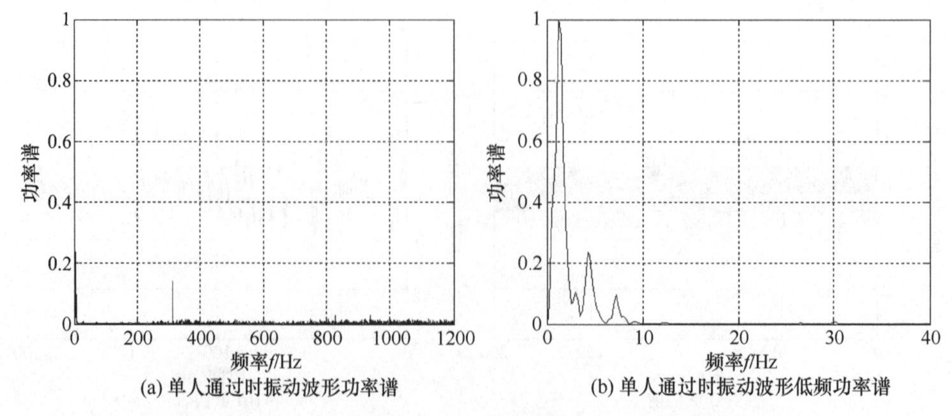

(a) 单人通过时振动波形功率谱　(b) 单人通过时振动波形低频功率谱

图 9.64　单人通过人行过街天桥振动波形功率谱和低频功率谱

单人通过人行过街天桥时测得的振动波形相轨迹见图 9.65。

由图 9.65 可见，单人通过人行过街天桥时测得的振动波形相轨迹与无人通过人行过街天桥的自由波形比较，其分布面积明显加大，振子的振动幅度和振动信号的速度变化量均较大，说明单人通过对桥梁的振动影响较大。

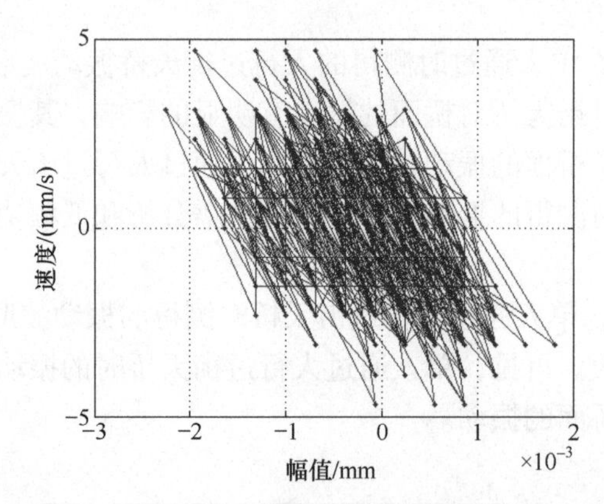

图 9.65　单人通过人行过街天桥振动波形相轨迹

为研究单人通过人行过街天桥产生的振动，对单人通过人行过街天桥时的振动波形进行一维单尺度小波分解，见图 9.66。

由图 9.66 可见，单人通过人行过街天桥时测得加速度的 3、2、1 层低频系数明显增加，振动加速度幅值的波动也明显加大。通过小波分解，此时振动信号的特征较为明显。低频信号的增加说明，单人通过人行过街天桥时的振动频率与桥梁的固有频率相近，这是由共振引起的。可以进一步通过模态分析等方法，对桥梁的结构和材质进行深入研究，可改变桥梁设计和采用的材质使桥梁工作时的自振频率远离行人通过时产生的振动频率。

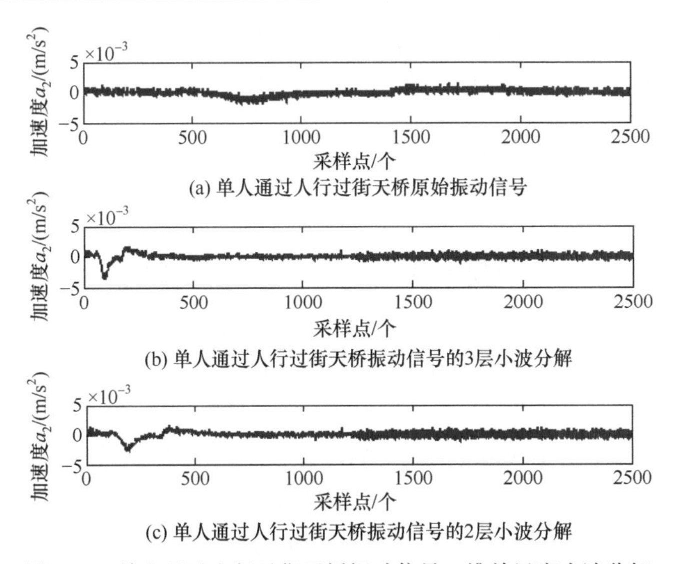

图 9.66　单人通过人行过街天桥振动信号一维单尺度小波分解

对单人通过人行过街天桥时的振动波形进行重构，见图 9.67。

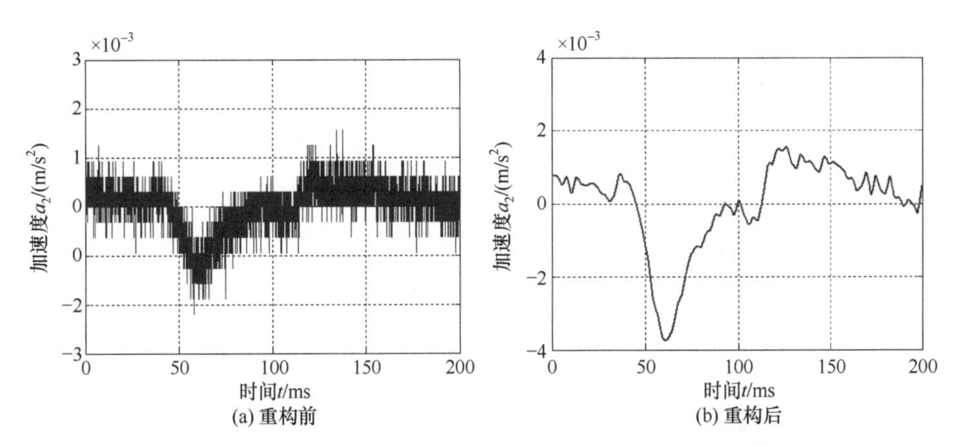

图 9.67　单人通过人行过街天桥振动波形低频重构前后对比

由图 9.67 可见，单人通过人行过街天桥时其振动幅值明显增大。在采样点 55ms 附近出现了反向峰值，且波形的频率较低，由此可以准确判定人行过街天桥有一低频振动，该低频振动幅值的明显增加是由于单人通过人行过街天桥时产生的振动与桥梁某部件的固有频率接近，产生了共振效应。可深入了解产生该振荡的原因，并在桥梁设计和维护中作为重要的参考。

9.3.4　多人通过人行过街天桥振动波形及分析

对于多人通过人行过街天桥产生的振动进行测量同样非常重要，通过对振动波形的分析可以了解多人通过人行过街天桥对其产生的影响。采用磁悬浮绝对式振动测量系统测得多人通过人行过街天桥时的振动波形，见图 9.68。

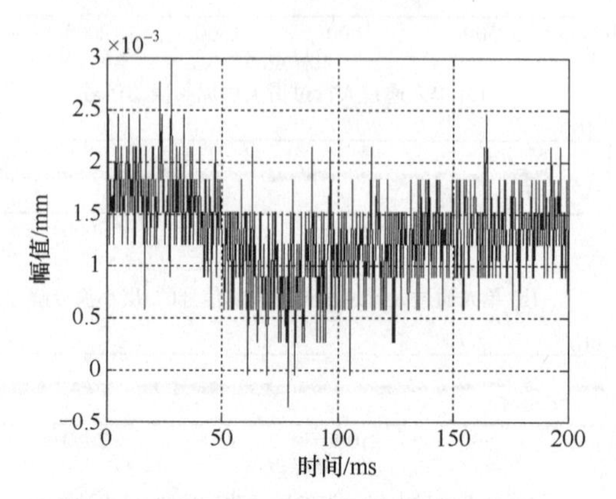

图 9.68　多人通过人行过街天桥振动波形

由图 9.68 可知，多人通过时测得的人行过街天桥振动波形有较大的波动，说明多人通过人行过街天桥对桥面的振动影响较大。

为了解多人通过人行过街天桥时人行过街天桥振动的频率分布，对测得的振动波形进行功率谱分析和低频功率谱细节分析，见图 9.69。

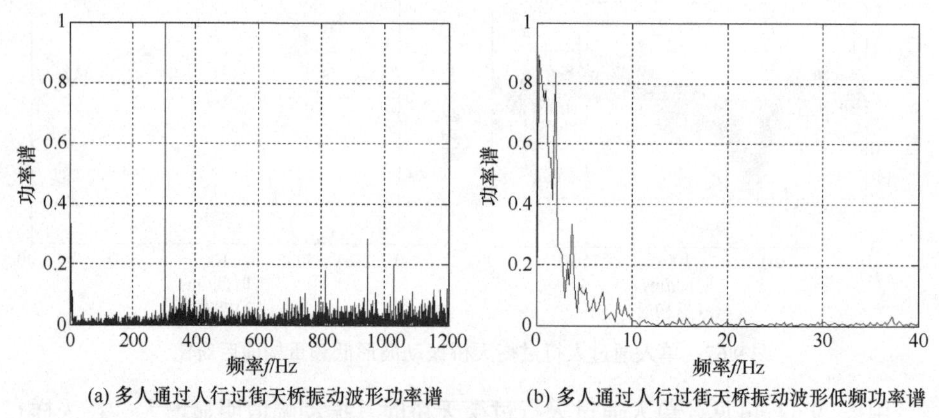

(a) 多人通过人行过街天桥振动波形功率谱　(b) 多人通过人行过街天桥振动波形低频功率谱

图 9.69　多人通过人行过街天桥振动波形功率谱和低频功率谱

由图 9.69 可知，多人通过人行过街天桥时测得的振动波形功率谱有较大的幅值，峰值出现在 2Hz 左右。可见，单人或多人通过人行过街天桥其振动频率与桥面有低频共振现象，加大了桥面的振动。

多人通过人行过街天桥时测得的振动信号的相轨迹，见图 9.70。

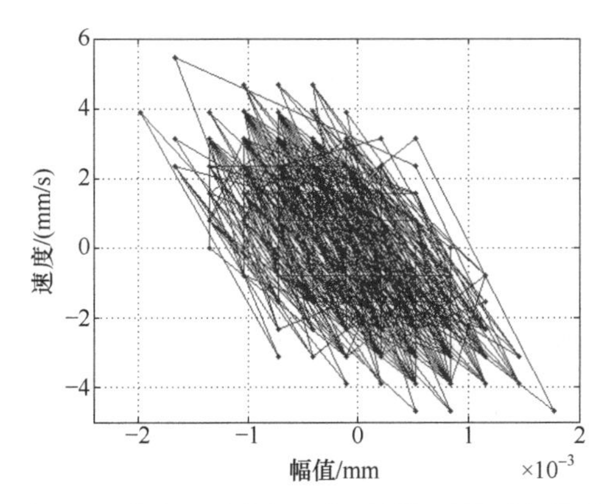

图 9.70　多人通过人行过街天桥振动波形相轨迹

由图 9.70 可知，多人通过人行过街天桥时测得的人行过街天桥振动波形相轨迹分布区间加大，相轨迹分布面积较大，振子的振动幅值和振动速度变化范围都比较大，说明多人通过人行过街天桥在一定程度上会引起桥梁的振动。可见，通过相轨迹的分布面积可知人行过街天桥的振动状态。

为研究多人通过人行过街天桥产生的振动，对多人通过人行过街天桥时的振动信号进行一维单尺度小波分解，见图 9.71。

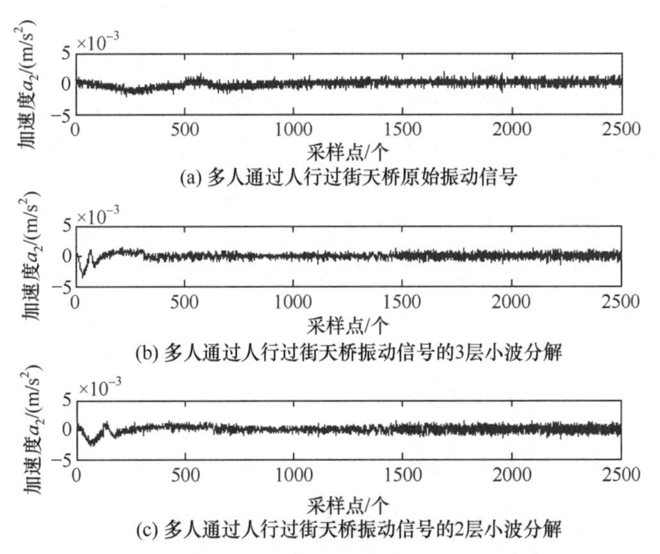

图 9.71　多人通过人行过街天桥振动信号一维单尺度小波分解

由图 9.71 可见，多人通过人行过街天桥时测得加速度的 3、2、1 层低频系数明显增加，振动加速度幅值的波动也明显加大。该特征与单人通过人行过街天桥的振动特征相似。该振动对桥梁产生了一定的影响。

对多人通过人行过街天桥时产生的振动波形进行重构，见图 9.72。

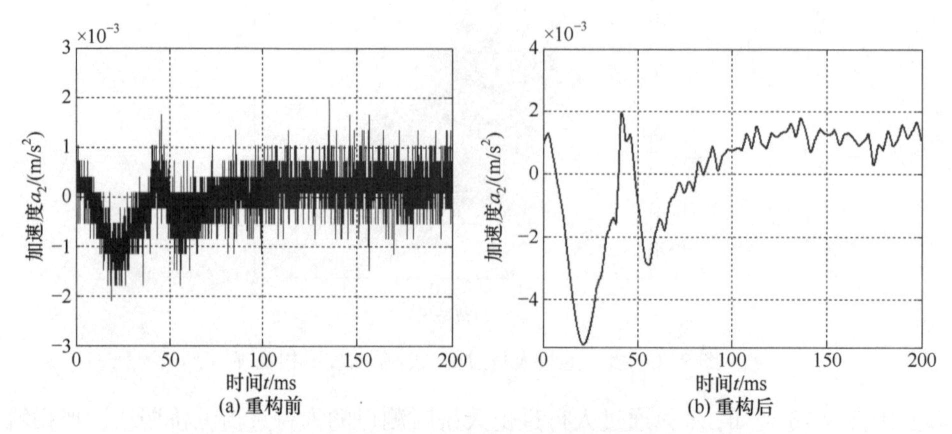

图 9.72　多人通过人行过街天桥振动波形低频重构前后对比

由图 9.72 可见，多人通过时其振动幅值明显增大，与单人通过人行过街天桥时的幅值相近。说明多人通过时产生的振动与单人通过时产生的振动对桥梁的影响相似。特别是多人通过时行走的步调相同极易产生共振效应，可以通过该振动测量设备对桥梁的振动进行实时监测，并使人们意识到，在通过桥梁时不可步调一致，以减小对桥梁的破坏程度。

总之，磁悬浮绝对式振动测量方法可以提高测量灵敏度，该测量方法因振子处于悬浮状态，适合于对低频和小幅度振动的测量。通过小波分解和振动波形重构可以很方便地了解四种不同振动状况。无人通过情况下，可以对人行过街天桥的自由振动情况进行研究；桥下有车经过时，通过实测可知桥下车辆经过产生的振动对桥梁的振动影响不大；在单人和多人通过人行过街天桥时，通过小波分解和波形重构可以实时了解桥梁的工作状况，及时发现人行过街天桥可能出现的问题，以便及时处理。通过获得的有振动波形频率特征，通过模态分析等方法进行对照研究，可实现更进一步的问题原因查找和定位。该方法对于不同材质建造的人行过街天桥振动影响分析以及对人行过街天桥的运行状况进行实时监测具有实际意义。

9.4　电梯加速度测量

电梯运行过程中产生的振动除了垂直方向的加速度振动外，水平方向的振动对乘客的舒适度同样有影响。本节使用磁悬浮绝对式振动测量系统对电梯运动的振动进行测量。被测电梯的楼层高度是 10 层，目前属于较低的楼层高度，电梯不必运行于较高的加速度数值。

9.4.1　电梯运行中垂直加速度测量与分析

被测电梯为曳引式垂直升降高层乘客电梯，其承载质量为 1000kg，标准速度为 2m/s，加速度为 1m/s^2，额定载客为 13 人。实测载客为 8 人，由 5 层升至 8 层，采用磁悬浮绝对式振动测量系统测得电梯垂直方向加速度波形，见图 9.73。

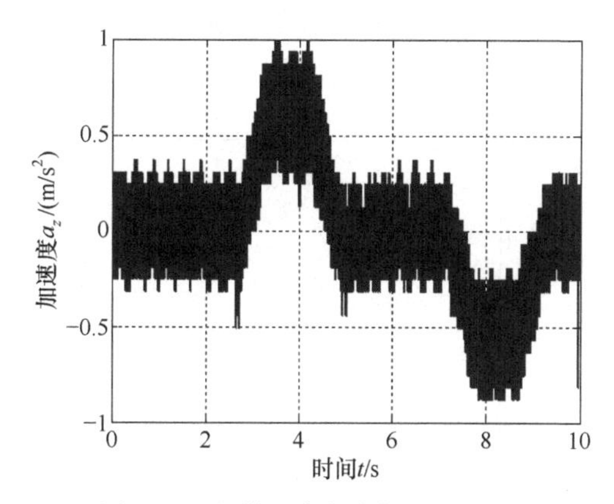

图 9.73　电梯垂直方向加速度波形

电梯启动后加速度逐渐增加至最大值，又逐渐减小，速度逐渐增加然后转匀速运行，接着减速运行。电梯加速度变换近似呈抛物线形状，符合人体最适加速度变化规律。加速度的最大值为 1m/s^2，与额定值相同，符合设计要求。为了获得电梯垂直升降过程的频率分布，对测得的电梯垂直方向加速度波形进行功率谱分析和低频功率谱细节分析，见图 9.74。

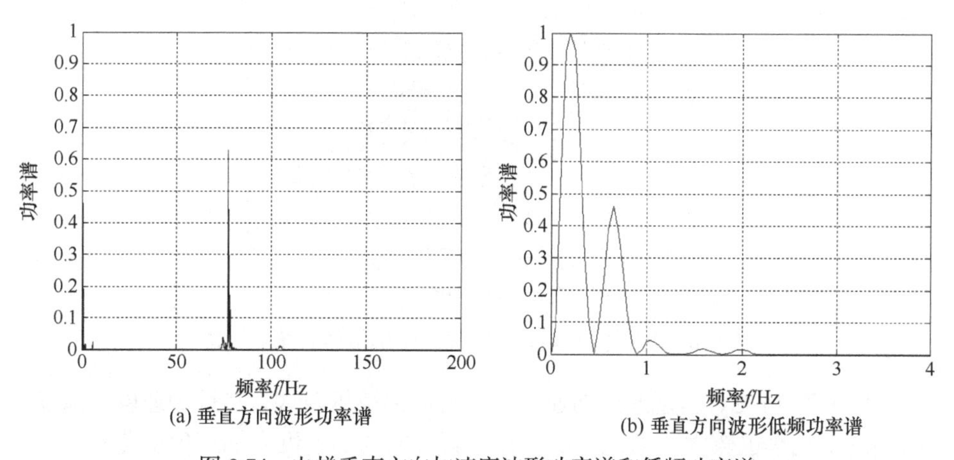

(a) 垂直方向波形功率谱　　(b) 垂直方向波形低频功率谱

图 9.74　电梯垂直方向加速度波形功率谱和低频功率谱

从振动信号的频谱图可见，电梯系统固有频率为 76Hz 左右，为优势频率。为详细了解低频频率分布，功率谱取低频段，由垂直方向低频段功率谱可见，电梯在垂直方向有 0.3Hz 左右的低频分量，该低频分量人体比较敏感。

为了得到垂直加速度变化规律，将测得的垂直加速度信号滤波，取上限截止频率为 30Hz，滤波后的波形见图 9.75。

由图 9.75 可见，垂直方向的高频振动信号被滤除，使电梯垂直方向的加速度变化过程更加清晰。磁悬浮绝对式振动测量系统的测量灵敏度较高，方便了对垂直方向加速度的详细研究和对电梯系统的相应调节。

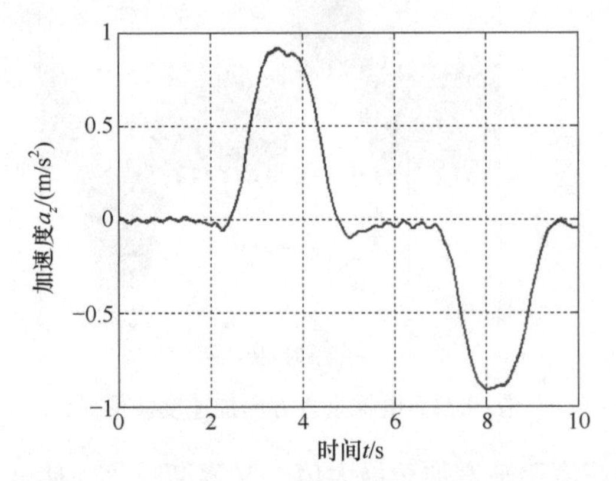

图 9.75　电梯垂直加速度滤波后波形

电梯上升运行区段在垂直方向的加速度波形的相轨迹，见图 9.76。

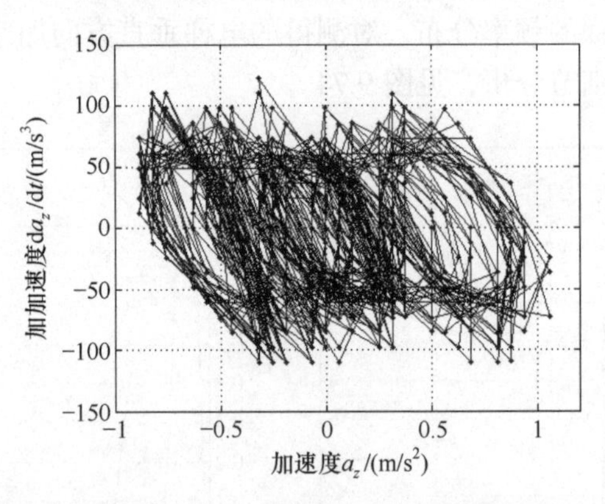

图 9.76　电梯上升运行区段垂直方向加速度波形相轨迹

由图 9.76 可见，垂直方向加速度和减速度的范围较大，并且加速度和减速度随时间的变化率也较大，因此，电梯在垂直方向的加速度及加速度变化对人体的影响较大。

为进一步获得不同状况下测量信号的特征，对所测的电梯垂直运动方向上的加速度信号采用多尺度一维小波分解函数进行分析，得到电梯垂直方向运行加速度信号一维单尺度小波分解，见图 9.77。

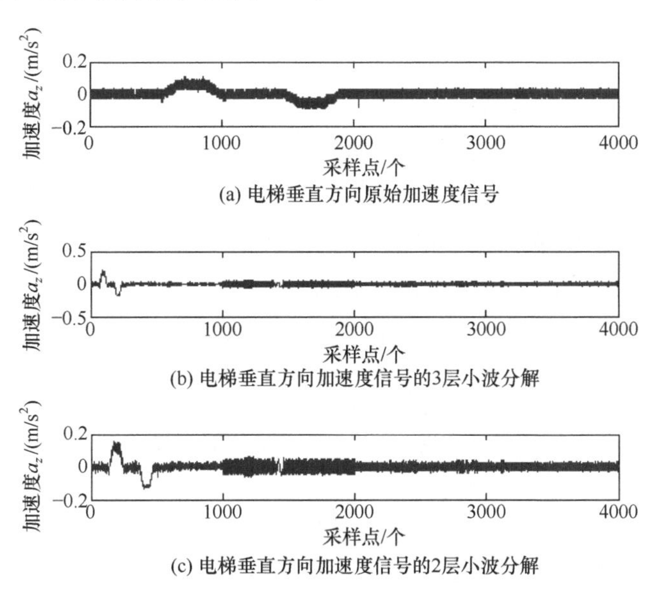

(a) 电梯垂直方向原始加速度信号

(b) 电梯垂直方向加速度信号的3层小波分解

(c) 电梯垂直方向加速度信号的2层小波分解

图 9.77　电梯垂直方向加速度信号一维单尺度小波分解

由图 9.77 可见，电梯垂直方向加速度的 3、2、1 层低频系数较大，而高频分量不明显。一般来说，人体对振动的低频分量较为敏感，振动对人体舒适度影响较大。平稳匀速运行时低频分量小，因此，平稳运行时乘客感觉舒适，而在加减速运行时乘客舒适度较差，需要将加、减速度严格控制在一定的范围。

电梯垂直方向的加速度波形低频重构，见图 9.78。

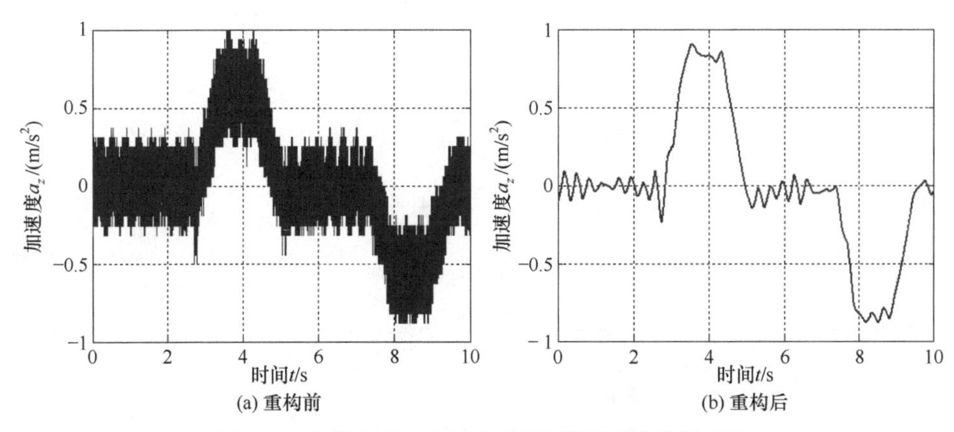

(a) 重构前　(b) 重构后

图 9.78　电梯垂直方向加速度波形低频重构前后对比

由图 9.78 可见，电梯垂直方向加速度最大值满足电梯工程要求，运行中乘客感觉良好，在电梯匀速运行阶段存在一定的振动信号，但振动幅度不大，说明电梯在该段的运行状况良好。

9.4.2 电梯运行中左右加速度测量与分析

为使乘坐电梯的乘客舒适，对于电梯前后、左右方向的振动也有相应的技术要求，需要对前后、左右方向的振动进行测量。磁悬浮绝对式振动测量系统中的磁悬浮振子不与任何物体直接连接，振子的运动不受限制，易于实现多维的振动或加速度测量。测得电梯左右方向的加速度波形见图 9.79。

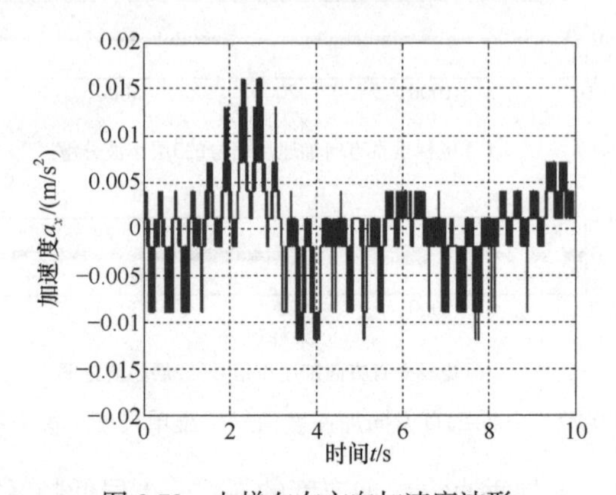

图 9.79　电梯左右方向加速度波形

由图 9.79 可见，被测电梯左右方向加速度的幅值较小。为了解电梯左右方向加速度的频率成分，对左右方向加速度波形进行功率谱分析和低频功率谱细节分析，见图 9.80。

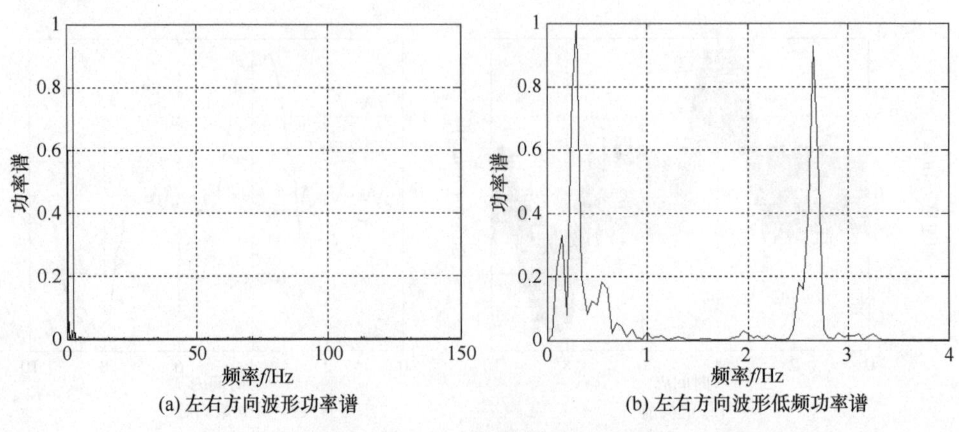

(a) 左右方向波形功率谱　　(b) 左右方向波形低频功率谱

图 9.80　电梯左右方向加速度波形功率谱和低频功率谱

由电梯左右方向加速度功率谱分析可知，左右方向加速度高频分量较小，低频分量较大，低频有两个峰值，频率分别为 0.35Hz 和 2.75Hz 左右。由电梯工作原理可知，导轨不平度是引起电梯低频水平振动的主要原因，如果左右方向的低频振动过大，则可对其进行调整。

将测得的电梯左右方向加速度振动信号滤波，见图 9.81。

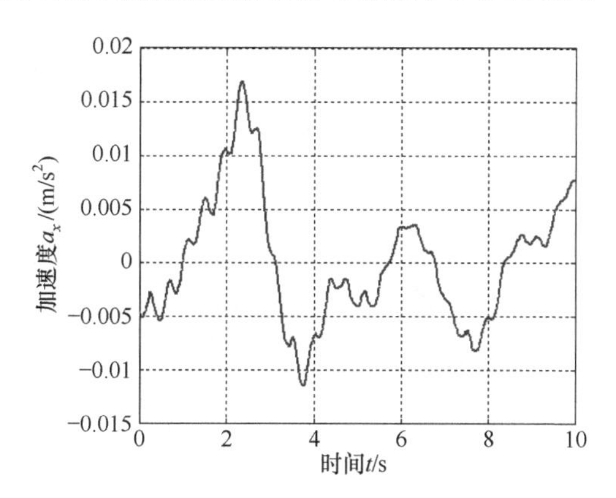

图 9.81　电梯左右方向加速度滤波后波形

由图 9.81 可见，电梯在左右方向的高频信号被滤除，低频信号较清晰，最大振动加速度幅值较小。通过设计的磁悬浮绝对式振动测量系统测量数据可知，该电梯左右方向最大振动加速度幅值小于 0.02m/s^2，小于标准加速度幅值 0.15m/s^2，该电梯运行较为平稳，满足电梯运行的技术指标要求。

电梯上升运行区段左右方向加速度波形的相轨迹，见图 9.82。

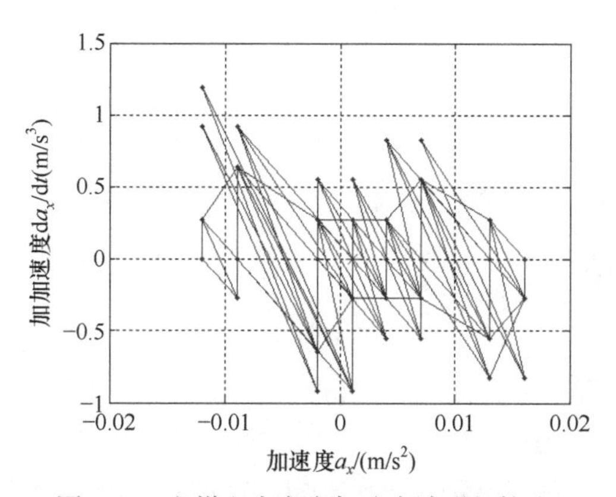

图 9.82　电梯左右方向加速度波形相轨迹

由图 9.82 可见，电梯左右方向加速度和减速度的范围较小，并且加速度和减速度随时间的变化率也较小，因此，电梯左右方向的加速度、减速度及加速度变化、减速度变化对人体的影响较小。

对电梯运行过程中左右方向的加速度信号采用多尺度一维小波分解函数进行分析，得到左右方向加速度信号的一维单尺度小波分解，见图 9.83。

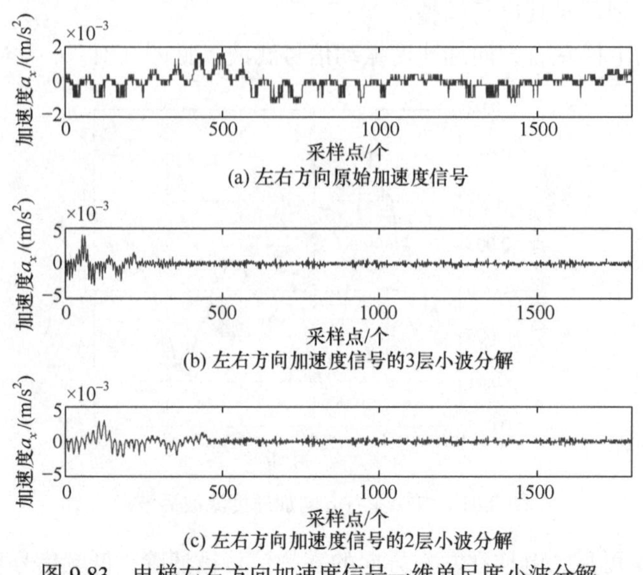

图 9.83　电梯左右方向加速度信号一维单尺度小波分解

由图 9.83 可见，电梯左右方向加速度的 3、2、1 层低频系数较大，而高频分量不明显，同时加速度信号的峰值也不高，电梯乘客较为舒适。

电梯左右方向的加速度波形低频重构，见图 9.84。

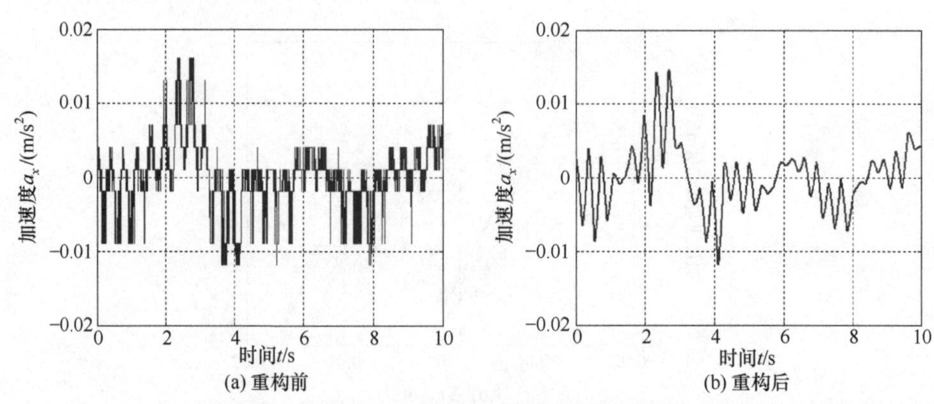

图 9.84　电梯左右方向加速度波形低频重构前后对比

由图 9.84 可知，电梯垂直运行时左右方向存在一定的晃动，但晃动的幅度并不大，对乘客的影响较小，可以忽略，说明电梯在该段的运行状况良好。

9.4.3　电梯运行中前后加速度测量与分析

磁悬浮绝对式振动测量系统的电梯三维加速度测量是通过同一个磁悬浮振子，采用三组红外光电位移传感器同时获得三个方向的加速度信号。电梯前后方向的加速度波形见图 9.85。

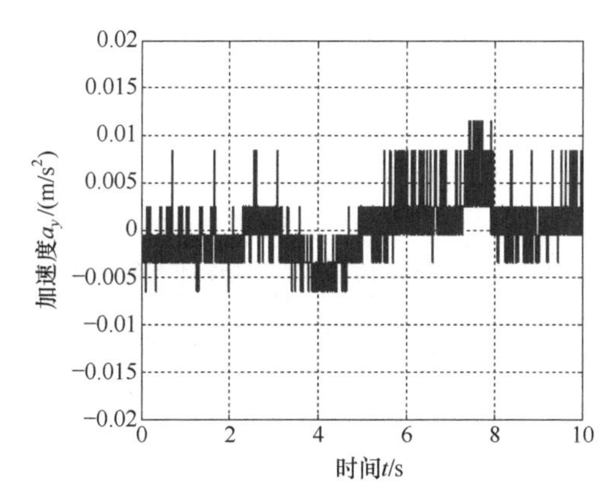

图 9.85　电梯前后方向加速度波形

由图 9.85 可见，被测电梯前后方向加速度幅值较小。对电梯前后方向加速度波形进行功率谱分析和低频功率谱细节分析，见图 9.86。

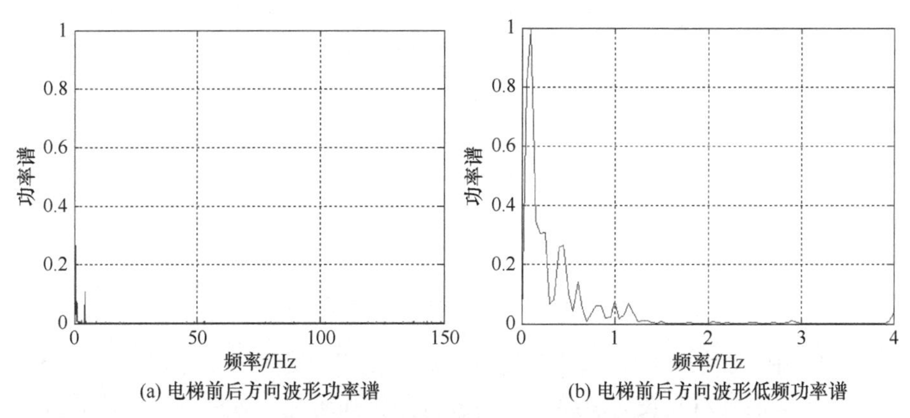

图 9.86　电梯前后方向加速度波形功率谱和低频功率谱

由电梯前后方向加速度功率谱分析可知，前后方向加速度高频分量较小，低频分量较大，低频峰值频率在 0.1Hz 左右，有晃动。人体对低频加速度分量较为敏感，若晃动幅度过大将会引起乘客舒适度下降，因此需要对其幅值进行测量。

测得的电梯前后方向加速度信号滤波后的波形，见图 9.87。

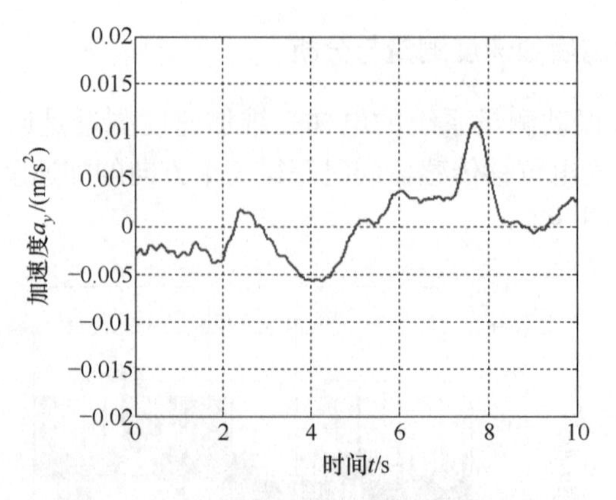

图 9.87　电梯前后方向加速度滤波后波形

由图 9.87 可见，电梯在前后方向的高频信号被滤除，低频信号较清晰，该方向的低频加速度的最大加速度幅值小于 0.015m/s^2，小于标准 0.15m/s^2 的电梯运行技术指标要求，运行平稳，乘客舒适度较高，无须进行调整。

电梯上升运行楼层区段前后方向加速度波形的相轨迹，见图 9.88。

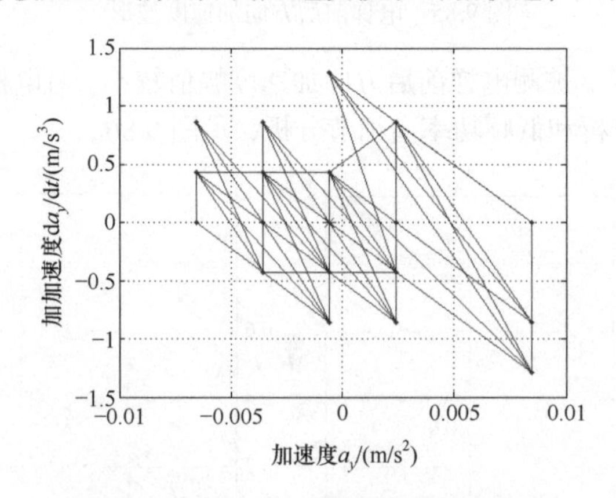

图 9.88　电梯前后方向加速度波形相轨迹

图 9.88 中，加加速度是加速度随时间的变化率，反映加速度随时间的变化情况，电梯乘客对其较为敏感，需要进行分析和研究。可见，电梯前后方向加速度和减速度的范围较小，并且加速度和减速度随时间的变化率也较小，因此，电梯在前后方向的加速度、减速度及加速度变化、减速度变化对人体的影响较小。

从楼层高度为 10 层以内的电梯运行技术指标看，该电梯的三维加速度测量数据满足技术指标要求。

对电梯运行过程中前后方向上的加速度信号采用多尺度一维小波分解函数进

行分析，得到前后方向加速度信号的一维单尺度小波分解，见图 9.89。

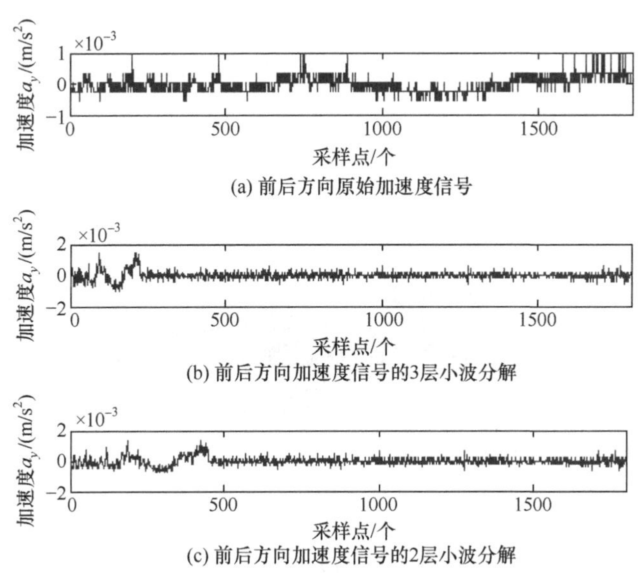

图 9.89　电梯前后方向加速度信号一维单尺度小波分解

由图 9.89 可知，电梯前后方向加速度的 3、2、1 层低频系数较大，而高频分量不明显，同时加速度的峰值也较小，前后方向上产生的振动对电梯乘客影响不大。

电梯前后方向的加速度波形低频重构，见图 9.90。

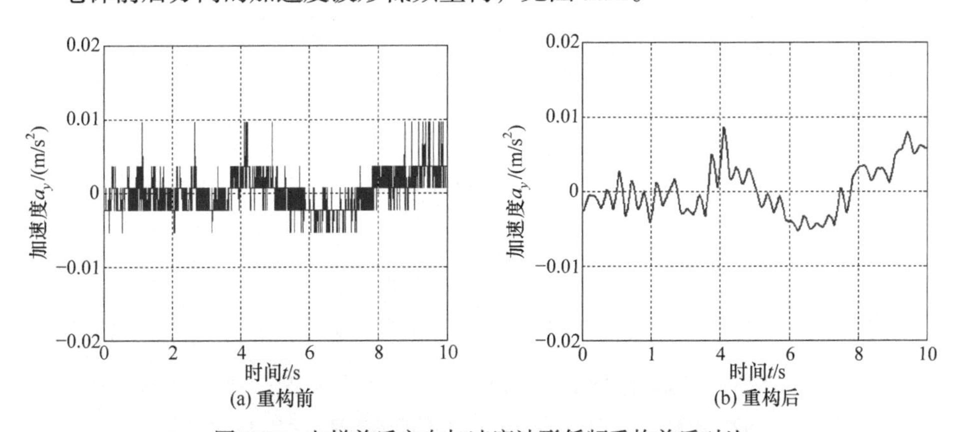

图 9.90　电梯前后方向加速度波形低频重构前后对比

由电梯垂直运行过程中前后方向加速度信号波形进行的低频重构可见，电梯垂直运行时前后方向存在一定的晃动，但晃动的幅度不算过大，对乘客的影响尚可，说明电梯在该楼层区段的运行状况良好，符合电梯相应的技术指标要求。

9.4.4 电梯故障分析

通过多次电梯加速度测量数据比较，可以发现电梯存在故障的情况。对有故障电梯在 1～4 层运行时的垂直方向加速度振动进行测量，得到的波形及功率谱见图 9.91。

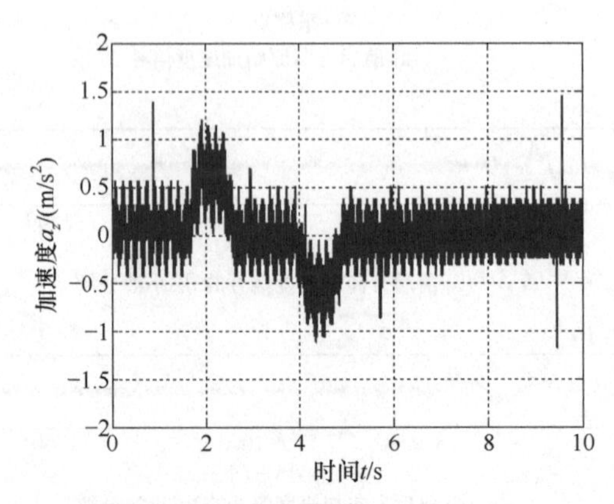

图 9.91 有故障电梯 1～4 层垂直方向加速度振动波形

通过实测 1～4 层垂直方向加速度波形不能看出其频率分布及不同频率含量，还需对其进行频谱分析，得到电梯 1～4 层垂直方向加速度波形的功率谱分析及其低频功率谱细节分析，见图 9.92。

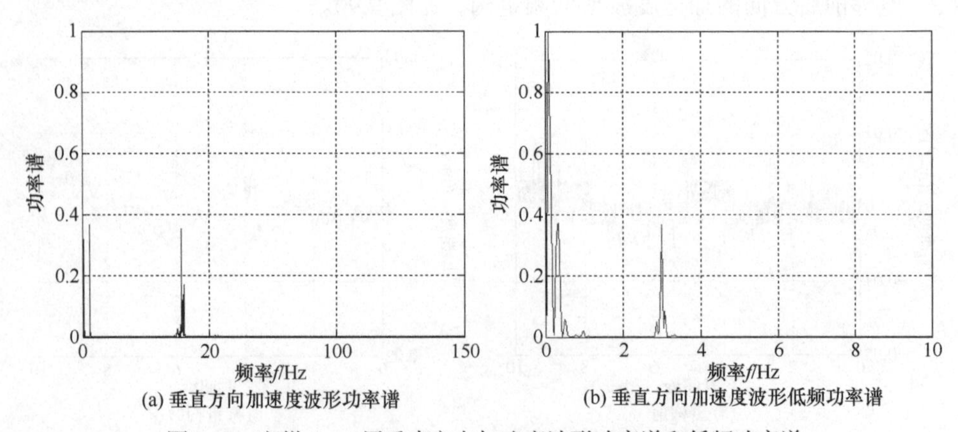

图 9.92 电梯 1～4 层垂直方向加速度波形功率谱和低频功率谱

由图 9.92 可见，该楼层区段低频分量比其他段的低频分量较大，分析得到低频分量由曳引钢丝绳长度引起的，约为 2.97Hz。

电梯 1～4 层垂直方向加速度信号滤波后的波形，见图 9.93。

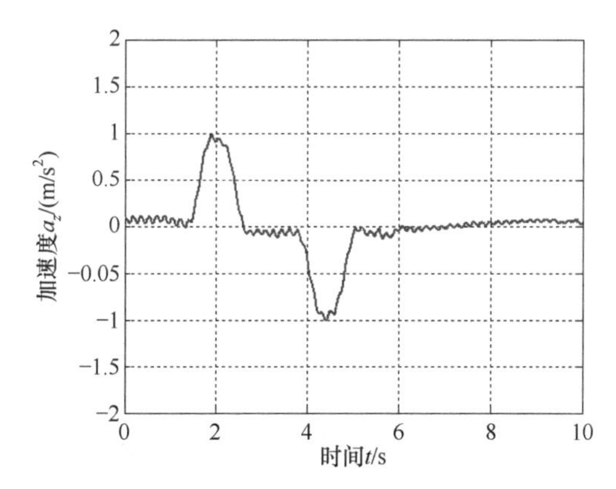

图 9.93 电梯 1～4 层垂直方向加速度信号滤波后波形

与图 9.73 比较，电梯 1～4 层垂直方向加速度波形低频分量较大。由功率谱分析得到低频分量是由曳引钢丝绳长度引起的，需要对该部件进行调节。

电梯 1 层～4 层垂直方向加速度波形的相轨迹，见图 9.94。

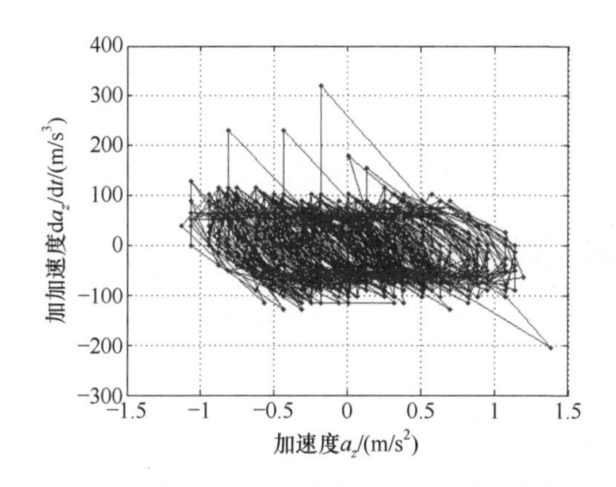

图 9.94 电梯 1～4 层垂直方向加速度波形相轨迹

由图 9.94 可知，在电梯由 1 层上升至 4 层过程中，垂直方向加速度和减速度的范围较大，并且加速度和减速度随时间的变化率增加比较明显，因此，需要重点检查电梯在 1～4 层的相关部件。

对电梯运行在该区间过程中垂直方向上的加速度信号采用多尺度一维小波分解函数进行分析，得到 1～4 层区间垂直方向加速度信号的一维单尺度小波分解，见图 9.95。

由图 9.95 可知，电梯 1～4 层垂直方向加速度的 3、2、1 层低频系数较大，而高频分量也比较大，同时加速度的峰值过高，电梯乘客舒适度较差。

电梯 1~4 层垂直方向的加速度波形低频重构，见图 9.96。

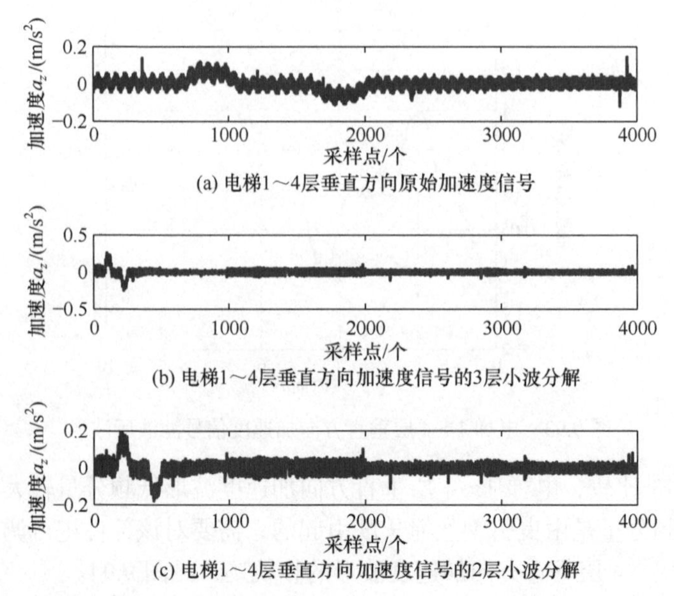

(a) 电梯1～4层垂直方向原始加速度信号

(b) 电梯1～4层垂直方向加速度信号的3层小波分解

(c) 电梯1～4层垂直方向加速度信号的2层小波分解

图 9.95　电梯 1～4 层垂直方向加速度信号一维单尺度小波分解

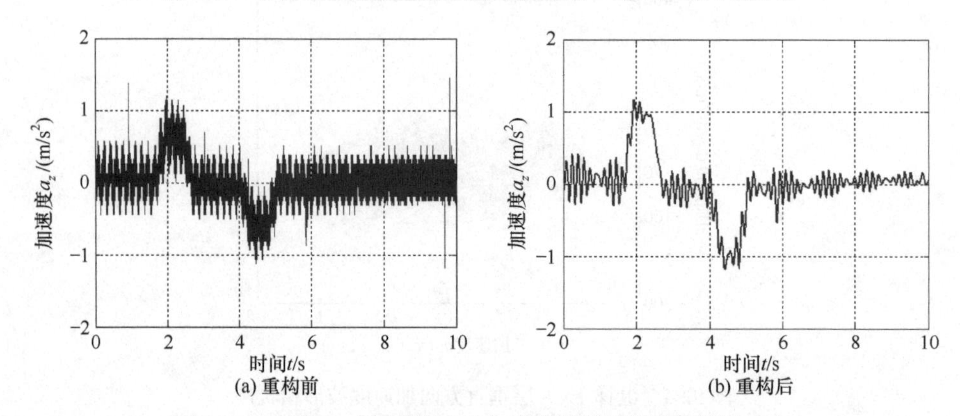

(a) 重构前　　(b) 重构后

图 9.96　电梯 1～4 层垂直方向加速度波形低频重构前后对比

由图 9.96 可见，电梯在 1~4 层垂直方向加速和减速过程中出现了较为严重的颤动，已经超出了技术指标的要求，需要重点检查电梯在 1～4 层的相关部件，分析得到低频分量的颤动是由曳引钢丝绳长度引起的，需要对该部件进行调节。

9.5　重型基建设备对建筑物产生的振动测量

重型设备工作时往往要产生很大的振动，并以次声波的形式传播到周围的建筑和人，会产生不利的影响。因此，有必要对重型设备工作时产生的振动进行测量。由于重型设备工作时在周围产生的振动属于绝对式振动，而传统的绝对式振动测量方法适于较高频率振动的测量，无法测量次声波这种较低频率的振动，所以本节采用磁悬浮绝对式振动测量方法对重型设备产生的振动进行测量。

9.5.1　建筑物自由振动测量与分析

首先在重型设备未工作时采用磁悬浮绝对式振动测量系统实测建筑物的自由振动波形，见图 9.97。

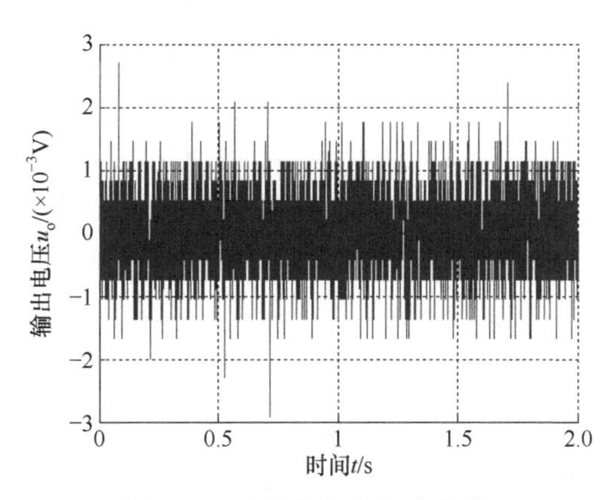

图 9.97　建筑物自由振动波形

可见，重型基建设备未工作时建筑物的自由振动波动较小。对重型设备未工作时建筑物的自由振动波形进行频率分析，获得建筑物的自由振动波形功率谱及低频功率谱细节，见图 9.98。

振动测试条件为建筑物与大型基建设备之间的距离大约为 15m，由图 9.98 可知，重型基建设备未工作时建筑物自由振动波形的低频分布主要集中在 36Hz 左右，高于次声波的范围且振动幅值小，对周围建筑和人影响不大。

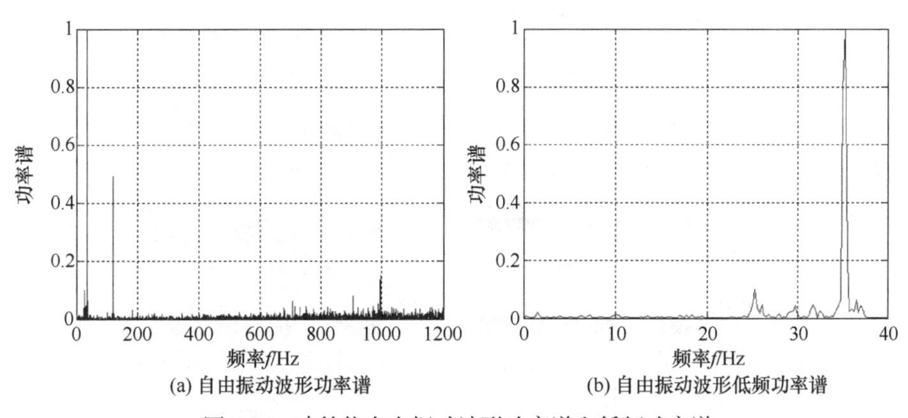

图 9.98　建筑物自由振动波形功率谱和低频功率谱

重型基建设备未工作时建筑物自由振动波形的相轨迹，见图 9.99。

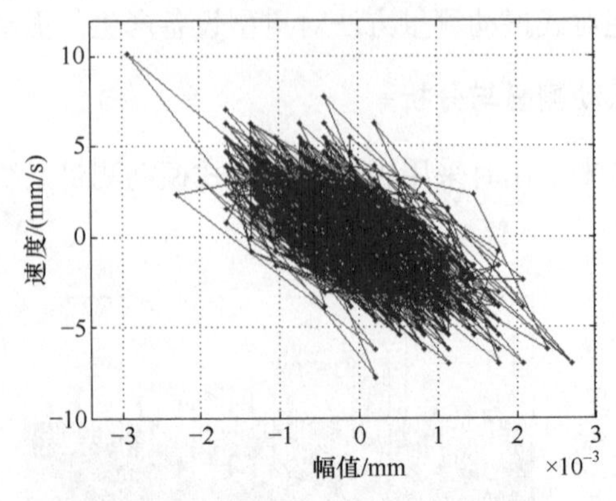

图 9.99　建筑物自由振动波形相轨迹

由图 9.99 可以看出，磁悬浮绝对式振动测量系统振子的振动幅值和速度变化都较小，此时的振动是建筑物的自由振动，该振动对人基本没有影响。

接着对大型基建设备未工作时建筑物自由振动信号的数据成分进行分析，利用小波分析方法对建筑物自由振动信号进行 5 层小波分解，得到逼近信号和细节信号，见图 9.100。

由图 9.100 可见，建筑物自由振动信号细节 d2～d5 的峰-峰值较小，d1 的峰-峰值较大，其主要的频率成分在相对高频部分，因此，第 1 层 a1 提取了原始数据曲线的形状，说明建筑物自由振动信号频率中主要包含较高的频率值。

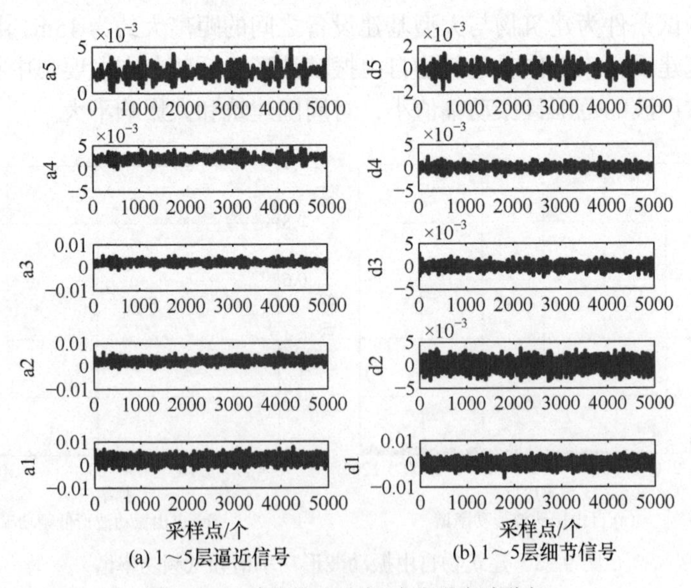

(a) 1～5层逼近信号　(b) 1～5层细节信号

图 9.100　建筑物自由振动波形小波分解

图 9.101 为无振动情况下建筑物振动波形的低频重构。

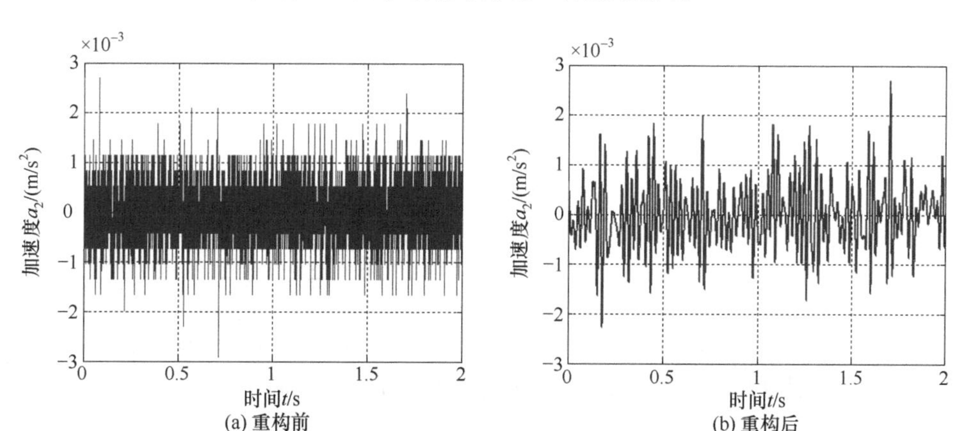

(a) 重构前　(b) 重构后

图 9.101　建筑物自由振动波形低频重构前后对比

由图 9.101 可见，大型基建设备未工作时建筑物自由振动信号的幅值较小，频率值较高且振动低频信号波动较小，振动信号的分布较为均匀。

9.5.2　挖掘机工作时产生的振动测量与分析

本节测试用的大型基建设备选择为挖掘机。当挖掘机工作时，在现场周围建筑物内测得的振动波形 1 见图 9.102。

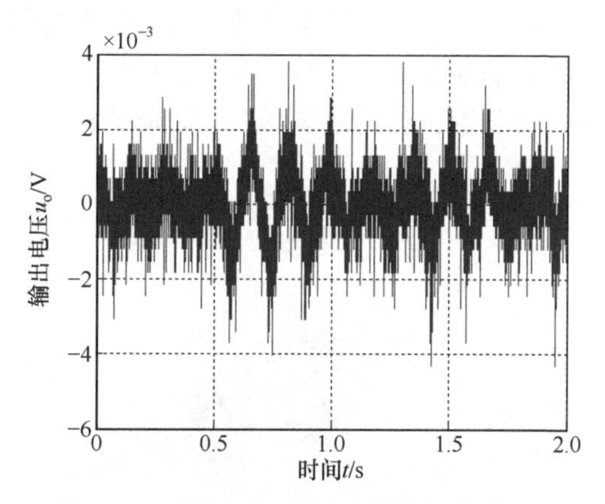

图 9.102　挖掘机工作时建筑物振动波形 1

在挖掘机工作时建筑物的振动波形振幅加大，并且有明显的低频分量。为了解挖掘机工作时的频率分布情况，对挖掘机工作时建筑物的振动波形 1 进行频率分析，获得建筑物振动波形的功率谱及低频功率谱细节分布，见图 9.103。

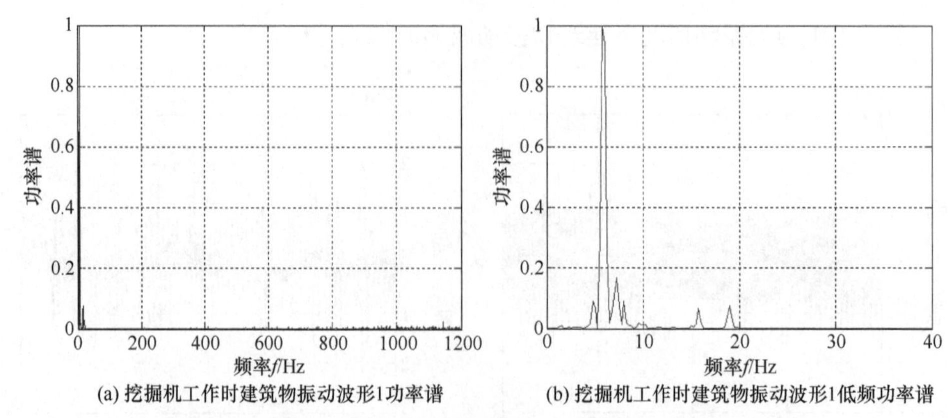

(a) 挖掘机工作时建筑物振动波形1功率谱　(b) 挖掘机工作时建筑物振动波形1低频功率谱

图 9.103　挖掘机工作时建筑物振动波形 1 功率谱和低频功率谱

由图 9.103 可知，挖掘机工作时建筑物振动波形的低频频率分布主要集中在 6Hz 左右，与建筑物自由振动波形相比振动幅值大大增加，且低频数值下降，属于次声波的范围，其振动对周围建筑和人影响很大。

挖掘机工作时建筑物的振动波形 1 的相轨迹，见图 9.104。

与挖掘机未工作时建筑物的振动波形相轨迹比较可以看出，磁悬浮绝对式振动测量系统振子的振动幅值和速度变化都明显增加。

为了对不同时刻挖掘机工作所产生的振动波形进行比较，用磁悬浮绝对式振动测量系统测得挖掘机工作时建筑物的振动波形 2，见图 9.105。

与挖掘机工作时建筑物的振动波形 1 比较，振动波形相似，振幅加大，并且有明显的低频分量。为了解挖掘机工作时的频率分布情况，对挖掘机工作时建筑物的振动波形 2 进行频率分析，获得建筑物振动波形的功率谱及低频功率谱细节分布，见图 9.106。

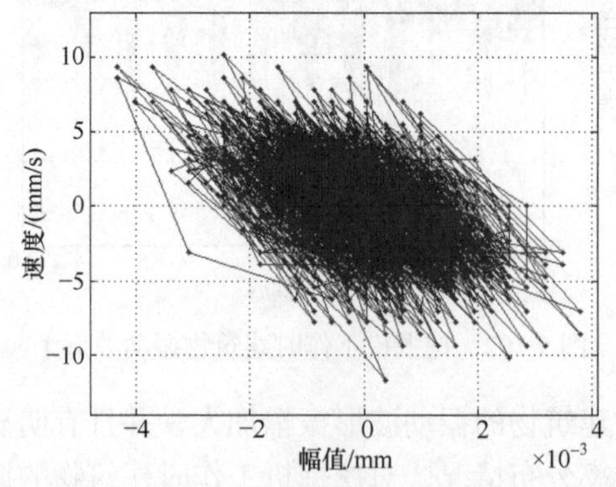

图 9.104　挖掘机工作时建筑物振动波形 1 相轨迹

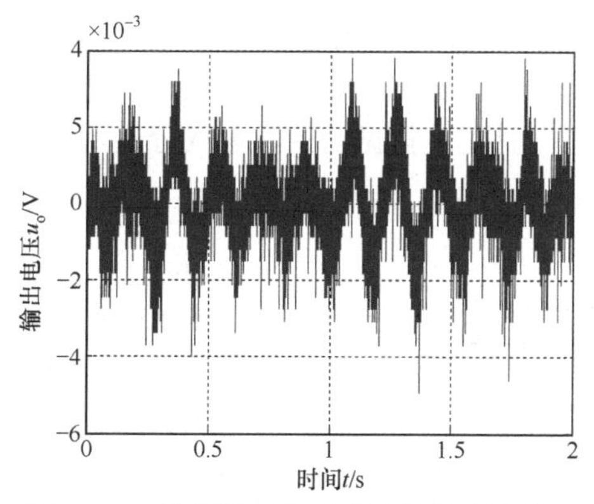

图 9.105　挖掘机工作时建筑物振动波形 2

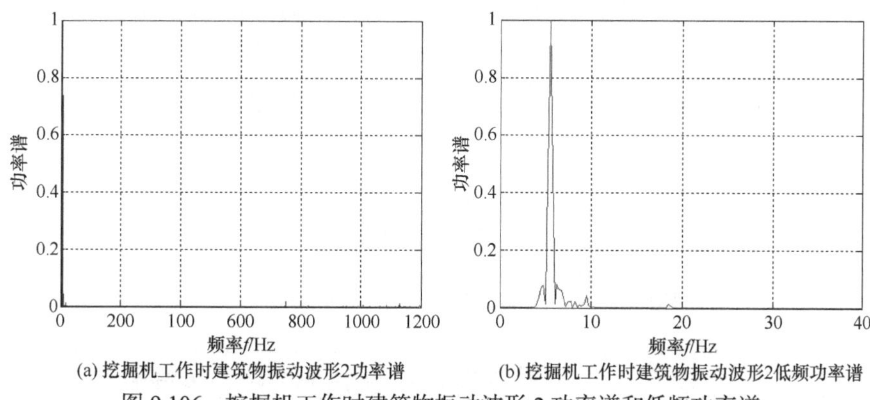

图 9.106　挖掘机工作时建筑物振动波形 2 功率谱和低频功率谱

由图 9.106 可知，该振动波形的低频频率分布主要集中在 6Hz 左右，与挖掘机振动波形 1 的功率谱和低频功率谱细节相比较相似，振动幅值大大增加，且低频数值下降，属于次声波的范围，其振动对周围建筑和人影响很大[5]。

挖掘机工作时时建筑物振动波形 2 的相轨迹，见图 9.107。

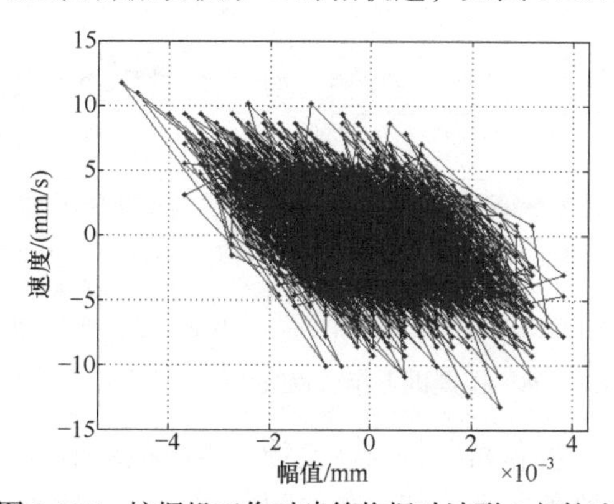

图 9.107　挖掘机工作时建筑物振动波形 2 相轨迹

由图 9.107 可知，速度变化比相轨迹 1 大一些，磁悬浮绝对式振动测量系统振子的振动幅值和速度变化都明显增加。

同理，对挖掘机工作时建筑物振动的数据成分进行分析，经过 5 层小波分解得到逼近信号和细节信号，见图 9.108。

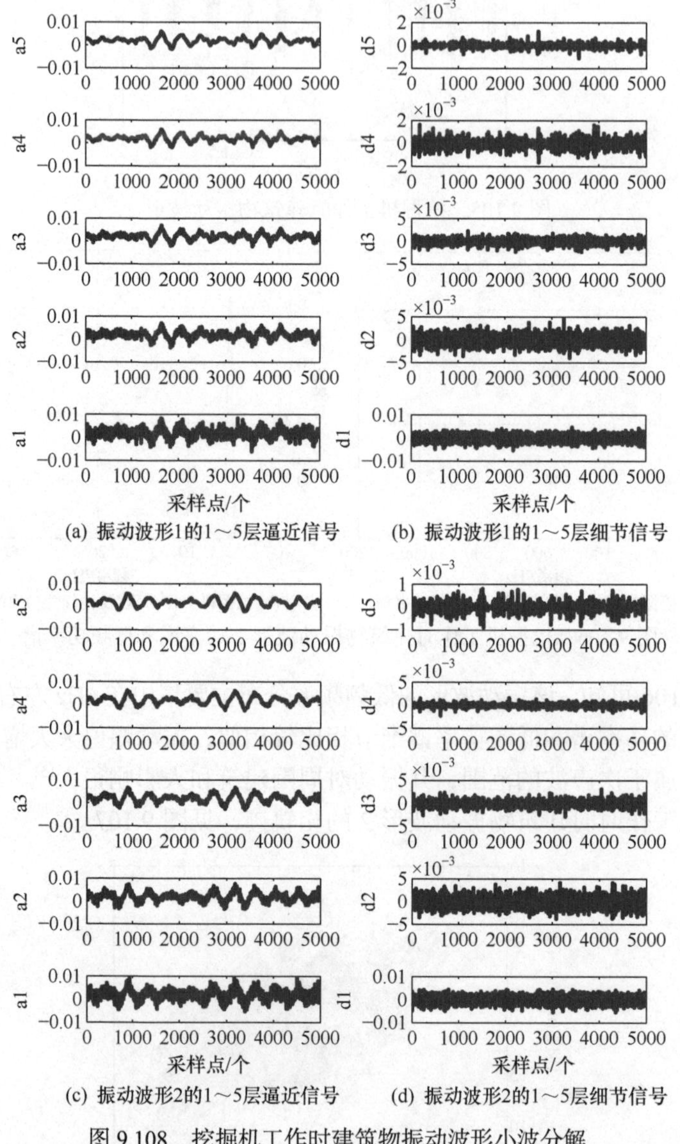

(a) 振动波形1的1～5层逼近信号　(b) 振动波形1的1～5层细节信号

(c) 振动波形2的1～5层逼近信号　(d) 振动波形2的1～5层细节信号

图 9.108　挖掘机工作时建筑物振动波形小波分解

由图 9.108 可见，挖掘机工作时建筑物产生的振动信号中细节 d2～d5 的峰-峰值较小，d1 的峰-峰值较大，其主要的频率成分在相对高的频段，因此，第 1

层提取了原始数据曲线的形状，说明挖掘机工作时建筑物振动信号频率中主要振动信号为 a1。虽然 d5 含有的信息较多，但其贡献最小，不能反映振动信号的主要成分。与图 9.100 比较，相对低频部分的波动较大。

图 9.109 为挖掘机工作时的建筑物振动波形低频重构。

由图 9.109 可见，挖掘机工作时建筑物振动波形幅值较大，与自由振动信号比较明显不同。说明挖掘机工作时建筑物振动信号中的低频成分较多，对人和建筑物本身的振动影响较大。

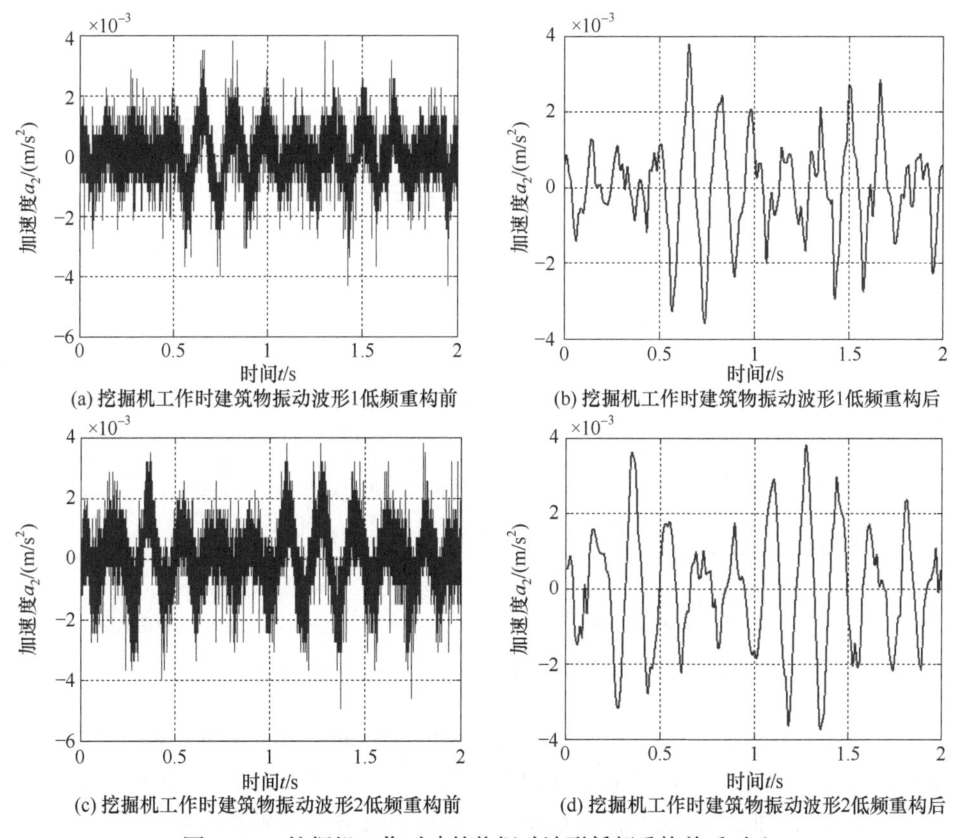

图 9.109　挖掘机工作时建筑物振动波形低频重构前后对比

9.5.3　铲车工作时产生的振动测量与分析

本节测试用的大型基建设备为铲车。当铲车工作时，在现场周围建筑物内测得的振动波形 1 见图 9.110。

在铲车工作时建筑物处的振动波形振幅加大，并且有明显的低频成分，说明其对周围环境有很大影响。为了解铲车工作时的频率分布情况，对铲车工作时建筑物内的振动波形 1 进行频率分析，获得建筑物振动波形的功率谱及低频功率谱细节分布，见图 9.111。

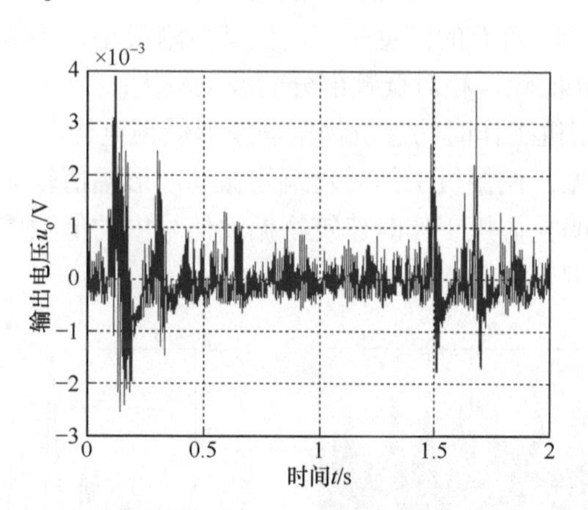

图 9.110　铲车工作时建筑物振动波形 1

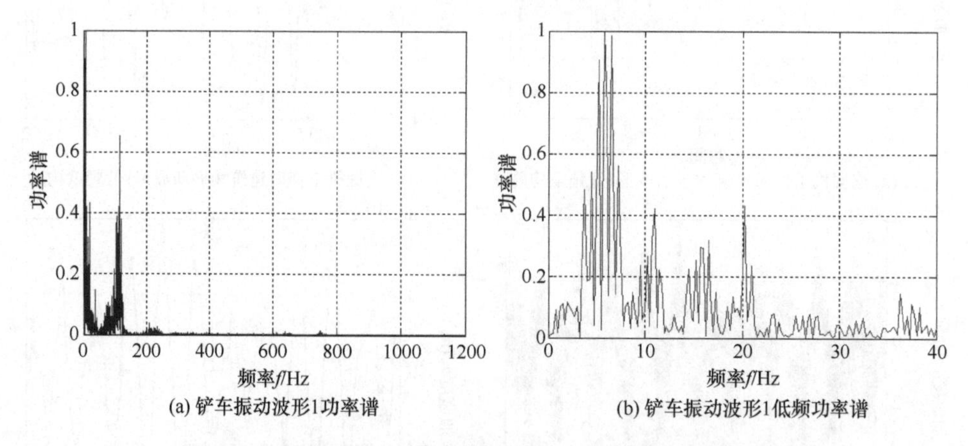

(a) 铲车振动波形1功率谱　(b) 铲车振动波形1低频功率谱

图 9.111　铲车工作时建筑物振动波形 1 功率谱和低频功率谱

由图 9.111 可知，铲车工作时建筑物振动波形的低频频率分布存在多个频率分量，高频部分为 125Hz 左右，其他的在低频区，由铲车波形 1 低频功率谱细节可清楚地看出，低频峰值出现在 6Hz 左右，而且存在多个低频峰值，均处于次声波的范围，说明其振动对周围建筑和人影响很大。

铲车工作时建筑物振动波形 1 的相轨迹，见图 9.112。

与铲车未工作时建筑物的振动波形相轨迹比较可以看出，磁悬浮绝对式振动测量系统振子的振动幅值和速度变化都明显增加。

为了与不同时刻铲车工作所产生的振动波形进行比较，用磁悬浮绝对式振动测量系统测得铲车工作时建筑物的振动波形 2，见图 9.113。

与铲车工作时建筑物的振动波形 1 比较，振动波形相似，振幅加大，并且有明显的低频分量。为了解铲车工作时的频率分布情况，对铲车工作时建筑物的振动波形 2 进行频率分析，获得建筑物振动波形的功率谱及低频功率谱细节分布，见图 9.114。

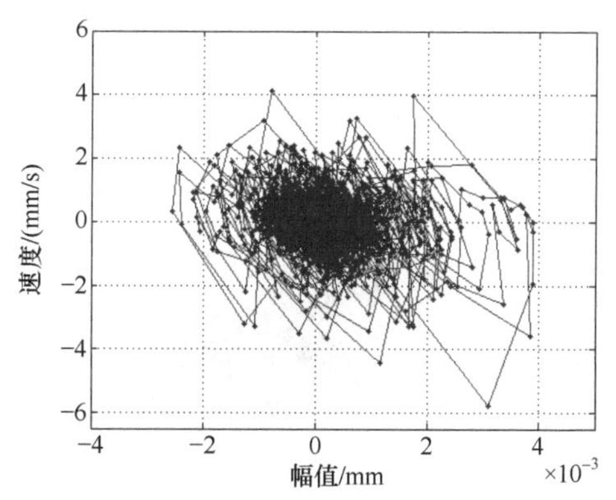

图 9.112　铲车工作时建筑物振动波形 1 相轨迹

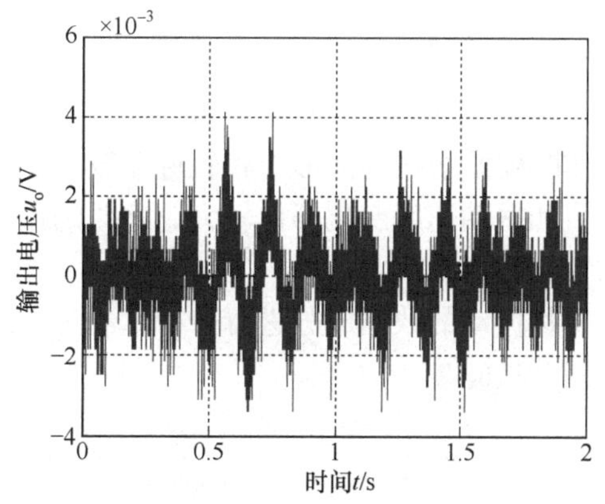

图 9.113　铲车工作时建筑物振动波形 2

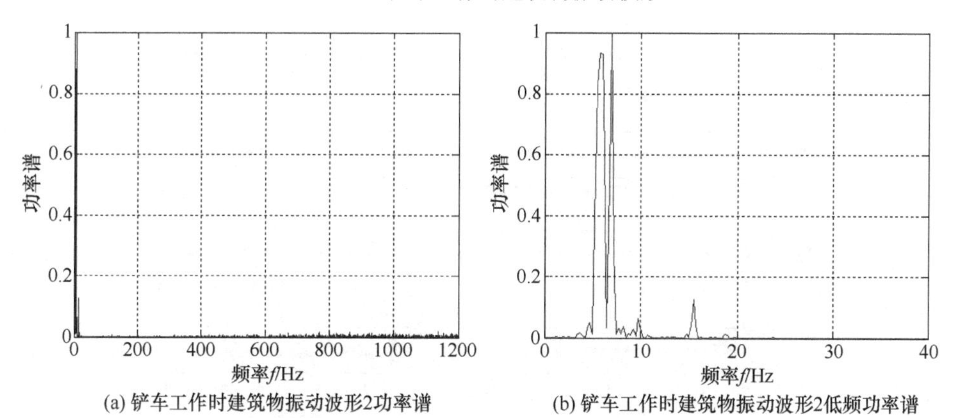

图 9.114　铲车工作时建筑物振动波形 2 功率谱和低频功率谱

由图 9.114 可知，该振动波形的低频分布主要集中在 6～7Hz，且功率谱中有两个峰值。与铲车振动波形 1 的功率谱和低频功率谱细节相似，振动幅值大大增加，且低频数值下降，属于次声波的范围，由此可以判定，铲车工作时有两个以上机械振动主频，对周围建筑造成的振动影响比挖掘机产生的影响更大。

铲车工作时建筑物振动波形 2 的相轨迹，见图 9.115。

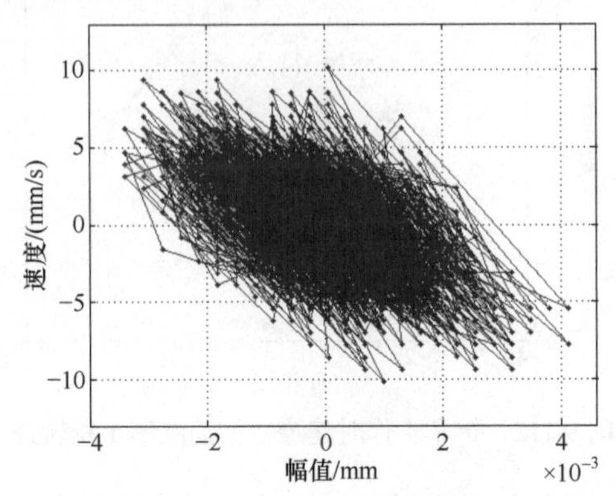

图 9.115　铲车工作时建筑物振动波形 2 相轨迹

由图 9.115 可知，磁悬浮绝对式振动测量系统振子的振动幅值和速度变化都明显增加，与铲车工作时建筑物振动波形 1 相轨迹比较，铲车工作时建筑物振动波形 2 相轨迹振动幅值和振动速度变化都比较大，此时的振动频率属于次声波范围，该振动对建筑物和人的影响很大。

对铲车工作时建筑物振动的数据成分进行分析，经过 5 层小波分解得到逼近信号和细节信号，见图 9.116。

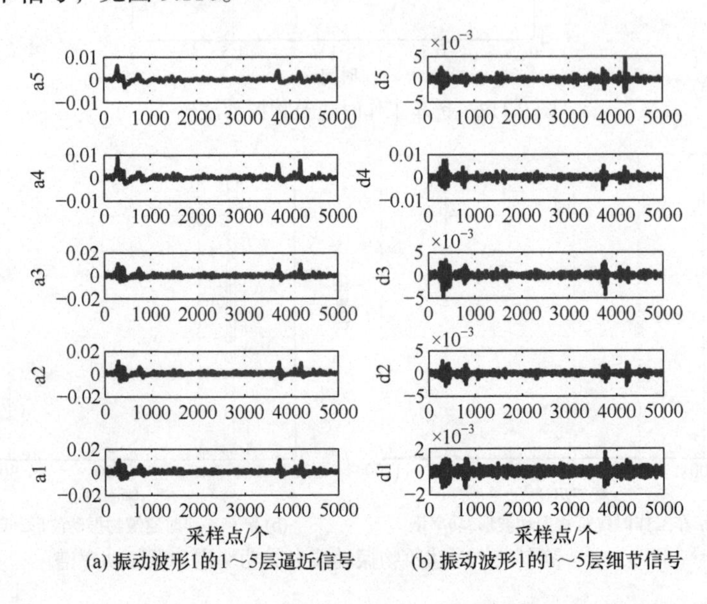

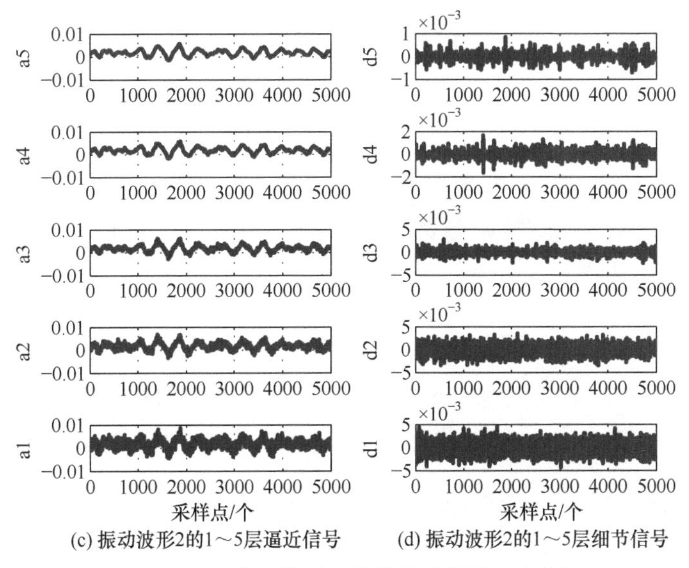

(c) 振动波形2的1～5层逼近信号　(d) 振动波形2的1～5层细节信号

图 9.116　铲车工作时建筑物振动信号小波分解

由图 9.116 可见，铲车工作时建筑物产生的振动信号中细节 d2～d5 的峰-峰值相对较小，d1 的峰-峰值较大，其主要的频率成分在相对高的频段，因此，第 1 层提取了反映铲车工作时建筑物振动信号数据曲线的形状，说明铲车工作时建筑物振动信号频率中主要振动信号为 a1，更能反映实际振动情况。虽然 d5 含有的信息较多，但其贡献最小，不能反映振动信号的主要成分。同样，与图 9.108 比较，相对低频部分的波动较大。

图 9.117 为铲车工作时的建筑物振动波形低频重构。

由图 9.117 可见，铲车工作时建筑物振动波形幅值较大，与挖掘机工作时建筑物产生的振动相似。说明铲车工作时建筑物产生的振动信号中低频成分较大，

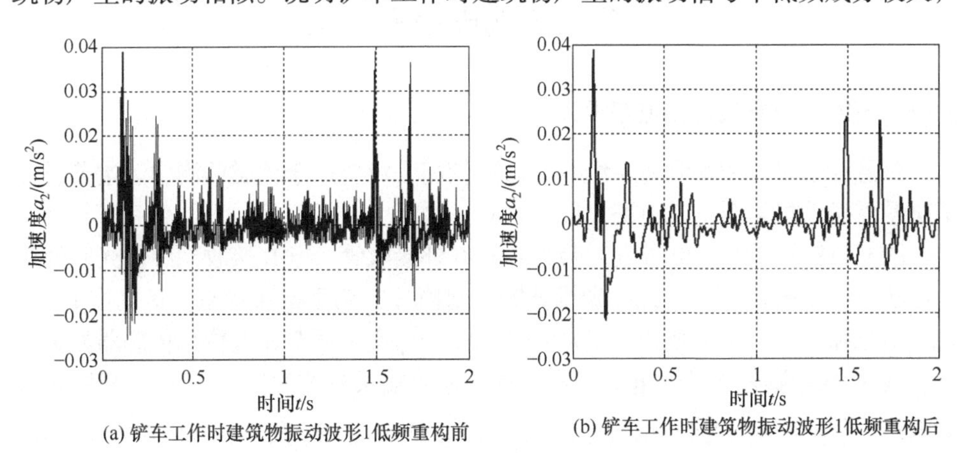

(a) 铲车工作时建筑物振动波形1低频重构前　(b) 铲车工作时建筑物振动波形1低频重构后

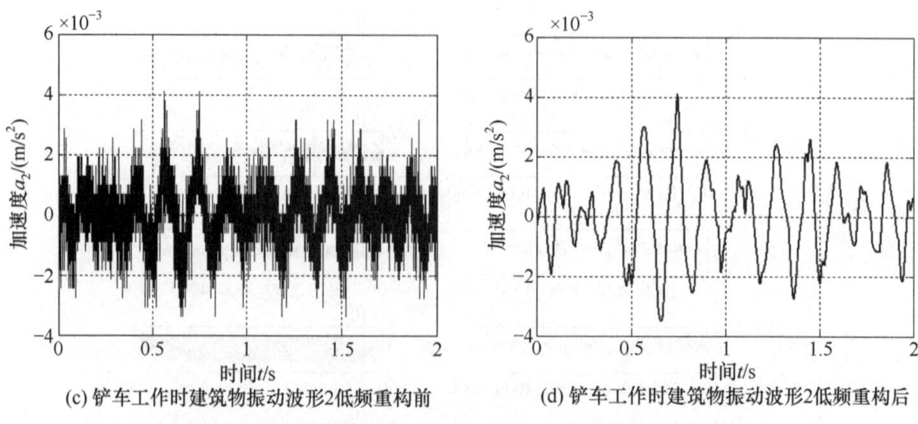

(c) 铲车工作时建筑物振动波形2低频重构前　(d) 铲车工作时建筑物振动波形2低频重构后

图 9.117　铲车工作时建筑物振动波形低频重构前后对比

对人和建筑物本身的振动影响较大。低频幅值中含有双峰或多峰结构，因此铲车产生的低频振动对环境振动的危害高于挖掘机。

总之，通过小波分解和振动波形重构可以很方便地了解不同振动状况下的振动数据成分。大型基建设备未工作时建筑物的自由振动信号中低频信号成分较小，主振频率较高，对人和建筑物的影响较小；当挖掘机和铲车工作时，建筑物产生的振动低频部分波动较大，产生的次声波对人和建筑物影响较大；铲车工作时低频峰值具有双峰或多峰结构，比挖掘机低频部分对人和建筑物的危害更大。通过小波分解和波形重构可以实时了解大型设备工作时对建筑物的振动状况，及时发现建筑物可能出现的问题，以便及时处理。通过获得的大型基建设备工作时产生的振动波形频率特征，并经过模态分析等方法对照研究，可进一步评估大型基建设备工作时对周围建筑物和人的影响。

9.6　多阈值地震报警器设计

9.6.1　多阈值地震报警器电路设计

磁悬浮绝对式振动测量系统的灵敏度较高，可应用于地震监测中。本节设计了磁悬浮振动报警器，其电路见图 9.118。

图 9.118 中，D_1 为红外发射管，T_1 为红外接收管，当 T_1 接收到红外光时处于导通状态，u_1 电位下降；红外光线被振子遮挡时 T_1 趋于截止状态，u_1 电位上升，u_1 信号与振子位移近似成正比，为位移信号，W_1 用于调节光电位移传感器的灵敏度。A_1 构成跟随器电路，起到隔离和提高系统输入阻抗的作用。A_2 构成同相放大电路，其输出 u_o 为振动信号输出端，可通过电位器 W_2 调节信号增益大小，W_2

安装于仪器表面可随时调节信号放大倍数。A_3 构成比较电路，通过 W_3 调节报警阈值电压，W_3 安装于仪器表面便于调节阈值。A_4 由定时器 555 构成，接成单稳态工作方式，W_4 用于调节报警时间长度，装于仪器表面，为 0.1s～10min 连续可调。磁悬浮振动报警器见图 9.119。

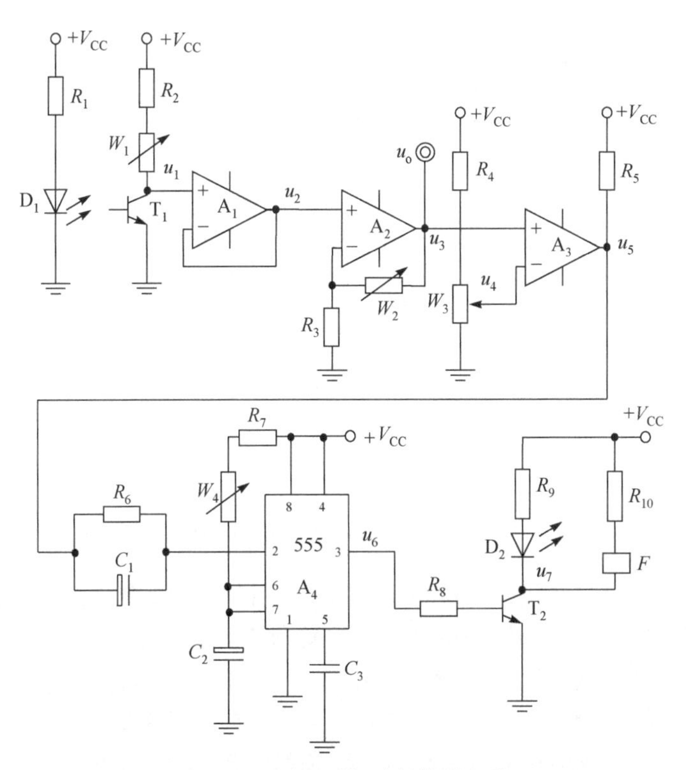

图 9.118　磁悬浮振动报警器电路

图 9.119　磁悬浮振动报警器

为了操作简便采用按键式操作设计，用单片机实现多级振动报警，具体电路见图 9.120。

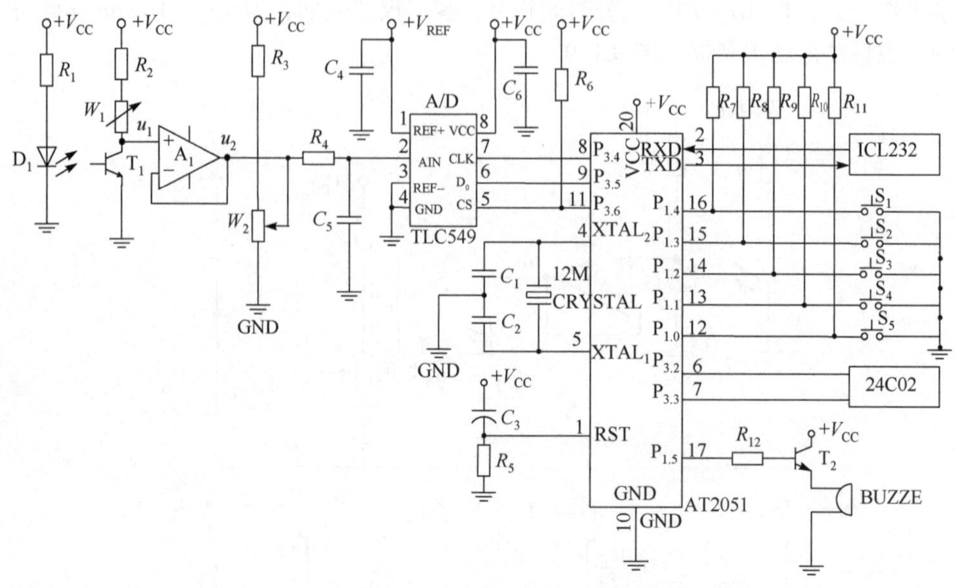

图 9.120　单片机振动报警电路

采用89C2051单片机作为核心控制器，选用TLC549串行A/D转换器将被测振动信号转换成数字量传输至单片机，报警阈值为$u_o+\Delta u$，其中u_o为当前光电位移传感器的输出电压值，Δu为波动报警阈值电压，将Δu分成3档，分为高、中、低档报警级别，每档对应的报警阈值不同，默认值为微振阈值20mV、中振阈值40mV和强振阈值60mV，Δu越小，灵敏度越高，对微振越敏感，可根据需要对Δu进行修改并保存。

当有振动时将当前测得的振动电压数值u_x与阈值电压$u_o+\Delta u$进行比较，若前电压值大于阈值电压则触发报警电路。

可通过键盘改变阈值电压Δu数值，保存在串行电可擦编程只读存储器（EEPROM）24C02中，因为该存储器具有掉电保护功能，设置一次后可以保存数值[6]。

9.6.2　多阈值地震报警实验测量

将设计的磁悬浮地震报警器置于振动台上，编程输出不同的振动信号，磁悬浮地震报警器测得的振动波形及滤波后的波形见图 9.121。

若振动报警装置工作在强振工作状态下，振动波形1和振动波形2均有一次报警；工作在中振幅状态下，振动波形1有两次报警，振动波形2有一次报警；工作在弱振幅状态下，振动波形1有两次报警，振动波形2有五次报警。通过比较器可实现多级报警，将被测振动信号与阈值电压相比较实现振动信号的分级报警。最小报警幅值可达到 0.01mm。利用存储器 24C02，可随时改变不同级别振动报警的阈值电压，并可保存数值方便之后使用。

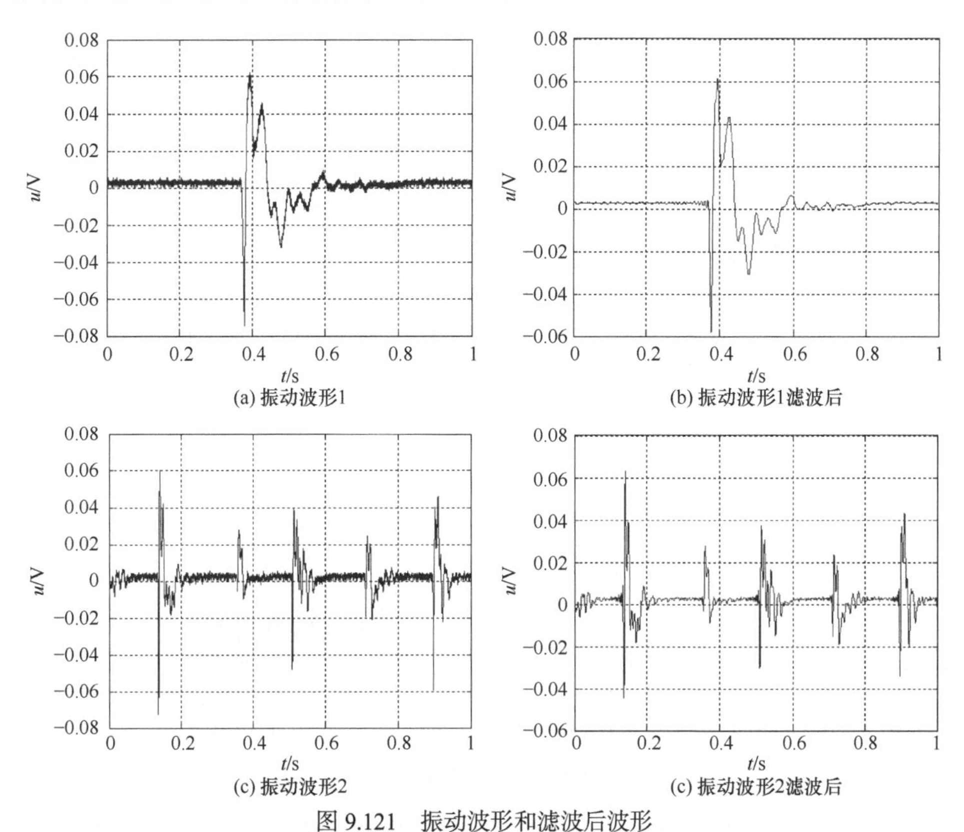

图 9.121　振动波形和滤波后波形

多阈值地震报警系统测得的两组振动波形的相轨迹，见图 9.122。

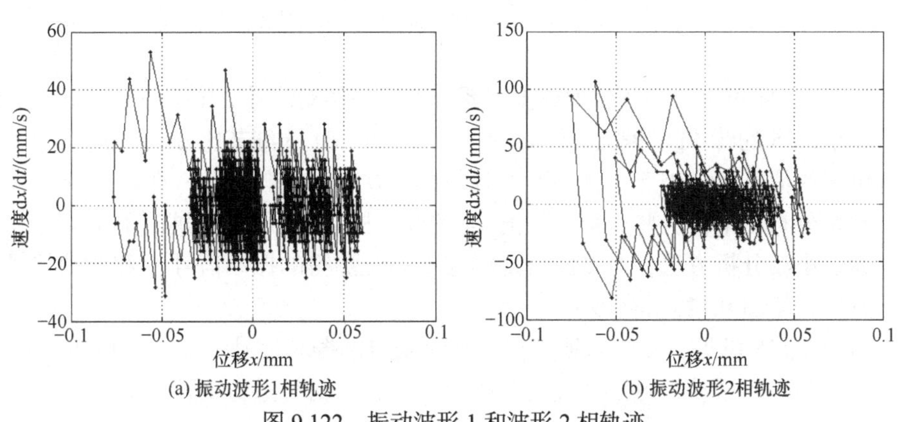

图 9.122　振动波形 1 和波形 2 相轨迹

由图 9.122 可以看出，二者的振动幅值相似，振动波形 2 相轨迹振动速度变化比振动波形 1 相轨迹振动速度变化更大，振动波形 2 相轨迹振动速度变化是振动波形 1 相轨迹振动速度变化的两倍，影响较大。振动波形 2 有三个以上相似的相轨迹变化途径，振动波形 1 相轨迹只有一个相轨迹变化途径。

对多阈值地震报警系统测得的振动信号的数据成分进行分析，利用小波分析方法对测得的振动信号 1 和振动信号 2 进行 5 层小波分解，得到逼近信号和细节信号，见图 9.123 和图 9.124。

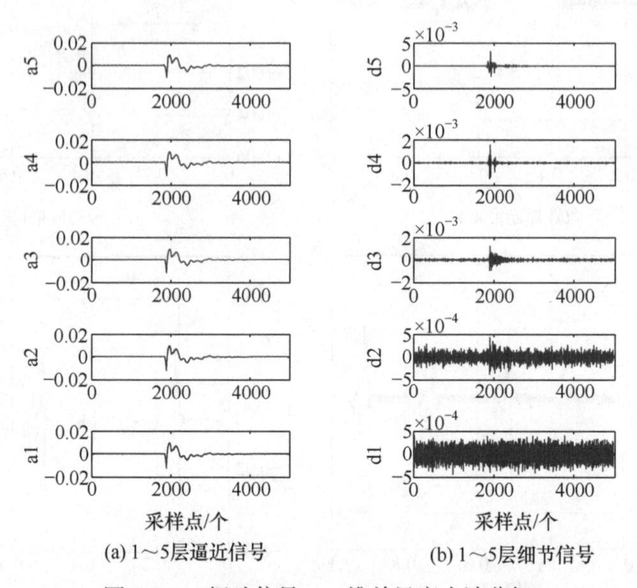

(a) 1～5层逼近信号　　(b) 1～5层细节信号

图 9.123　振动信号 1 一维单尺度小波分解

由图 9.123 可见，多阈值地震报警系统测得的振动信号 1 中细节 d1 和 d2 的峰-峰值较小，d5 峰-峰值偏大，且含有较多的信息量，因此，其主要的频率成分在相对低频部分，相比较而言，较低频分布更为丰富一些，第 5 层的 a5 较好地提取了原始数据曲线的形状。

由图 9.124 可见，多阈值地震报警系统测得的振动信号 2 中细节 d1～d3 的峰-峰值较小，d5 的峰-峰值偏大，但 d5 的细节不够，d4 的细节比 d5 更加丰富一些，含有更多的信息量，因此，其主要的频率成分在相对低频部分，即相比较而言，较低频率分布更丰富一些，第 4 层的 a4 较好地提取了原始数据曲线的形状。

通过小波分析方法，对多阈值地震报警系统测得的振动信号 1 和振动信号 2 进行重构，见图 9.125 和图 9.126。

由图 9.125 可见，多阈值地震报警系统测得的振动信号 1 在 0.4s 附近出现了一个较低频率的振动，可以通过设置阈值对该振动信号进行报警。

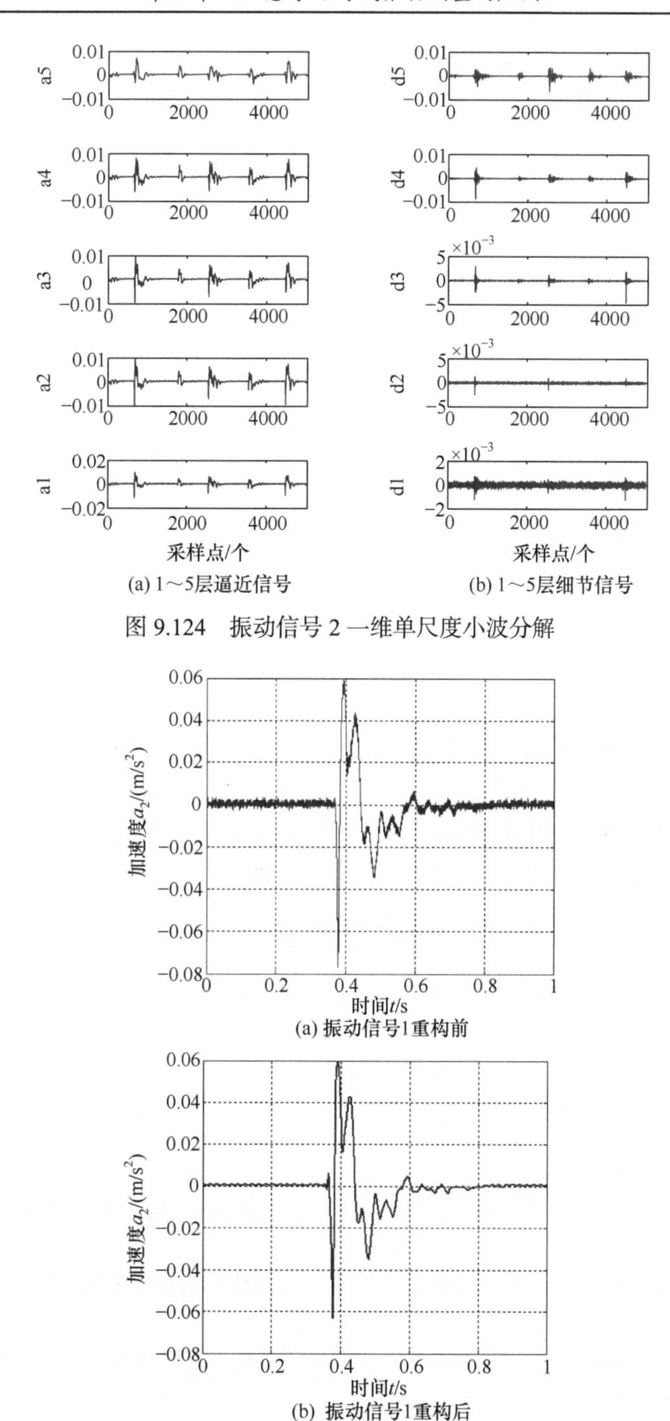

图 9.124　振动信号 2 一维单尺度小波分解

图 9.125　振动信号 1 波形低频重构前后对比

由图 9.126 可见，多阈值地震报警系统测得的振动信号 2 出现五次较大幅值的振动，可以通过设置阈值实现不同幅值区段振动信号报警。

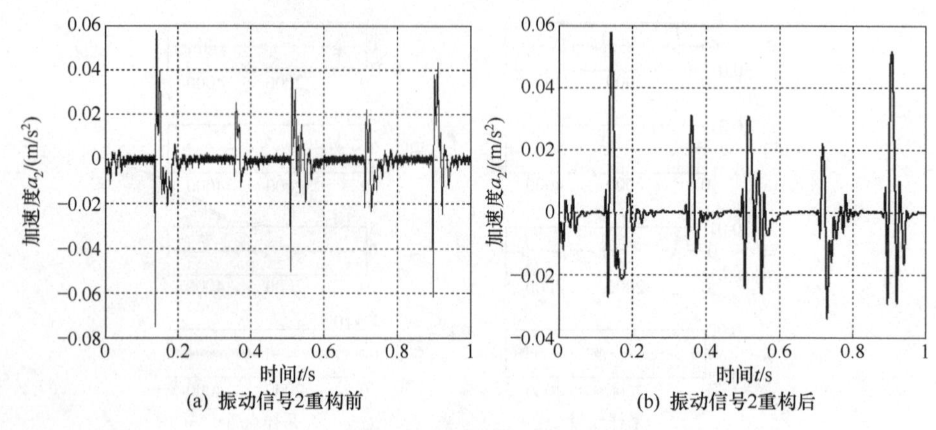

图 9.126　振动信号 2 波形低频重构前后对比

9.7　本 章 小 结

本章对磁悬浮绝对式振动测量系统的实际应用进行了研究，分别进行了公路平整度测量、地铁机车振动测量、人行过街天桥振动测量、电梯加速度测量、重型基建设备对建筑物产生的振动测量等并设计了多阈值地震报警系统，对实际振动测量数据进行了频率分析、相轨迹分析和小波分析。

参 考 文 献

[1] 江东，刘绪坤. 基于磁悬浮振动测试技术的公路平整度测试系统[J]. 仪表技术与传感器，2017, (2): 102-106.

[2] Jiang D, Shan Y, Wang D Y，et al. Research on magnetic levitation absolute vibration measurement method in vehicles[J]. Instrumentation, 2014, 1(2): 38-49.

[3] 江东，赵彦超，孔德善，等. 磁悬浮技术轨道机车振动在线监测[J]. 哈尔滨理工大学学报，2018, 23(2): 97-103.

[4] 江东，刘绪坤，杨嘉祥，等. 磁悬浮效应的人行天桥振动参数测量研究[J]. 传感器与微系统，2017, 36(1): 52-55.

[5] 江东，单薏，刘绪坤，等. 基于磁悬浮技术建筑物振动测量研究[J]. 振动与冲击，2017, 36(7): 130-135.

[6] 江东，于平，刘绪坤. 磁悬浮高精度多阈值振动报警装置设计[J]. 哈尔滨理工大学学报，2016, 21(3): 19-23.